U0207752

国家科学技术学术著作出版基金资助出版

城市绿度空间遥感

孟庆岩 著

科学出版社

北京

内 容 简 介

本书从多维度、多尺度系统研究城市绿度空间遥感，在介绍城市绿度空间内涵、科学与应用价值的基础上，重点论述城市植被二维、三维信息提取技术，城市绿度空间二维、三维度量技术和多尺度感知技术，同时探讨城市绿度空间遥感评价方法。城市绿度空间遥感通过探索“卫星遥感+航空遥感+近地遥感”的技术优势，促进城市植被研究由二维向三维立体观测发展，实现对城市植被数量、质量和人文感知量的定量度量，构建城市植被多维信息提取、绿度空间度量、多尺度感知、空间优化配置、遥感综合评价的完整技术体系。

本书可供城市遥感、城市规划、园林绿化、环境保护和城市管理研究人员参考，也可作为高等院校、科研院所相关专业的教学用书。

图书在版编目（CIP）数据

城市绿度空间遥感 / 孟庆岩著. —北京：科学出版社，2020.3

ISBN 978-7-03-064606-4

Ⅰ. ①城…　Ⅱ. ①孟…　Ⅲ. ①城市环境－环境遥感－研究　Ⅳ. ①X87

中国版本图书馆CIP数据核字（2020）第036277号

责任编辑：魏英杰 / 责任校对：郭瑞芝
责任印制：徐晓晨 / 封面设计：陈　敬

科学出版社出版
北京东黄城根北街16号
邮政编码：100717
http://www.sciencep.com
北京捷迅佳彩印刷有限公司 印刷
科学出版社发行　各地新华书店经销
*
2020年3月第　一　版　开本：720×1000　1/16
2021年3月第三次印刷　印张：13 1/4　插页：6
字数：267 000

定价：139.00 元

（如有印装质量问题，我社负责调换）

作 者 简 介

孟庆岩，中国科学院空天信息创新研究院研究员，博士生导师，于1999年在浙江大学获理学博士学位。曾任中科院遥感与数字地球研究所所务助理，研究室主任，国家航天局航天遥感论证中心办公室主任，国家重大科技专项“高分辨率对地观测系统”应用系统总体论证组专家，国家自然灾害空间信息基础设施专项“共性技术与服务系统”论证专家组组长，国家生态保护红线监管平台专家委员会专家，中国城市科学研究会数字城市专业委员会副秘书长，中国地震局地震台网中心客座研究员，中国地震学会空间对地观测专业委员会委员，广东省土地利用与整治重点实验室学术委员会委员。

长期从事城市陆表环境遥感、地震红外遥感研究，近年主持国家重大科技专项、国际科技合作专项、国家自然科学基金等项目及课题20余项。发表学术论文130余篇，出版学术著作3部，授权发明专利20余项，软件著作权16项。相关成果获地理信息科技进步奖一等奖3项、二等奖2项，测绘科技进步奖一等奖1项，教育部科技进步奖二等奖1项，地理信息产业优秀工程金奖2项，以及其他省部级奖励十余项。2004年被授予“中央国家机关优秀青年”称号。

序

作为一名老航天人，我十分欣慰地看到经过几代航天人60多年的艰苦奋斗，我国航天事业快速发展。目前，我国正处在由航天大国向航天强国跨越的关键阶段。如果说，东方红卫星证明了我们有没有，神舟载人航天证明了我们敢不敢，嫦娥探月工程证明了我们行不行，那么我国的高分辨率对地观测系统、北斗导航系统必须证明我们能不能、能不能用、能不能好用、能不能用好。我由衷盼望将我国卫星用好，服务好国家发展，让环境更健康，百姓生活更美好。

近些年，我国社会经济快速发展，但也面临着环境问题频发的巨大挑战。“城市病”日益严重，城市绿地减少，不透水面增加，城市热岛加剧，大气、土壤、水污染问题不断出现，城市宜居性下降。因此，我国提出建设“美丽中国”、“生态城市”、“智慧城市”。在这些国家重大需求中，卫星遥感将发挥不可替代的作用。我认为中国卫星系统工程要做到“可感知、可计算、可操作、可实现”，我曾倡导“遥感要进城，遥感要下乡”，《城市绿度空间遥感》一书恰好是这个倡议的很好实践。通读全书，感到该书体系完整，从多维视角研究城市植被，分析其二维、三维特征，研究城市植被的自然属性和社会宜居贡献度，既可做到精细尺度，也可分析城市尺度。该书具有很高应用价值，对于城市规划、园林绿化、环境保护和城市精细化管理具有重要参考意义。同时，该书是作者的最新研究成果，很有新意。

孟庆岩研究员带领团队提出并发展了城市绿度空间遥感学科方向。作者将多年研究成果进行系统总结，形成专著，供大家阅读、交流，十分有益。《城市绿度空间遥感》是国内首部从遥感视角全面、系统、多维度研究城市植被的专著，有助于推动城市环境遥感的发展，丰富城市景观生态学的内涵。衷心祝贺该专著的出版面世，祝愿作者将“城市绿度空间遥感”学科方向发展的更快、更好。

希望有更多的专家、学者关注并支持城市绿度空间遥感，积极投身于卫星遥感应用事业，使我国卫星遥感从行业应用走向区域和大众应用，早日实现我国的航天强国梦。

2017.4.15

前　言

城市是一个复杂的生态系统，某种意义上也是一个生命体，由水、土、气、生、热等自然要素和道路、建筑物等人工要素组成，并不断产生物质、能量、信息的交换。植被是城市生态系统中的核心组成部分，对改善城市环境至关重要。随着我国城镇化建设的快速推进，城市病、城市环境问题日益突出。同时，我国正大力开展生态文明、美丽中国和新型城镇化建设，突出强调生态、绿色与可持续发展。在此背景下，全方位、多视角科学分析、度量和评价城市植被显得更加重要而迫切。因此，我们提出并发展城市绿度空间遥感研究方向，现将研究成果进行提炼和整理，形成本书。

城市绿度空间遥感是从多维度，综合植被类型、生理生态参数、三维空间分布特征等从空间尺度研究城市绿地。以城市宜居度为出发点，基于多源数据，深入研究植被二维、三维结构参量提取技术，建立城市绿度空间度量模型，开展城市绿度空间评价遥感建模及检验，探索城市绿地-建筑物空间配置的定量关系和模型区域适应性，研究城市绿度空间作用机理及其生态效益，进而形成系统、完善的城市绿度空间遥感研究方向和技术流程。

我国对地观测系统的快速发展为城市植被研究提供了新的视角与技术手段。我国高分辨率对地观测系统和民用空间基础设施正在全面建设，卫星陆续发射上天，载荷种类多样，且时空分辨率不断提高。激光雷达、倾斜摄影技术成为推动城市植被研究由二维向三维立体观测方向拓展的重要载体。因此，研究发展城市绿度空间遥感研究方向，期望通过多源遥感技术，挖掘出更多有效信息，实现将城市植被看得更准、更快、更系统的目的，为城市环境监测、园林绿化、人居环境改善和城市精细化管理提供有效服务。

本书期望从多维度、多视角、多尺度、多角度系统研究城市植被。多维度，即二维层次介绍面积法、格网法等，三维层次展示城市绿度空间的度量方法。多视角，即实现对城市植被数量、质量和人文感知量的定量度量。多尺度，即从精细尺度、中尺度、大尺度分析城市植被演变特征。多角度，即尝试科学度量城市植被自然属性，力图分析城市植被对人居环境贡献度的社会属性。总体上，突出城市植被遥感研究的系统性、完整性和实用性。

本书在技术上力求系统性和实用性。在技术系统性方面，我们从城市植被分类、二维参量提取、多源数据三维信息提取、多维度人文感知空间度量、城市植被评价、空间优化配置、区域适应性分析等方面进行阐述，形成较完整的城市绿度空间遥感技术体系。在技术实用性方面，我们期望强化“遥感+多学科”的理念，从遥感、生态、环境等多学科交叉的角度开展研究，以提高成果的实用性。此外，在数据源选择上力求多源化，如多光谱数据、多空间分辨率数据、机载 LiDAR 数据、街景数据等，努力提高技术的可推广性和业务化水平。在各章中，介绍各专题技术流程，并举出案例，使技术方法可复演，以提高其实用性。

城市绿度空间遥感是城市陆表环境遥感的重要组成部分。我们以城市陆表环境遥感为研究方向，重点开展城市绿度、热度、灰度和湿度遥感研究。城市热度包括城市热岛效应和工业去产能红外遥感监测研究等。城市灰度包括城市地物目标精细分类与变化检测、城市建筑、路网、城市不透水层精细提取研究等。城市湿度则包括城市水体提取及水污染监测研究。进而，开展城市宜居性遥感评价，构建系统、完善的城市陆表环境遥感技术体系，为我国城市环境监测和城市精细化管理提供技术支撑。

本书是我们团队 8 年研究成果的系统总结，在探索城市植被遥感新思路、新方法及应用研究方面具有一定的创新性。全书共 7 章。第 1 章简要介绍城市绿度空间的内涵、科学意义与应用价值、现存问题及解决方法。第 2 章介绍研究区与数据预处理技术。第 3 章介绍城市植被二维、三维信息提取技术。第 4 章介绍二维尺度城市绿度空间度量技术。第 5 章介绍三维尺度城市绿度空间度量技术。第 6 章分别从建筑物尺度、建筑楼层尺度和街道尺度介绍城市绿度空间感知模型构建技术。第 7 章探讨城市绿度空间遥感评价。

本书第 1 章由孟庆岩、孙云晓、张佳晖、刘苗撰写；第 2 章由孟庆岩、杨健、李小江、王永吉、郭敬撰写；第 3 章由孟庆岩、刘苗、张佳晖、孙云晓、梁燕撰写；第 4、5 章由李小江、张佳晖、刘玉琴、刘苗、吴俊撰写；第 6 章由李小江、孟庆岩、孙云晓、张佳晖撰写；第 7 章由吴俊、孙云晓、陈旭撰写。全书由孟庆岩、孙云晓、陈旭、张佳晖、汪雪淼统稿。

本书得到“海南省自然科学基金创新研究团队项目”(2017CXTD015)、海南省重大科技计划项目“海南省遥感大数据服务平台建设与应用示范”(ZDKJ2016021)、国家自然科学基金面上项目“基于机载 LiDAR 数据的城市绿度空间指数模型研究”(41471310)、国家重大科技专项项目“高分地球表层系统科学研究应用示范系统(一期)”(30-Y30B13-9003-14/16)等的资助。衷心感谢“两弹一星”元勋、国家最高科技奖获得者孙家栋院士为本书作序！感谢西匈牙利大学 Tamas Jancso 教授提供的宝贵数据！本书还得到中国科学院遥感与数字地球研究所顾行发研究员、田国良研究员、余涛研究员、占玉林副研究员、王春梅副研究员、柳树福博士等的帮助，在此衷心感谢！本书是团队集体成果的结晶，衷心感谢所有科研人员和研究生的辛勤努力！

本书是基于作者近年科研积累提炼浓缩而成，盼望为读者提供些许参考。

城市绿度空间遥感是一个新的研究方向，仍处于初始发展阶段，加之作者水平有限，书中不妥之处在所难免，敬请读者批评指正。

2019 年 3 月

目　　录

第1章 绪　　论

本章主要介绍城市绿度空间的内涵，并在此基础上介绍城市绿度空间遥感研究的科学意义与应用价值，最后总结提出城市绿度空间遥感研究现存问题、解决思路及城市绿度空间遥感总体技术架构设计。

1.1 城市绿度空间的内涵

1.1.1 国外相关概念

国外学者从不同角度对城市绿地、城市绿度、城市开敞空间等进行了论述。欧盟城市绿色环境(Urban Green Environment，URGE)项目从生态服务功能的角度将城市绿地定义为城市范围内被植被覆盖，直接用于休憩活动，对城市环境有积极影响，具有方便可达性的区域[1]。英国《开放空间法》(*Open Space Act*)从地物空间配置关系角度出发将城市开敞空间定义为任何围合或不围合的用地，其中没有建筑物，或少于1/20的用地有建筑物，其余用地作公园或娱乐、或堆放废弃物，或不被利用的空间[2]。美国学者突出强调其环境空间的自然特征，将城市绿度开阔空间定义为城市中保持自然景观的地域，或是得以恢复的自然景观地域，包括游憩、保护地、风景区，或城市建设过程中保留下来的土地[3]。日本规划界从城市规划角度将城市开敞空间定义为城市道路、河川、运河等公众使用的建设场地以外，没有被建筑物覆盖的空地[4]，其主要强调未被建筑物覆盖的绿色空间。

可见，国外学者对城市绿度空间内涵的界定不尽相同，但从基本内涵上多强调其自然属性；从空间分布特征上体现其景观格局，并强调其开放特征；从功能上主要体现其生态服务功能，突出其对城市居民生活的改善作用和城市宜居性的贡献。

1.1.2 国内相关概念

我国学者从不同角度对城市绿地等内涵进行过论述。《城市绿化规划建设指标》根据城市绿地类型将其分为城市公共绿地、居住区绿地、单位附属绿地、防护绿地、生产绿地及风景林地六类。李锋等[5]强调其生态系统的特征，将其定义为一类以土壤为基质，以植被为主体，以人类干扰为特征，并与生物群落协同共生的人工或自然生态系统，是包括城市园林、城市森林、都市农业、滨水绿地及立体空间绿化等在内的绿色空间网络。车生泉等[6]从景观生态学角度认为城市绿地是城市中保持自然景观，或自然景观得到恢复的地域，是城市自然景观和人文景观的综合体现，是城市中最能体现生态性的生态空间，是构成城市景观的重要组成部分，包括城市区域内的各类公园、居住区绿地、单位绿地、道路绿化、农林地、生产防护绿地、风景名胜区，以及植物覆盖较好的城市待用地。常青等[7]根据生态活动和服务功能将城市绿色空间定义为具有光合作用的绿色植被与其周围光、土、水、气等环境要素共同构成的具有生命支撑、社会服务和环境保护等多重功能的城市地域空间。

可见，国内学者更多是从城市绿地的精细分类来表达对城市绿度的认识，更注重对城市植被结构和功能的描述。

1.1.3 城市绿度空间的内涵

目前国内外学者多从城市绿地及其组成、结构、功能等角度进行阐述，且多限于二维空间范围，从城市宜居角度对城市绿度空间特征的研究不多。因此，综合考虑多学科背景及城市绿地的多重属性特征，明确定义城市绿度空间并推动相关研究尤其重要。

我们认为，城市绿度空间是指城市范围内为植被覆盖且具备一定生态服务效益的区域，主要包括城市森林、城市草地、街道行树、公园及湿地等，对城市环境有积极影响，具有方便可达性，较城市绿地而言更突出其三维特征。城市绿度空间遥感是基于多源遥感数据，从多维度、多尺度定量度量城市绿地的数量、质量和人文感知量，进而实现城市植被结构、功能的综合评价，包括城市绿度空间度量、感知和评价等。城市绿度空间度量是指基于多源遥感数据综合植被二维、三维结构与生理参量等特征，从空间尺度定量度量城市植被空间分布，进而分析城市植被质与量及其生态效益。城市绿度空间感知是指从多维度、多尺度度量居民对城市绿度的视觉感知及其空间特征。城市绿度空间评价是指综合城市植被和建筑物的多维信息及其配置关系，评价城市绿度空间质量与宜居贡献度。城市绿度空间度量、感知和评价是城市生态系统服务功能和质量评价的重要部分。

城市植被具有多维度，城市绿度空间强调其三维空间特征，是在考虑城市地物空间配置关系的基础上，突出城市植被的空间特征、水平尺度上分布，以及高度维上的结构特征。在功能上，城市绿度空间强调城市植被与其他地物的空间配置特征；在空间格局上，通过遥感技术进行城市植被分类、度量，突出从三维观测角度研究城市绿度空间特征和功能，从而更客观、更贴近真实人居环境。

1.2 城市绿度空间遥感研究意义

我国正处于快速城镇化建设进程中，提出建设“美丽中国”、“生态城市”，将城镇动态监测和城市环境质量保障作为优先主题。以城市宜居度为出发点，从多维度、多角度、多尺度开展城市绿度空间遥感研究，具有重要的科学意义和应用价值。

1.2.1　城市绿度空间遥感研究的科学意义

城市绿度空间遥感是具有重要发展前景的研究方向。开展多维度、多尺度城市绿度空间遥感建模，探索城市绿度空间作用机理，进而形成系统、完善的城市绿度空间遥感研究方向和技术流程，实现城市绿度空间的科学度量评价，是对以往城市绿地内涵与定量遥感研究的深化与拓展，具有重要的科学价值。

城市绿度空间遥感可为探索城市环境运行机理提供新视角，具有很好的发展潜力。城市绿度空间遥感综合植被类型、三维空间分布特征等从多维度深入研究城市植被，可为城市植被分类、多维信息提取和生理参量定量反演提供范例。创新城市植被三维空间信息提取方法，有助于揭示植被-居民-建筑物间的互作关系，推动植被遥感基础理论和作用机理研究的突破，是对城市植被定量遥感的有效拓展。

随着遥感观测视角向多元化发展，激光雷达(light detection and ranging，LiDAR)探测和街景成像等新兴技术正成为推动植被研究向立体拓展的重要载体。城市绿度空间遥感将光学数据、LiDAR和街景综合使用，探索卫星遥感+航空遥感+近地遥感的技术优势，促进城市植被研究由二维向三维立体观测发展。深入分析“人视角”下的植被、建筑物、楼层、街道间的相互关系，为城市环境运行机理研究提供了新视角。

城市绿度空间遥感研究有助于促进地球表层系统科学的发展。城市植被作为生物圈的重要组成部分，是城市自然空间的维护者，在各圈层物质能量循环、相互作用等方面发挥着重要作用，对调节局地小气候、保证城市自然生态过程的整体性和连续性、改善人居环境具有重大意义。城市绿度空间遥感研究是对城市植被遥感的拓展，可有效支撑地球系统科学探索。

城市绿度空间遥感是城市环境遥感的新领域。以城市宜居度为出发点，从多维度、多角度、多尺度研究城市植被。研究城市绿度空间度量方法，分析城市三维绿量的空间延展性与人文感知，开展城市绿度空间遥感评价建模，可促进遥感、环境、生态等多学科交叉。

1.2.2　城市绿度空间遥感的应用价值

从城市宜居角度研究城市绿度空间具有重要应用价值。传统的绿地面积法、格网法等不能客观度量城市居民邻接城市绿度的空间差异性。研究构建一套系统完善的城市绿度遥感技术方法体系，并逐渐推广应用于城市绿地监测、园林绿化、环境规划、人居环境改善和城市精细化管理，具有重要的应用价值。

城市绿度景观质量及其空间分布不仅关系居民工作、生活环境，更决定了城市场景视觉建设的成败。城市居民越来越重视城市绿地对人居环境的贡献。如何科学、客观地反映城市绿度的空间分布特征，以新的视角描绘城市绿地环境，可以更合理、公平地指导城市绿化布局，让居民在工作、生活和出行中更好地享受绿地效益，支撑城市可持续发展。

城市绿度空间遥感研究成果可在我国城市环境监测与保护、园林绿地规划和质量评价中发挥重要作用，丰富城市绿化评价体系，为城市园林规划提供有价值的评价指标，为从宜居角度评价城市绿地布局及生态功能提供重要依据。城市绿度空间感知指数作为表征城市绿地和建筑物空间配置关系的重要因子，可以科学地反映城市绿色环境的空间分布特征及环境宜居度，以新的视角描绘城市绿度环境，可以助力我国生态城市建设。

随着高分辨率遥感技术的逐步成熟，城市发展动态变化监测研究将焕发新的活力。城市绿度空间遥感可在环保、住建、园林等行业部门发挥重要作用，为生态城市评估、城市建筑规划、市政管理、园林绿化、绿色资产评估和数字城市建设等诸多领域提供有效地支撑和服务。

1.3　研究存在的问题及解决思路

①城市植被三维结构特征研究已成为重要发展趋势，但城市绿地遥感研究多限于植被信息提取，将植被三维结构信息与生理参量定量反演有机结合的城市绿度空间遥感建模研究仍较少。

②城市绿地分类研究较多，多集中于城市植被面积与分布的度量，城市绿地与建筑物关系有所研究，但从城市宜居角度对城市绿度空间的多尺度感知研究仍较少。

③城市植被评价多针对较大尺度的城市绿地生态效益，多以城市绿地面积为主要指标，从三维立体视角开展的城市绿度环境质量评价研究较少。

④从不同城市、同城市不同区域对城市绿度空间指数的适应性研究较少。分析城市绿度空间指数在不同区域特征、不同背景环境下的适应性，进而推进城市绿度空间遥感技术的实用化仍有待强化。

⑤基于 LiDAR 的城市三维绿量信息提取有所开展，利用街景数据开展街道尺度环境调查刚刚起步，将卫星数据、LiDAR 与街景等数据结合的城市绿度空间遥感感知研究开展较少。

总体上，我国城市绿度空间遥感研究刚刚起步，该领域仍有大量基础理论与技术问题亟待解决。本书尝试挖掘多源卫星数据、LiDAR 和街景的数据潜力，以匈牙利塞克什白堡市和中国天津市的典型区域作为研究区，利用多源高分辨率遥感数据，基于面向对象图像分类法和最大类间距离法提取城市建筑物和植被信息，进行城市绿度空间遥感建模。开展城市绿度空间指数模型真实性检验，分析比较不同城市、同城市不同区域下城市绿度空间指数模型适应性，构建完整的城市地物分类、植被多维信息提取、绿度空间度量、多尺度感知、遥感评价的技术体系，推动城市绿度空间遥感研究方向的发展与完善。

参考文献

[1] Goodier J. Encyclopedic dictionary of landscape and urban planning[J]. Reference Reviews, 2011, (2): 40-57.

[2] Tom T. Open space planning in London: from standards per 1000 to green strategy[J]. Town Planning Review, 1992, 63(4): 365-385.

[3] 李莹莹. 城镇绿色空间时空演变及其生态环境效应研究[D]. 上海: 复旦大学, 2012.

[4] 沈德熙, 熊国平. 关于城市绿色开敞空间[J]. 城市规划汇刊, 1996, 6: 7-11.

[5] 李锋, 王如松. 城市绿色空间服务功效评价与生态规划[M]. 北京: 气象出版社, 2006.

[6] 车生泉, 宋永昌. 城市绿地景观卫星遥感信息解译[J]. 城市环境与城市生态, 2001, 14(2): 10-12.

[7] 常青, 李双成, 李洪远, 等. 城市绿色空间研究进展与展望[J]. 应用生态学报, 2007, 18(7): 1640-1646.

第 2 章　城市绿度空间遥感数据及其预处理技术

随着遥感技术的发展，遥感影像的获取越来越便捷。不同遥感数据在城市绿度空间研究中各有优势，本章主要介绍多光谱数据、LiDAR 点云数据等的特点及预处理技术。此外，近年兴起的街景地图是一种实景地图服务，可提供城市、街道或其他环境的360°全景图像，用户可通过该服务获得身临其境的地图浏览体验。街景数据因更贴近行人视角、获取成本低，可用于研究城市绿度空间。最后，介绍街景数据的地物分类技术。

2.1　研究区概况

本书主要研究区为匈牙利塞克什白堡市，辅以中国天津市主城区。研究区涵盖中外区域，具有代表性。同时，多源高分辨率遥感数据和街景数据等保证了研究结果的精度和适应性，使研究方法和结论具有推广价值。

2.1.1　塞克什白堡市实验区

位于匈牙利中部的塞克什白堡市实验区，地理坐标为北纬 47°06′48.60″～47°13′50″，东经 18°20′15″～18°30′33.5″。塞克什白堡市位于布达佩斯西南 65km，是匈牙利第 9 大城市，现有人口 101 973 人。实验区属大陆性气候，气候特点是冬季寒冷干燥，夏季高温多雨，年平均气温 14℃，年降水量 400～700mm。塞克什白堡市位于多瑙河流域，整个区域地势平坦，南部靠近地中海，东部邻接大平原。从建筑的空间布局看，塞克什白堡市具有典型的西方建筑特征，即从开放的单体空间格局向高空发展。塞克什白堡市建筑布局与生态景观如图 2.1 所示。

本研究区使用的数据包括多光谱高分辨率数据和 LiDAR 点云数据。多光谱数据和 LiDAR 点云数据由德国 TopoSys 公司于 2008 年 5 月 30 日通过飞行实验获取。该实验采用的机载传感器能同时获取这两种数据。航拍相机采用的是 RC20 模拟框架相机，相机焦距为 153mm。塞克什白堡市航空实验航迹图如图 2.2 所示。多光谱和 LiDAR 点云数据的空间分辨率分别为 0.5m 和 1m。TopoSys 系统参数如表 2.1 所示。

图 2.1　塞克什白堡市建筑布局与生态景观

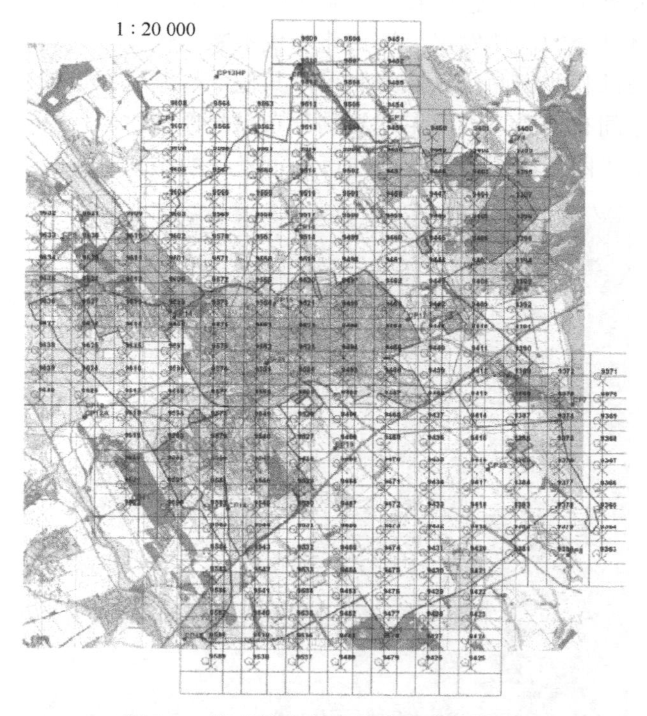

图 2.2　塞克什白堡市航空实验航迹图

表 2.1　TopoSys 系统参数

数据	参数信息
多光谱数据和 LiDAR 点云数据	空间分辨率多光谱：0.5m
	空间分辨率 LiDAR：1m
	水平精度<±0.5m
	垂直精度<±0.15m
	投影：匈牙利统一国家投影系统
	模式：First and Last Echo、多光谱
	影像块：4 块 2000m×2000m

注：First and Last Echo 模式是指利用激光点的首次和最后一次回波信息。

2.1.2　天津市实验区

天津市位于北纬 38°34′～40°15′，东经 116°43′～118°04′，地处华北平原北部，海河流域下游，东临渤海，北依燕山。天津市总面积 11 919.7 平方公里，气候类型为大陆性气候，年平均气温 11.4～12.9℃，年平均降水量 520～660mm。天津市地势西北高，东南低。平原是天津市陆地的主体部分，占总面积的 94%。近年来，随着天津市经济社会的快速发展，城市化步伐不断加快，人口增长已形成以滨海新区为龙头，西部和北部两个区域为侧翼，其他区域跟进发展的区域人口分布态势。从建筑的空间布局看，天津市建筑物分布呈封闭的群体空间格局，在地面平铺展开，类似于“四合院”模式。天津市城市景观如图 2.3 所示。

图 2.3　天津市城市景观

实验数据包括 2011 年 5 月获取的 2.5m 多光谱 Quickbird 影像数据和 0.61m 全色波段数据、2012 年获取的 2m 空间分辨率的 LiDAR 数据。Quickbird 数据已经过初步辐射、几何和地形校正。使用数据前，对其进行大气校正。

2.2　数据预处理技术

实验研究中需对数据进行预处理。遥感数据预处理技术涉及范围广泛、领域复杂，通常包括几何预处理、辐射预处理、图像增强、数据融合与基础信息提取等。本节主要介绍多光谱影像正射校正与拼接技术、多源遥感数据配准技术、基于 LiDAR 的地物高度信息提取技术及基于街景数据的地物分类技术。处理技术对本书外的大部分数据同样适用。

2.2.1　多光谱影像正射校正与拼接技术

1. 正射校正

正射校正是对图像空间和几何畸变进行校正，生成多中心投影平面正射图像的过程。它除能校正一般系统因素产生的几何畸变，还可以消除地形引起的几何畸变。它采用适量的地面控制点、地表高程数据，与相机或卫星模型相结合，确立相机(传感器)、图像和地面 3 个平台的简单关系，建立正确的校正公式，产生精确的正射影像[1]。

目前，遥感影像常用的正射校正方法有共线方程校正、有理函数模型校正及多项式校正等。一般情况下，可根据不同实验区域、不同基础控制资料及数据本身的特点，采用适合的校正方法。

(1) 共线方程校正

共线方程表示的是像方空间和物方空间之间的转换关系。其表达式为

$$x=-f\frac{m_{11}(X-X_0)+m_{12}(Y-Y_0)+m_{13}(Z-Z_0)}{m_{31}(X-X_0)+m_{32}(Y-Y_0)+m_{33}(Z-Z_0)} \tag{2.1}$$

$$y=-f\frac{m_{21}(X-X_0)+m_{22}(Y-Y_0)+m_{23}(Z-Z_0)}{m_{31}(X-X_0)+m_{32}(Y-Y_0)+m_{33}(Z-Z_0)} \tag{2.2}$$

其中，(x,y) 为影像坐标；(X,Y,Z) 为地面坐标；(X_0,Y_0,Z_0) 为投影中心点地面坐标；$-f$ 为可见光近红外传感器焦距；m_{ij} 为 3 个旋转轴矩阵主对角线上的 9 个元素。

共线方程反映了影像的所有变形，如卫星平台姿态、速率方向、传感器方向、

视场角等，是非常经典的精确校正模型，但是在实际应用中常受到传感器参数获取的限制，需要使用简化的校正方法。

(2) 有理函数模型校正

有理函数数学模型使用两个多项式函数的比值计算图像的行，两个多项式的相似比计算图像的列。所有 4 个多项式都是地面坐标(经度、纬度和高度)的函数。有理函数模型的数学表达式为

$$\begin{aligned} u &= \frac{p_1(X,Y,Z)}{p_2(X,Y,Z)} \\ v &= \frac{p_3(X,Y,Z)}{p_4(X,Y,Z)} \end{aligned} \tag{2.3}$$

其中，X，Y，Z 为目标点的地面坐标；u 和 v 为像元的行数和列数。

有理函数模型是一种抽象的表达各种传感器几何模型的方式。它的优点是适用于最新的航空和航天传感器，因为数字高程模型(digital elevation model，DEM)参与了模型解算，可以解决地形高差引起的投影变形，完成影像的正射校正，缺点是由人工采集控制点解算系数建立的有理函数模型精确性不够高。

(3) 多项式校正

多项式校正方法是利用多项式近似描述影像校正前后相应点的坐标关系，并根据最小二乘原理求解控制点的图像坐标和参考坐标系中理论坐标多项式中的系数，然后以此多项式对图像进行几何校正。采用的多项式为

$$x = a_{00} + a_{10}X + a_{01}Y + a_{20}X^2 + a_{11}XY + a_{02}Y^2 + a_{30}X^3 + a_{21}X^2Y + a_{12}XY^2 + a_{03}Y^3 + \cdots \tag{2.4}$$

$$y = b_{00} + b_{10}X + b_{01}Y + b_{20}X^2 + b_{11}XY + b_{02}Y^2 + b_{30}X^3 + b_{21}X^2Y + b_{12}XY^2 + b_{03}Y^3 + \cdots \tag{2.5}$$

其中，X 和 Y 为控制点在参考坐标系中的理论坐标；x 和 y 为同名控制点对应的原始图像坐标(行列号)；a_{ij} 和 b_{ij} 为多项式系数。

多项式校正方法一般适合地势较为平坦地区的影像校正。利用多项式校正时，在图像的四角和对角线交点处选取控制点的基础上逐渐加密，保证控制点均匀分布。控制点尽可能选在固定的地物交叉点(如铁路与河岸交点、人工水渠交叉点、公路交叉点等)上，在山区与丘陵无精确定位标志的情况下，利用半固定的地形地物交叉点(如山顶、河流交叉点、水库坝址等)。此外，山区或丘陵的控制点可适当增加。

常采用的多项式校正方法是二次多项式法。其原理是通过变换关系式，反算输出影像像元在未校正影像上的坐标，然后将未校正影像该点处的亮度值换算到输出影像相应的坐标位置上。正射校正影像如图 2.4 所示。

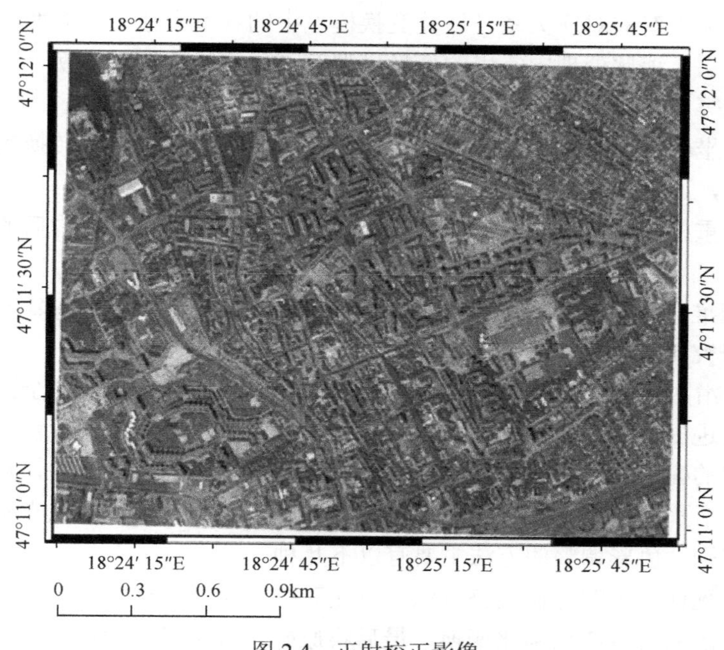

图 2.4　正射校正影像

2. 图像拼接

图像拼接技术是将数张有重叠部分的图像(可能是不同时间、不同视角或不同传感器获得的)拼成一幅大型的无缝高分辨率图像的技术[2]。通常待拼接遥感图像均是经过正射校正或至少经过系统几何校正，具有空间坐标信息。

图像配准和图像融合是图像拼接的两个关键技术。图像配准是取自不同时间、不同传感器或不同视角的同一区域景物的两幅图像或多幅图像进行匹配、叠加的过程。其计算量一般非常大，因此图像拼接技术的发展在很大程度上取决于图像配准技术的创新。图像融合主要解决色调调整问题，通过调整相邻影像的灰度色调差异带来的影响，避免出现明显的镶嵌痕迹，实现影像拼接匀色。图像拼接的方法很多，不同的算法步骤会有一定的差异，但大致过程相同。图像拼接主要包括以下步骤。

①图像预处理，包括数字图像处理的基本操作(如去噪、边缘提取、直方图处理等)、建立图像的匹配模板，以及对图像进行变换(如傅里叶变换、小波变换等)等操作。

②特征匹配，利用一定的特征检测与特征匹配策略，找出待拼接图像中的点、线、面不变特征，获取图像特征点对，以确定两幅图像间的变换关系。

③建立变换模型，选择合适的变换模型可准确地反映图像之间的失配程度，根据图像特征点对的对应关系，计算变换模型中的各参数值，建立两幅图像间的数学变换关系。遥感处理中常用的变换模型有刚体变换、仿射变换、透视变换、多项式变换等。

④统一坐标转换，根据建立的数学转换模型，将待拼接图像转换到参考图像的坐标系中，通过重采样和投影变换等处理，完成统一坐标转换。

⑤融合重构，将待拼接图像的重合区域进行融合得到拼接重构后的平滑无缝全景图像。

图像配准直接关系到图像拼接算法的成功率和运行速度，是多年来进行持续优化的研究重点。

图像平滑融合算法主要影响图像拼接区域色彩一致性效果，是全图视觉效果和清晰度改进提升的重要技术环节。对待拼接影像的重叠区域进行色彩调整，解决相邻影像的亮度差异带来的影响，可以避免出现明显的拼接痕迹，从而实现影像无缝拼接。平滑融合应以反差适中、图像清晰、色彩美观、信息丰富、便于目视解译为准则。色彩调整的方法主要有以下几种。

①基于统计分析的色调调整方法。首先对待匹配图进行灰度均衡化变换，然后计算标准图的直方图均衡化变换，最后将原始直方图对应到规定直方图，实现色彩调整平滑。

②基于图像变换的色调调整方法。以 Wallis 变换色彩均衡算法为例，Wallis 变换是一种比较特殊的线性滤波器，作为一种局部影像变换，可以使不同影像或影像不同位置的灰度方差和均值具有近似相等的数值。对整个测区的影像利用 Wallis 算子进行色差调整时，通常在测区选择一张色调具有代表性的影像作为色调基准影像，统计出基准影像的均值与方差，作为 Wallis 处理时的标准均值与标准方差，然后对测区其他待处理图像利用标准均值与标准方差进行 Wallis 滤波处理。

③基于拼接线羽化的色调调整方法。拼接线羽化是指将拼接线两侧的图像色调过渡均匀、自然，不留拼接的痕迹。对于拼接后的整幅图像中的每一条拼接线，统计拼接线两侧一定范围内的灰度差，然后强制改正拼接线两侧的灰度差。通常情况下，处理过程是沿拼接线逐像元进行的，改正宽度的大小与该像元在两幅影像中的灰度差成正比。灰度差越大，设置改正宽度也越大。灰度值改正量通常与该点位置到拼接线的距离成正比关系。

航空影像块拼接实例如图 2.5 所示。

图 2.5　航空影像块拼接实例

2.2.2　多源遥感影像配准技术

随着多种卫星的发射、遥感影像时空分辨率的提高和影像的广泛应用，对各种技术的要求也越来越高。针对遥感影像配准技术，以往研究多集中于中等分辨率卫星影像，对不同时相高分辨率影像配准的研究相对较少。尤其在城市快速发展阶段，其地物剧烈变化给不同时相的影像配准带来较大困难，且在高分辨率遥感影像上表现得更明显。当前多源遥感影像配准技术仍是很有难度的课题，如合成孔径雷达(synthetic aperture radar，SAR)影像与光学影像、红外影像与可见光影像的配准等。因此，如何充分利用多源高分辨率影像特有的几何、辐射、纹理等信息，缩小同名点对搜索范围，提高影像配准效率，实现特征精确提取仍需深入研究。

影像配准是将不同时间、不同传感器或不同成像条件(天气、照度、视角等)下获取的两幅或多幅影像进行匹配的影像处理过程[3]。影像配准的目的是寻找基准影像和待校正影像间正确的几何映射关系。目前，对影像配准的目标是不断提高配准精度、增强配准鲁棒性、缩短配准时间。其核心问题是找到合适的配准准则，以及性能良好的配准测度函数。由于成像机理不同，不同传感器获得的同一地区的遥感影像具有不同的分辨率、灰度值、光谱、时相及景物特征等，使它们之间的配准远未达到快速和高精度的要求。不同传感器的遥感数据只有经过高精度配准，才能应用于其他数据处理和分析。

配准算法一般包括基于灰度相关的匹配、基于特征的匹配、基于模型的匹配、基于变换域的匹配等。

①基于灰度相关的匹配。基于灰度相关的匹配算法是一种对待匹配图像的像元以一定大小窗口的灰度阵列按某种或几种相似性度量顺次进行搜索匹配。该类算法包括直接相关法、归一化积相关灰度匹配法、序贯相似检测法(sequential similarity detection algorithm, SSDA)等。这类算法的性能主要取决于相似性度量及搜索策略的选择。灰度相关方法的匹配窗口大小和选择也是该类方法必须考虑的问题，大窗口对于景物中存在遮挡或图像不光滑的情况会出现误匹配的问题，小窗口不能覆盖足够的强度变化，因此可以自适应调整匹配区域的大小来达到较好的匹配结果。这类算法的另一个不足之处是，它的高计算复杂度，以及图像的自相似性造成的相关度量曲面的平坦。灰度相关算法一般适用于光谱相似的影像间的配准，不具有旋转不变性和尺度不变性。虽然有种种缺陷，但是由于算法简单，灰度相关方法仍是目前应用非常广泛的一类方法。

②基于变换域的匹配。频域匹配技术对噪声有较高的容忍程度，检测结果与照度无关，可处理图像之间的旋转和尺度变化。常用的频域相关技术有相位相关和功率倒谱相关，其中相位相关技术使用相对广泛。除了快速傅里叶变换(fast Fourier transform，FFT)外，人们还选择更可靠、更符合人眼视觉生理特征的 Gabor 变换，以及小波变换进行图像匹配。基于 FM(Fourier-Mellin)变换的图像配准算法是一种经典的基于非特征的图像配准方法，可对两幅近似满足相似变换，即一幅图像是另一幅图像经过平移、旋转和比例缩放等变换后的图像进行配准。基于 FM 变换算法的改进很多，这类变换域匹配算法一般不需要影像先验知识，采用全局变换处理。

③基于模板的匹配。模板匹配方法在计算机视觉和模式识别等领域的应用也非常广泛，可以分为刚体形状匹配和变形模板匹配两大类。在刚体形状匹配中，原型模板通过平移、旋转和尺度化等简单变换达到与目标图像的匹配，但是它不能处理目标形状存在较大变形时的问题，为此人们提出变形模板匹配方法。

④基于特征的匹配。特征匹配技术具有运算速度较快、对一些图像显著变化适应性强的特点，特别适用于不同传感器和不同时相影像间的匹配计算。基于特征的匹配方法首先从待配准的图像中提取特征，用相似性度量和一些约束条件确定几何变换，然后将该变换作用于待匹配图像。匹配常用的特征有边缘、轮廓、直线、兴趣点、颜色、纹理等。基于特征的匹配对于图像畸变、噪声、遮挡等具有一定的鲁棒性，但是它的匹配性能在很大程度上也取决于特征提取的质量。在提高算法的鲁棒性和运算的自动化程度方面，基于局部特征的配准算法具有一定的优势，需要尽可能地结合与挖掘现有方法中的优点。

基于特征的匹配技术的主要优点在于能够提取影像的显著特征，压缩影像的信息量，使计算量变小，速度变快[4]。同时，对影像灰度的变化具有鲁棒性，如旋转、尺度、平移等变化，可以处理分辨率相差较大的情况，在仿射变换或投影变换条件下，依然具有很好的匹配效果，适用于成像点差异造成的影像局部变形配准。

对于高分辨率遥感影像配准，由于分辨率提高、数据量增大，在批量自动正射校正、海量影像镶嵌、数据融合等处理中，需要采用具有无人工干预或极少干预的海量数据自动配准处理技术，否则难以适应业务加工的效率要求，也不符合数据处理智能化、自动化的趋势。基于影像特征的配准算法具有对处理信息特征压缩、实际运算量少的特性，适合海量遥感数据处理。基于特征的自动配准技术可有效减小劳动强度，降低人工参与带来的不确定性。

基于特征的影像自动配准技术流程如图 2.6 所示。

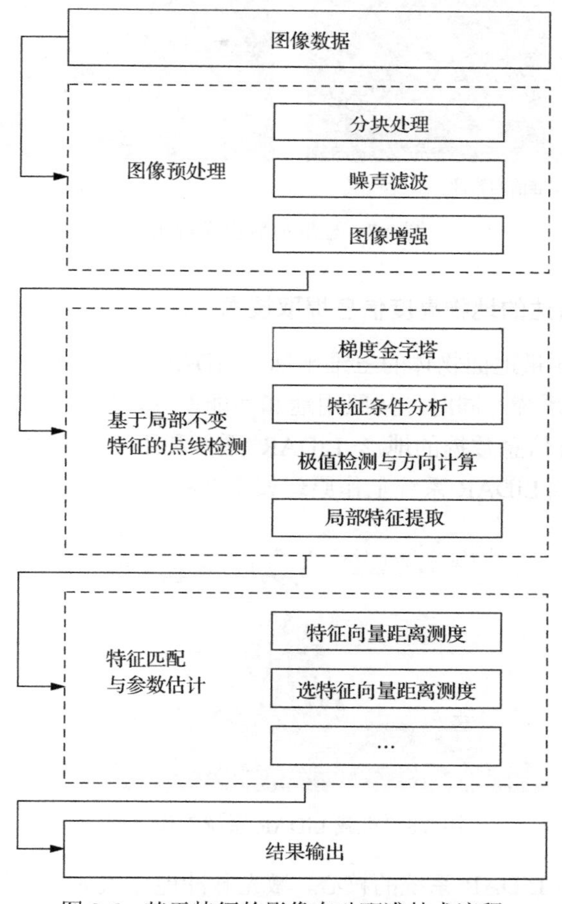

图 2.6　基于特征的影像自动配准技术流程

采用基于局部不变特征的影像自动配准算法，首先是局部不变量特征点线的提取，进行特征搜索与匹配。然后，进行自适应局部校正配准，精确调整配准参数，确定转换模型。最后，进行影像间的配准与灰度重采样。

由图 2.7 可见，不同时相的影像由于成像时间、成像或传输过程受到多种因素的干扰，导致二者间存在几个像素，甚至更大的偏差，这对变化检测精度影响很大。当影像经过几何配准后，不同影像间的平移、旋转、扭曲等均能通过配准校正。影像配准后的精度在一个像素内。

(a) 配准前的影像

(b) 配准后的影像

图 2.7　配准前后影像对比

2.2.3　基于激光雷达的地物高度信息提取技术

LiDAR 可以测量地面物体的三维坐标。LiDAR 系统主要包括机载 LiDAR 系统和地面 LiDAR 系统。同时，按照用途和功能差异，机载 LiDAR 系统又可分为用于获得地面三维信息数据的地形 LiDAR 系统和用于获得水下地形的海道测量 LiDAR 系统。机载 LiDAR 系统工作原理如图 2.8 所示。

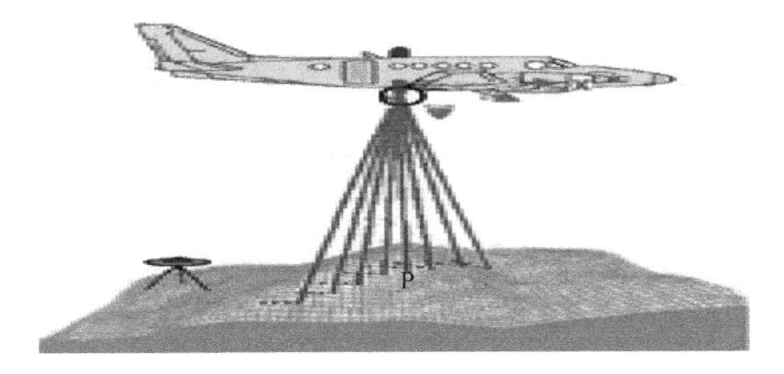

图 2.8　机载 LiDAR 系统工作原理

激光扫描仪是 LiDAR 系统的核心，激光脉冲能穿透如林木的部分遮挡，直接获取高精度三维地表地形数据。激光扫描系统收到的反射信号包括地面目标的反射信息。大部分 LiDAR 系统都是通过记录来自地物的二次反射信号，即首次脉冲和末次脉冲获取相关地物信息。

城市中的地物类型大多为人工建筑和人工植被，地物类型较简单。一般情况下，LiDAR 照射人工建筑物时，一束激光只发生一次反射。系统通过记录发射信号和回波信号之间的时间间隔 t，可计算出激光发射器距离回波信号源地面之间的距离 d。如果将信号发射和接收时刻精确记录，那么激光器至地面或物体表面的距离就可以通过公式 $d=Ct$ 计算出来，其中 C 为光速。因此，通过计算激光发射器的坐标及与地面的距离就可得出地面的数字地形模型(digital terrain model，DTM)。DTM 记录的是地表高程信息。数字表面模型(digital surface model，DSM)记录的是地表地物之间的相对高程信息。两者的示意图如图 2.9 所示。

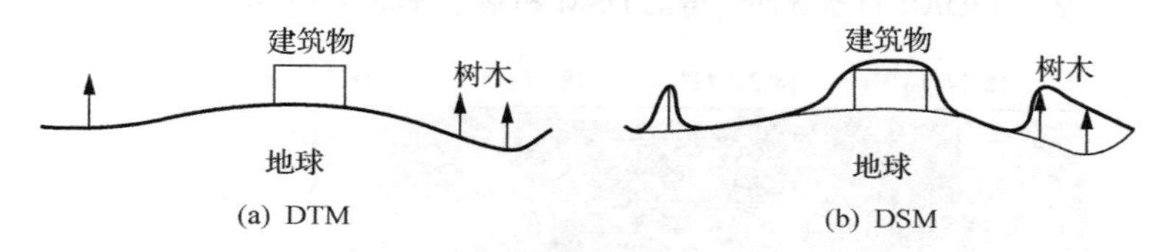

图 2.9　DTM 和 DSM 示意图

原始的 LiDAR 数据是 3D 点云形式，记录第一次回波和第二次回波时间信息，需对原始数据重采样，得到按距离采样的规则格网数据。由于首次脉冲来自城市地物表面的第一次反射，因此得到的高程数据是地表绝对高程数据，这里采用插值得到连续的栅格高程数据。末次脉冲相对于首次脉冲能够穿透城市植被冠层，得到的是较为接近地表的 DTM。这里采用线性表面逼近过滤算法得到栅格高程数据。

如图 2.10 所示为线性表面逼近过滤算法原理图[5]。将首次脉冲获得的高程数据减去末次脉冲获得的高程数据即可得到城市地物高度。如图 2.11 所示为基于 LiDAR 首次脉冲获得的 DSM 和基于等高线获得的研究区基底 DTM。如图 2.12 所示为塞克什白堡市地物高度模型。

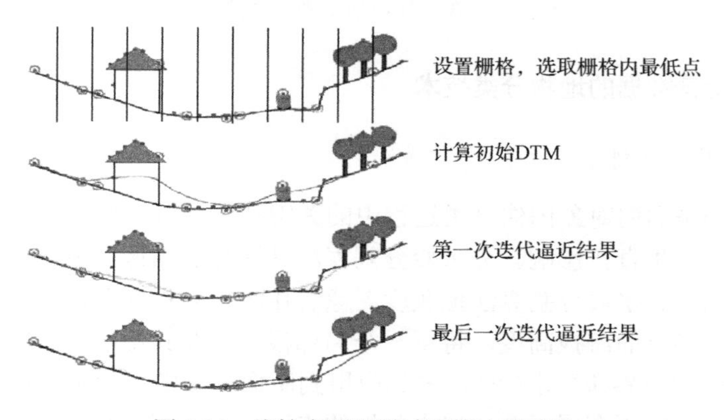

图 2.10　线性表面逼近过滤算法原理图

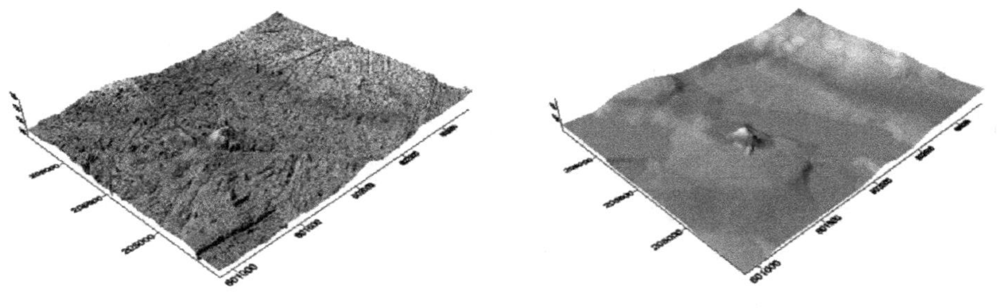

(a) 基于LiDAR首次脉冲获得的DSM　　(b) 基于等高线获得的研究区基底DTM

图 2.11　基于 LiDAR 首次脉冲获得的 DSM 和基于等高线获得的研究区基底 DTM

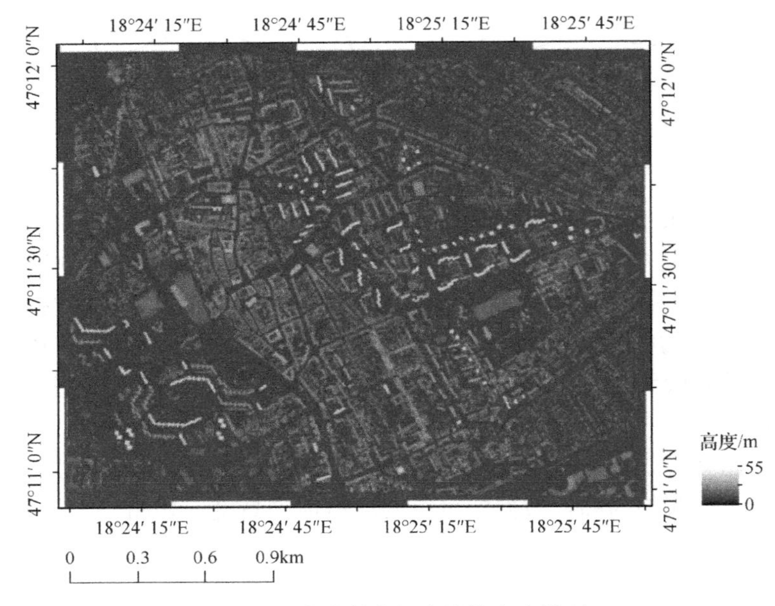

图 2.12　塞克什白堡市地物高度模型

2.2.4　基于街景数据的地物分类技术

1. 街景图像分割

图像分割是面向对象图像分类过程中的关键环节，分割结果会对后续特征提取和图像分类产生直接影响。分水岭分割算法是计算机图像处理领域较为成熟的图像分割算法。分水岭分割算法把灰度图像看作一个高程模型，图像中的每一像素灰度值表示该点的海拔高度，将每一个局部极小值及其影响的区域称为集水盆地。集水盆地的边界即分水岭[6]，将其应用到图像分割中，就是将图像转换为一个标记图像，其中所有属于同一集水盆地的点均被赋予同一个标记，同时用一个特殊的标记来识别分水岭上的点。

传统的分水岭算法由于对噪声敏感，分割结果通常存在比较严重的过分割现象。本书使用的分割方法是李艳桦提出的动态阈值标记分水岭分割算法。该算法的主要思想是通过在梯度图中添加标记点来控制过分割现象[7]。具体步骤如下。

①基于 Sobel 算子得到梯度影像，通过对梯度影像作直方图统计，获得全局最佳梯度阈值。

②通过对梯度影像进行高斯低通滤波得到梯度趋势图，实现动态标记。

③获取梯度影像的标记区域后，采用分水岭分割算法实现影像的最终分割。

在实验过程中，累计概率和阈值调整系数的设置可根据街景特征和地物间关系，在保证影像被充分分割的前提下通过人工反复测试获得最佳阈值参数。

2. 特征信息提取

经图像分割处理后的对象包含大量可用于辅助分类决策的颜色、形状、纹理、空间位置关系、上下文关系等特征，对关键特征的量化可以有效提升分类精度，避免同谱异物、同物异谱现象的发生。

街道场景下的地物具有如下鲜明的空间布局特点。

①存在于街道场景中的地物类别较为固定，通常包括道路、草地、行道树、建筑物、天空、其他(车辆、骑车人、行人)。

②街景地物表现出由下至上的层序特征，即道路通常出现在图像最下方，障碍物随机出现在道路上，道路两旁可能会有草地分布，行道树间隔排列于道路上边界，后方是被遮挡的建筑物，天空作为背景通常出现在图像最上方。

街道场景下的地物在各个特征向量上的表现也存在一定的联系和差异。通过比较道路、建筑物、草地、树冠和天空的光谱、纹理和位置特征的取值范围，可发现以下现象。

①行道树在绿色波段的光谱亮度值较大，一般容易与道路、建筑物和天空这三类地物区分。

②行道树与草地的光谱特征相似，分类时需要借助空间位置关系作进一步划分。

③行道树与其他同为绿色的干扰物(如绿色的交通指示牌和临街店铺招牌)的光谱特征存在辨识难度，但鉴于树冠内部的纹理细节更为明显，可采用纹理信息进行区分。

综上所述，在对街景影像进行分类时，特征向量有 6 个光谱特征向量，包括 R、G、B 三个波段的灰度均值和标准差；2 个纹理特征向量，包括角二阶矩和熵；1 个位置特征向量，即归一化后的平均高度位置。

3. 街景图像分类

采用最近邻分类算法实现街景图像的面向对象监督分类。首先，根据特征提取步骤选定的特征向量，对分割后对象的光谱信息、纹理信息和位置信息进行计算。然后，选取对象均质性较好的典型区域，完成样本训练。最后，基于最近邻分类算法完成分割后影像的分类。

图 2.13 显示了研究区几处位置的街景图像分类结果。结果显示，分类后的斑块形状规则、完整，说明分类后得到的地物类别与真实场景一致。经随机样本检验，行道树树冠的分类精度优于 90%。

图 2.13 街景图像分类结果

2.3 小 结

本章主要介绍实验所选研究区域的基本情况和数据源，以及数据的基本预处理，包括 LiDAR 数据的 DSM 生成[8]、多光谱影像的正射校正与拼接、多源遥感数据的配准[9]、基于街景数据的地物分类技术等，进而为后续研究奠定基础。

参 考 文 献

[1] 赵英时. 遥感应用分析原理与方法[M]. 北京: 科学出版社, 2003.

[2] Gong Y, Proietti G, Larose D. A robust image mosaicing technique capable of creating integrated panoramas[C]//IEEE International Conference on Information Vrsualization, 2002: 24-29.

[3] 刘莹莹, 周美霞. 遥感图像配准技术的研究进展[J]. 淮南师范学院学报, 2013, 15(3): 41-46.

[4] Lowe D G. Distinctive image features from scale-invariant keypoints[J]. International Journal of Computer Vision, 2004, 60(2): 91-110.

[5] Kraus K, Pfeifer N. Determination of terrain models in wooded areas with airborne laser scanner data[J]. Isprs Journal of Photogrammetry and Remote Sensing, 1998, 53(4): 193-203.

[6] Vincent L, Soille P. Watersheds in digital spaces: an efficient algorithm based on immersion simulations[J]. IEEE Transactions on Pattern Analysis and Machine Intelligence, 1991, 13(6): 583-598.

[7] 李艳桦. 面向对象的遥感影像分割与分类方法研究[D]. 郑州: 郑州大学, 2014.

[8] 李小江. 基于多源遥感数据的城市绿度空间指数研究[D]. 北京: 中国科学院大学, 2013.

[9] 杨健. 高分辨率遥感影像特征匹配关键技术研究[D]. 北京: 中国科学院遥感应用研究所, 2008.

第3章 城市植被多维信息遥感提取技术

城市植被是城市生态系统的重要组成部分。植被信息提取是城市绿度空间遥感研究的基础。植被提取精度决定后期度量模型、评价结果的可信度，因此开展城市植被信息提取研究非常重要。本章从二维和三维分别介绍城市植被信息遥感提取技术，以期为城市植被遥感应用提供多维度、多视角的技术支撑。

3.1 城市植被二维信息遥感精细提取技术

城市植被由于土地资源的限制和人工美学等需要，常常表现出种类繁多、分布不规则、空间结构多样和局部地块高密度栽种等特点。同时，与绿化植被相伴的其他景观也表现出高度破碎和异质性，以及对植物形成分隔和遮蔽等。这些都使基于遥感图像的城市植被二维信息提取成为极富挑战性的工作[1-3]。

本节以城市植被二维信息遥感影像高精度提取为目标，基于高空间分辨率遥感影像，从多特征提取与分析、面向对象分类等方面进行研究，旨在形成一套适合城市植被特征的遥感影像信息提取技术，为城市绿度空间度量提供精准的植被二维空间分布信息。

3.1.1 研究现状

作为精细认知城市环境要素不可替代的技术手段，高空间分辨率遥感影像被广泛用于城市植被二维信息提取。高空间分辨率遥感影像不但可降低中低分辨率遥感影像中存在混合像元的概率，而且可提供丰富的空间信息、地物几何结构和纹理信息。这有助于对地物目标的属性特征进行认知和解译，如地物的图层、形状、纹理、层次和专题属性等，并且能够在较小的空间尺度上观察地物的细节变化，提供更为详细的数据[4]。Lehrbass 等指出，优于 1m 空间分辨率且含有近红外波段的遥感影像对于城市树木的识别是非常必要的，他们采用 0.3m 彩色红外航空影像，实现了加拿大安大略省伦敦市城市树木的高精度提取[5]。Ouma 等结合光谱和空间信息对 Quickbird 图像进行分类，实现了城市绿地二维信息的高精度提取[6]。Hofmann 等利用 GeoEye-1 影像获得了吉尔吉斯斯坦比什凯克市城市绿地分布图[7]。黄慧萍等采用 0.5m 空间分辨率航空影像数据，实现了大庆市主城区城市绿地二维信息的快速更新[8]。孙小芳等通过对 Quickbird 全色影像和 5 个纹理影像进行多分辨率分割实现了城市绿地二维信息的高精度提取[9]。车生泉和宋永昌利用 SPOT-5 数据与专题制图仪(thematic mapper，TM)遥感影像融合得到更高分辨率影像，提高了城市绿地景观分类精度[10]。

为更好实现高空间分辨率遥感影像的表达和分类，根据高空间分辨率影像特点，考虑影像不同尺度的信息，人们更多地将兴趣转向基于对象的遥感影像表达和分类方法[11]。使用面向对象方法，对象的色调、纹理、形状等特征可用来辅助对象的分类，更好地识别地物类别。王野通过研究资源三号卫星全色和多光谱影像，采用基于规则的面向对象分类技术获取城市绿地，具有较好的应用性[12]。费鲜芸利用面向对象的影像分析技术，以 20cm 航空影像为数据源，利用光谱特征、长宽比特征、距离特征及语义关系等，对城市道路绿地和零星绿地进行自动提取，结果表明提取精度分别达到 76.56%和 88.45%[13]。Pu 等基于 WorldView-2 和 IKONOS 影像，采用面向对象方法，对美国佛罗里达州坦帕市 7 种城市树种进行识别，在提取树冠信息后，对光照和阴影树冠进行分离，再采用线性判别分析和回归树方法分别对两种影像的光照和阴影区树冠进行种类识别[14]。

综上所述，国内外学者针对高空间分辨率多光谱遥感影像开展了大量城市植被信息提取研究，植被信息提取方法已由基于像元的方式转为面向对象的方式。面向对象的图像分析成为遥感与地理信息系统(geographic information system，GIS)相结合的重要发展模式。然而，面向城市植被高度破碎化，以及高空间分辨率遥感影像上阴影显著的特点，如何充分识别阴影干扰下的植被信息，实现精细化的城市植被二维信息遥感提取仍是一个难点。

3.1.2 研究方法

以匈牙利塞克什白堡市实验区为研究区域，采用 0.5m 高空间分辨率多光谱遥感影像进行基于面向对象的城市植被二维信息遥感精细提取。

高空间分辨率遥感影像上的阴影常被视为地物识别的干扰信息，在一些研究中直接忽略阴影区的植被信息，但这会降低植被信息提取精度。研究采用面向对象的方法，同时考虑阴影区植被信息的提取与识别，以期提高高空间分辨率遥感影像二维城市植被信息提取精度。

鉴于非阴影区植被相比阴影区植被占绝大多数，其提取精度将在很大程度上决定最终提取精度，因此兼顾阴影区植被信息提取与识别的同时，重点分析非阴影区树木及草地的光谱、纹理及形状特征差异，并采用多种方法进行信息提取，以期探讨最佳提取方式。

城市植被二维信息遥感精细提取主要包括多尺度分割、植被信息提取、阴影区与非阴影区植被信息提取、阴影区树木与草地信息提取、非阴影区树木与草地信息提取。城市植被二维信息遥感提取技术路线如图 3.1 所示。

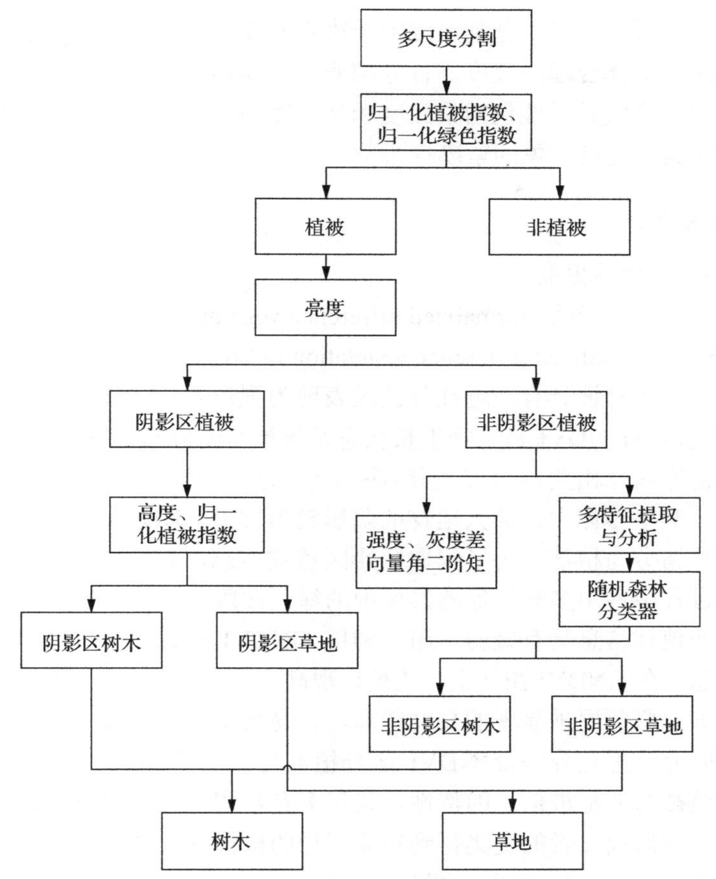

图 3.1　城市植被二维信息遥感提取技术路线图

1. 多尺度分割

面向对象的分类方法与基于像元的分类方法的根本区别在于，其基本处理单元是影像对象，而非单个像素。创建影像对象的过程即影像分割。

各类型城市植被间不但存在光谱差异，而且形状、大小、空间分布方式也不相同。例如，沿道路、湖泊栽种的行道树一般是线状的，而公园内的植被通常是片状的，建筑物之间的周边树木分布则较为零散，尺寸较小。因此，单一的分割尺度很难满足分类要求，进行城市植被的分类宜采用不同的分割尺度，即多尺度分割。

多尺度分割技术采用多尺度结构解决层次关系，可以克服遥感数据的固定尺度，是获取不同尺度下影像信息最有效的方法。多尺度分割算法能生成高度同质性的影像分割区域，从而以最佳的尺度分离和表示地物目标。在某指定的尺度下分割时，通过合并相邻的像素或小的分割对象，在保证对象内部像元之间同质性最大的前提下，基于区域合并技术实现影像分割。影像多尺度分割算法主要有分割尺度因子和异质性因子。分割尺度因子决定所建对象的大小。对象的大小影响分类精度，因此选择合理的尺度进行分割非常重要。异质性因子包括光谱异质性和形状异质性。形状异质性包括紧致度和光滑度两个参量。光滑度指对象轮廓的光滑程度，而紧致度指对象的紧凑性。

2. 参数阈值法

(1) 植被与非植被提取

采用归一化植被指数(normalized difference vegetation index，NDVI)与归一化绿色指数(green normalized difference vegetation index，GNDVI)进行植被与非植被信息的区分。由于植被具有在近红外波段表现为强反射，在红色波段表现为强吸收的光谱特性，因此NDVI是植物生长状态及植被空间分布密度的最佳指示因子，与植被分布密度线性相关，是目前利用遥感技术进行植被信息提取最常用的指标。然而，在高分辨率影像中，高大地物的阴影较为常见，NDVI阈值法往往会将阴影区的非植被错分为植被。为了提取阴影区植被信息，获取更高精度的城市植被信息，研究过程中利用多光谱遥感影像中的绿色波段与近红外波段构建GNDVI。这对阴影区非植被信息具有减弱作用，利用GNDVI可以有效区分阴影区的植被与非植被信息。在GNDVI图像上，植被显现高亮，大部分非植被区GNDVI相对较暗，然而部分彩色屋顶显现的亮度较高，容易被错分为植被。

因此，研究过程充分综合NDVI区分植被与彩色屋顶的特性，以及GNDVI区分阴影区植被与非植被信息的特性，采用多参数阈值法，即NDVI和GNDVI分别取阈值，然后取二者的交集得到较为理想的植被分布图，即

$$\begin{cases} \text{NDVI} = (\text{NIR} - \text{RED}) / (\text{NIR} + \text{RED}) \geqslant \alpha \\ \text{GNDVI} = (\text{NIR} - \text{GREEN}) / (\text{NIR} + \text{GREEN}) \geqslant \beta \end{cases} \tag{3.1}$$

其中，GREEN、RED和NIR分别为绿光波段、红光波段和近红外波段的反射率值。

(2) 阴影区植被与非阴影区植被提取

亮度(brightness)是最基本的光谱特征，反映各波段像元亮度的平均值。研究采用亮度阈值法区分阴影区与非阴影区的植被信息，通过设置合适的阈值，使处于阴影区的植被与非阴影区的植被完全分开。

(3) 阴影区树木与草地信息提取

阴影区树木与草地信息的识别主要通过NDVI和亮度特征的结合来实现。阴影区的草地和树木具有不同的特征，即草地色调较暗，树木NDVI值较高。通过对亮度与NDVI的乘积设置合适的阈值，能够区分处于阴影区的树木和草地信息。

(4) 非阴影区树木与草地信息提取

非阴影区树木与草地信息的识别主要通过强度(intensity)和纹理特征灰度差向

量角二阶矩(grey difference level vector angular second moment，简记 GLDV ASM)的结合来实现。非阴影区的草地和树木具有不同的特征，与树木相比，草地的强度和 GLDV ASM 较高。通过对强度与 GLDV ASM 的乘积设置合适的阈值，能够区分处于非阴影区的树木与草地信息。

3. 多特征提取与分析

高空间分辨率遥感影像城市植被信息多特征提取与分析主要针对树木和草地在遥感影像空间分布上所体现的不同光谱、纹理、形状等特征，具体研究方法包括以下五种。

(1) 光谱特征

绿色植物具有典型的光谱反射特征。在可见光谱段内，植物叶片的反射和透射都很弱，存在两个吸收谷和一个反射峰。在近红外谱段内，具有强烈的红外反射，因此在 0.74～1.3μm 谱段内形成高反射。由于植物类别间叶子内部结构变化大，因此可以通过近红外谱段反射率的测量区分不同的植物类别。随着植物的生长、发育或受病虫害及水分亏缺状态等的不同，植被的光谱特征变化可以在可见光和近红外波段同步显现出来，这对于植物和非植物的区分、不同植被类型的识别、植被长势监测等至关重要。光谱特征如表 3.1 所示。

表 3.1　光谱特征

名称	缩写	说明
光谱值	Mean1	蓝波段
	Mean2	绿波段
	Mean3	红波段
	Mean4	近红外波段
色调	Hue	HSI 彩色空间的色调
强度	Intensity	HSI 彩色空间的亮度
标准差	StdDev1	蓝波段标准差
	StdDev2	绿波段标准差
	StdDev3	红波段标准差
	StdDev4	近红波段标准差
亮度	Brightness	4 个波段的光谱平均值
贡献率	Ratio1	蓝波段贡献率(蓝波段光谱值与所有波段光谱值和的比值)
	Ratio2	绿波段贡献率(绿波段光谱值与所有波段光谱值和的比值)
	Ratio3	红波段贡献率(红波段光谱值与所有波段光谱值和的比值)
	Ratio4	近红波段贡献率(近红波段光谱值与所有波段光谱值和的比值)

(2) 植被指数特征

获取遥感影像植被信息时，仅利用个别波段或多个单波段数据分析对比来提取植被信息是相当受局限的，因此往往选用多光谱遥感数据经分析运算产生某些对植被长势、生物量等有一定指示意义的数值，即植被指数。由于植被光谱受植被本身、环境条件、大气状况等因素的影响，因此植被指数往往具有明显的地域性和时效性。植物在可见光及近红外波段的反射特性都可以通过各类植被指数体现，但各类植被指数特点不同，所反映的植物生长发育情况也各有侧重。国内外学者已经研究发展了几十种植被指数。考虑城市植被特殊的土壤背景和下垫面，选择 12 种植被指数进行特征提取。植被指数及计算方法如表 3.2 所示，其中 NIR、G 和 R 分别为近红外波段、绿光波段和红光波段的反射率值。

表 3.2　植被指数及计算方法

序号	名称	缩写	计算方法
1	比值植被指数（ratio vegetation index）	RVI	$\mathrm{RVI}=\frac{\mathrm{NIR}}{R}$
2	差值植被指数（difference vegetation index）	DVI	$\mathrm{DVI}=\mathrm{NIR}-R$
3	归一化植被指数（normalized difference vegetation index）	NDVI	$\mathrm{NDVI}=\frac{\mathrm{NIR}-R}{\mathrm{NIR}+R}$
4	再归一化植被指数（renormalized difference vegetation index）	RDVI	$\mathrm{RDVI}=\frac{\mathrm{NIR}-R}{\sqrt{\mathrm{NIR}+R}}$
5	绿色归一化植被指数（green normalized difference vegetation index）	GNDVI	$\mathrm{GNDVI}=\frac{\mathrm{NIR}-G}{\mathrm{NIR}+G}$
6	土壤调节植被指数（soil adjusted vegetation index）	SAVI	$\mathrm{SAVI}=(\mathrm{NIR}-R)(1+L)/(\mathrm{NIR}+R+L)$ L 为土壤调节参数，考虑研究区大部分为中等植被覆盖度，因此取参数 L=0.5
7	绿度指数（greenness index）	GI	G/R
8	绿色植被指数（green vegetation index）	VIgreen	$\frac{G-R}{G+R}$
9	改进的简单比值指数（modified simple ratio index）	MSRI	$\frac{(\mathrm{NIR}/R)-1}{(\mathrm{NIR}/R)^{0.5}+1}$
10	改进的叶绿素吸收反射率指数（modified chlorophyll absorption in reflectance index）	MCARI	$[(\mathrm{NIR}-R)-0.2(\mathrm{NIR}-G)]*(\mathrm{NIR}/R)$
11	转换型叶绿素吸收反射率指数（transformed chlorophyll absorption in reflectance index）	TCARI	$3[(\mathrm{NIR}-R)-0.2(\mathrm{NIR}-G)*(\mathrm{NIR}/R)]$
12	三角植被指数（triangular vegetation index）	TVI	$0.5[120(\mathrm{NIR}-G)-200(R-G)]$

(3) 纹理特征

纹理特征是细小物体在影像上大量重复出现形成的规律和特征，是大量个体的大小、形状、阴影和色彩的综合反映，描述像元亮度的空间变化特性。灰度共生矩阵(gray-level co-occurrence matrix，GLCM)是广泛使用的纹理特征提取方法。其基本原理是计算局部范围像元灰度级共同出现的频率，不同的空间关系和纹理会产生不同的共生矩阵，以此来区分不同的纹理和结构特性。GLCM 常用的统计测度包括均值、方差、同质性、对比度、不相似性、角二阶矩、熵、相关性等。灰度差向量(grey level difference vector，GLDV) 纹理特征在 GLCM 的基础上产生，计算的是与 GLCM 主对角线平行的某一距离的元素个数之和。本书相关研究主要采用 GLCM 和 GLDV 在近红外波段的纹理特征。纹理统计测度如表 3.3 所示。

表 3.3　纹理统计测度

序号	名称	计算公式	统计特性
1	灰度共生矩阵均值 (GLCM mean)	$\frac{1}{n\times n}\sum_i\sum_j f(i,j)$	窗口内的平均灰度值
2	灰度共生矩阵方差 (GLCM variance)	$\sum_i\sum_j (f(i,j)-u_{n\times n})^2$	窗口内的方差。当该区域的灰度变化较大时，其值较大
3	灰度共生矩阵熵 (GLCM entropy)	$-\sum_i\sum_j f(i,j)\log(f(i,j))$	熵代表影像的无序程度。异质性纹理区域通常有较大的熵。当影像特征为完全随机性纹理时，达到最大值
4	灰度共生矩阵角二阶矩 (GLCM ASM)	$\sum_i\sum_j (f(i,j))^2$	也称作能量，角二阶矩是影像同质性的度量，区域内的像素值越相近，同质性越高，值越大。角二阶矩和熵测度是反相关的
5	灰度共生矩阵同质性 (GLCM homogeneity)	$\sum_i\sum_j \frac{f(i,j)}{1+(i-j)^2}$	同质性是影像纹理相似性的度量，其值越大代表局部区域越缺乏变化，灰度差异越小
6	灰度共生矩阵对比度 (GLCM contrast)	$\sum_i\sum_j (i-j)^2 f(i,j)$	表示邻域内灰度级的差异。影像的局部变化越大，其值越大
7	灰度共生矩阵不相似性 (GLCM dissimilarity)	$\sum_i\sum_j \lvert i-j\rvert f(i,j)$	与局部对比度越高，其值越大
8	灰度共生矩阵相关性 (GLCM correlation)	$\frac{\sum_i\sum_j (ij)f(i,j)-\mu_x\mu_y}{\sigma_x\sigma_y}$ $\mu_x=\sum_i\sum_j i\times f(i,j)$ $\mu_y=\sum_i\sum_j j\times f(i,j)$ $\sigma_x^2=\sum_i\sum_j (i-\mu_x)f(i,j)$ $\sigma_y^2=\sum_i\sum_j (i-\mu_y)f(i,j)$	相邻像元灰度值线性依赖的度量，能反映影像中线性地物的方向性
9	灰度差向量角二阶矩 (GLDV ASM)	$\sum_{k=0}^{n-1} V_k^2$	GLCM 的对角线之和
10	灰度差向量熵 (GLDV entropy)	$\sum_{k=0}^{n-1} V_k(-\ln V_k)$	GLCM 的对角线之和
11	灰度差向量均值 (GLDV mean)	$\sum_{k=0}^{n-1} kV_k$	GLCM 的对角线之和
12	灰度差向量对比度 (GLDV contrast)	$\sum_{k=0}^{n-1} V_k k^2$	GLCM 的对角线之和

(4) 形状特征

形状特征提取的终极目的是通过数学工具准确反映人们对形状的描述。在目前条件下，图像对象形状信息的获取往往采用边界框解决。边界框的几何形状反映对象的形状信息，而且易于实现。常用的形状特征有面积、长宽比、长度、宽度、边界长、形状指数、密度、对称性、主方向、不对称性等。由于研究区植被分布缺乏规律性，树木多聚簇分布，植被对象的形状特征不显著，因此仅考虑少量形状特征(表 3.4)。

表 3.4　形状特征

序号	名称	说明
1	形状指数	影像对象的边界长度除以面积平方根的 4 倍。用来描述影像对象边界的光滑度。影像对象越破碎，形状指数越大
2	紧密度	对象最小包围矩形面积与对象包含像素数目之比

(5) 特征分析

随着高空间分辨率遥感技术的不断发展，针对高分辨率遥感影像面向对象的分析中提取的纹理和形状等影像特征的维数往往比较高，高维特征对分类器的性能会产生一定影响，因此特征选择是一个重要环节。本节采用随机森林对特征进行重要性评价。

随机森林是一种集成机器学习方法，一般基于随机子空间选择若干特征子集，并使用决策树算法进行训练，通过投票得到最终分类结果。随机森林比单棵决策树更稳健，泛化性能好，具有分析复杂相互作用分类特征的能力，对于噪声数据和存在缺失值的数据具有很好的鲁棒性，并且具有较快的学习速度。其变量重要性度量可以作为高维数据的特征选择工具，近年来已经被广泛应用于各种分类、预测、特征选择、生物特征识别、计算机辅助医疗诊断等诸多问题中。

随机森林特征选择规则是在随机森林算法中随机选取分裂属性集。假设共有 M 个属性，指定建立树的属性数量 $F \leqslant M$，在每个内部结点，从 M 个属性中随机抽取 F 个属性作分裂属性集，以这 F 个属性中最好的分裂方式对结点进行分裂(在整个森林的生长过程中，F 的值一般维持不变)。为了获得特征的重要性，首先将训练集分为训练和确认两个部分，通过训练第一个部分，预测第二个部分，可以得到一个精确度。对于第 i 个特征，随机变更第二个数据集中的值，获得另一个精确度值。这两个数值的差异程度代表第 i 个特征的重要性。

4. 机器学习分类

这里主要采用监督分类的方法，所用的分类器包括最大似然分类器、支持向量机和随机森林。

(1) 最大似然法

最大似然分类是一种典型的基于统计分析的监督分类器。其理论基础是贝叶斯准则，以错分概率或风险最小为准则建立判别规则，要求数据服从正态分布，根据训练样本的均值和方差来评价其他像元和训练类别间的相似性。基本思想是各类已知像元的数据在平面或空间构成一定的点群；每一类的每一维数据都在自己的数轴上形成一个正态分布，其多维数据就构成该类的一个多维正态分布；各类的多维正态分布模型在位置、形状、密集或分散程度等方面不同。根据训练样本，可以构建各类的多维正态分布模型，即概率密度函数、概率分布函数或概率函数。在得到各类多维分布模型后，对于未知类别的数据向量，便可通过贝叶斯公式计算其属于各类别的概率。比较这些概率，可以把该数据向量或像元归到概率最大的类中。

(2) 支持向量机

支持向量机是在统计学习理论的基础上发展而来的，采用结构风险最小化原理，在最小化样本误差的同时缩小模型泛化误差，从而提高模型的泛化能力。该方法通过非线性映射将输入空间的样本映射到高维特征空间并构建最优分类超平面，进而在特征空间进行相应线性操作。支持向量机适合有限样本(小样本)问题，在很大程度上解决了传统方法中存在的模型选择、过学习、非线性、局部极小点等问题。同时，可以自动选择支撑决策的重要数据点，减少决策点的数量，决策效率高，对特征空间的维数不敏感，因此被认为是对 Hughes 效应具备鲁棒性的分类器。支持向量机是一种快速有效的机器学习方法，在遥感图像分类中有广泛的应用。

(3) 随机森林

随机森林是一种非参数的模式识别分类方法，不用事先知道或假设数据的分布，可用于大多数分类问题。这也是其优于传统统计学习方法的关键所在。随机森林可以看成是自举汇聚法和随机子空间的结合，由一系列分类器组合在一起进行决策，期望得到一个最公平的集成学习方法。构造每一个分类器需要从原数据集中随机抽取一部分样本作为样本子空间，然后从样本子空间随机选取一个新的特征子空间，建立决策树作为分类器，最后通过投票方法进行决策。

3.1.3　实验结果

1. 多尺度分割结果

实验以 eCognition 软件为平台，使用塞克什白堡市实验区 0.5m 多光谱遥感影像作为输入数据。由于实验区存在较多零散分布的树冠，为了尽可能地区分植被信息与非植被信息，首次分割尺度的设置尽量小，以分割对象不同时包含植被信息和非植被信息为宜。采用近红外、红、绿、蓝波段作为输入，各波段的权重均为 1，在光谱参数为 0.9、形状参数为 0.1、紧致度为 0.5、光滑度为 0.5 的情况下，设置分割尺度为 10，进行首次分割。研究区首次多尺度分割结果局部图如图 3.2 所示。

图 3.2　研究区首次多尺度分割结果局部图

在首次分割结果的基础上，为借助对象的纹理特征进行植被信息精细提取，并确保提取结果不至于过度破碎，对植被信息对象进行二次分割。以二次分割结果为基础，进行阴影区树木、阴影区草地、非阴影区树木及非阴影区草地的提取。二次分割的参数设置以分割对象不同时包含树木和草地为宜。采用近红外、红、绿、蓝波段作为输入，各波段的权重均为 1，在光谱参数为 0.9、形状参数为 0.1、紧致度为 0.5、光滑度为 0.5 的情况下，分别设置分割尺度为 20、30、40，分析适宜城市树木及草地精细提取的分割尺度。如图 3.3 所示，尺度参数为 40 的分割影像未能很好区分树木和草地；尺度参数为 30 的分割影像可以有效对树木和草地进行区分，同时又不过于破碎；尺度参数为 20 的分割影像尺度过小，导致对象无法体现出丰富的纹理信息。因此，选择分割尺度参数为 30 进行城市植被信息提取。

(a) 首次分割结果

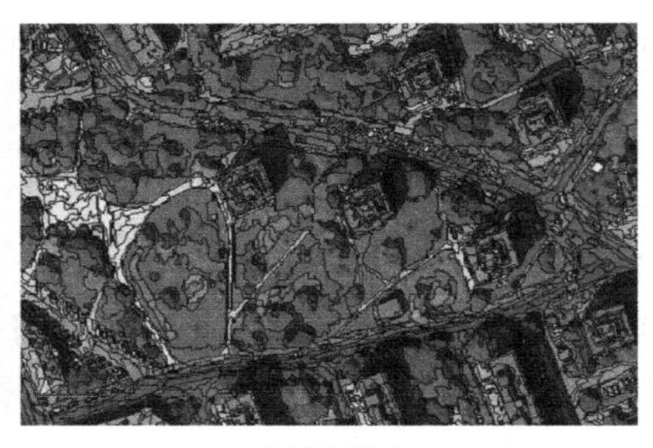

(b) 分割参数为40

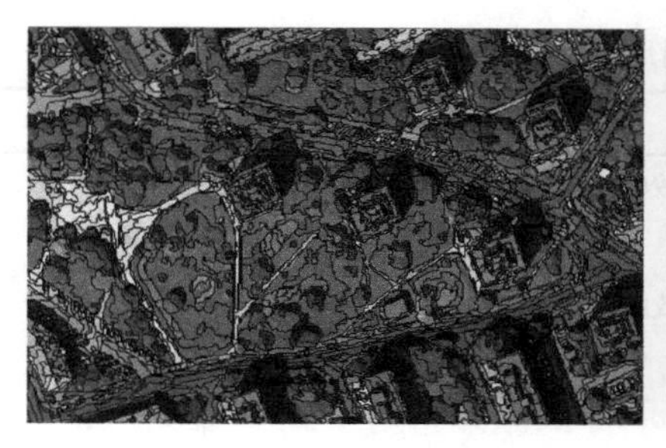

(c) 分割参数为30

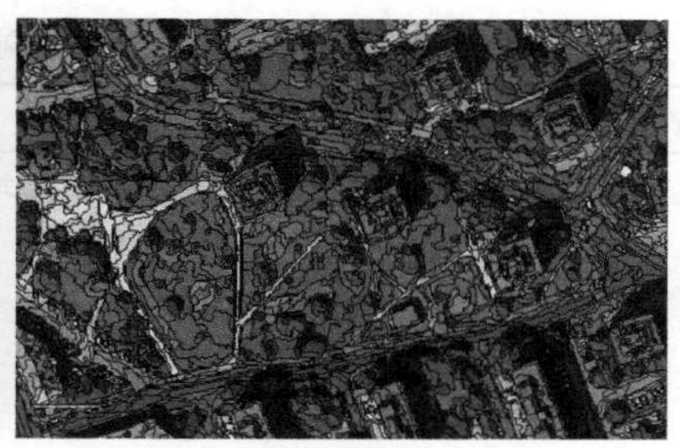

(d) 分割参数为20

图 3.3　不同分割尺度的多尺度分割结果对比

分割参数的设置对分割效果也会产生很大的影响。在尺度参数为 30 的情况下，对遥感影像设置不同的光谱参数、形状参数、紧致度、平滑度进行分割。图 3.4(b)在设置光谱参数为 0.8、形状参数为 0.2 时，微小树冠的分割对象消失，即给光谱信息设置较高权重可以得到较好结果，说明在城市植被信息提取方面，光谱信息比形状信息发挥的作用更大。图 3.4(c)在设置紧致度为 0.4、光滑度为 0.6，以及图 3.4(d)在设置紧致度为 0.6、光滑度为 0.4 时，与图 3.4(a)相比并无太大差异，因此取中间值，紧致度为 0.5，光滑度为 0.5。本研究使用的分割尺度及参数如表 3.5 所示。

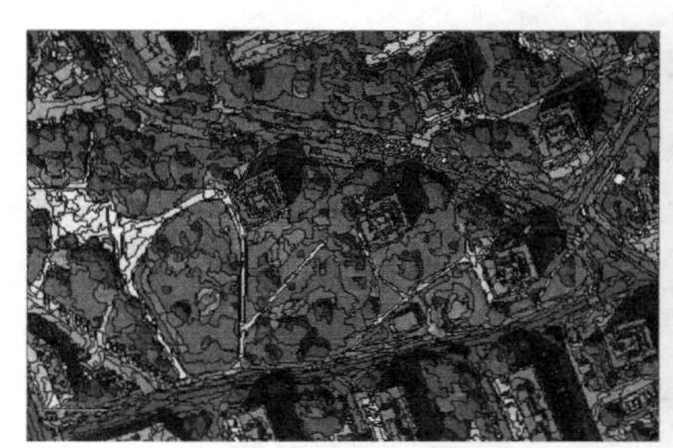

(a) 光谱参数0.9、形状参数0.1、紧致度0.5、光滑度0.5

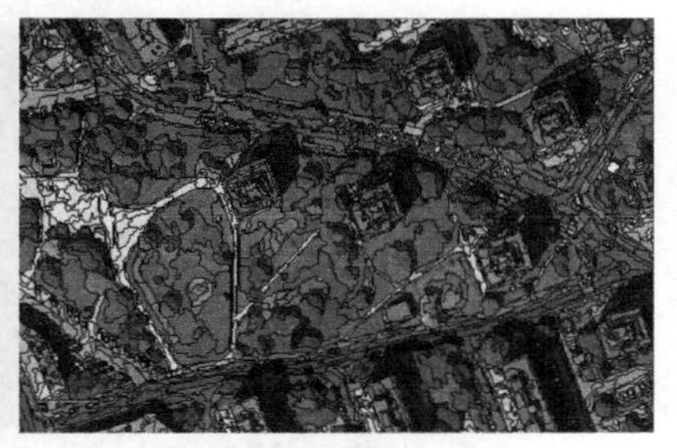

(b) 光谱参数0.8、形状参数0.2、紧致度0.5、光滑度0.5

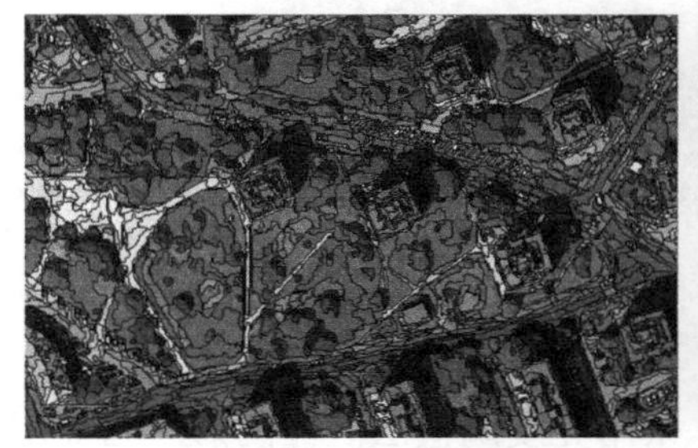

(c) 光谱参数0.9、形状参数0.1、紧致度0.4、光滑度0.6

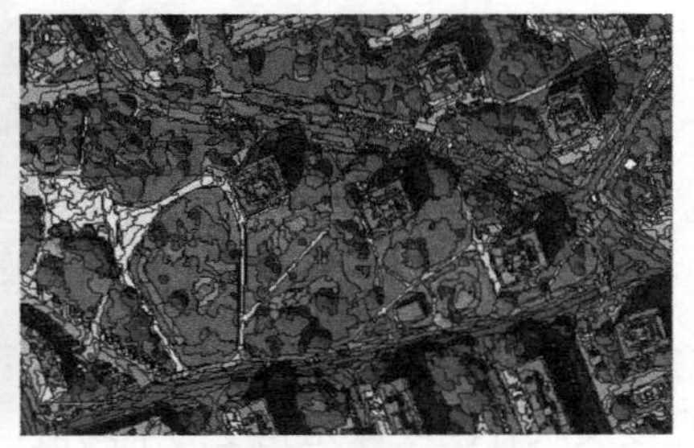

(d) 光谱参数0.9、形状参数0.1、紧致度0.6、光滑度0.4

图 3.4　不同参数设置分割结果图(尺度参数 30)

表 3.5 分割尺度及参数

层次	尺度及参数	类别
1	10(光谱参数 0.9、形状参数 0.1、紧致度 0.5、平滑度 0.5)	植被
		非植被
2	30(光谱参数 0.9、形状参数 0.1、紧致度 0.5、平滑度 0.5)	阴影区树木
		阴影区草地
		非阴影区树木
		非阴影区草地

2. 参数阈值法城市植被信息提取结果

(1)植被信息提取

基于 NDVI 和 GNDVI，采用参数阈值法进行实验区植被信息提取。在研究过程中，经反复实验确定 NDVI 最终阈值为 0.1，GNDVI 最终阈值为 0.1。研究区植被二维信息提取结果如图 3.5 所示。

图 3.5 研究区植被二维信息提取结果

(2)阴影区树木及草地信息提取

亮度反映各波段像元亮度的平均值，采用亮度阈值法区分阴影区与非阴影区的植被信息，通过设置合适的阈值，使处于阴影区的植被与非阴影区的植被完全分开。如图 3.6 所示，在亮度阈值由 25 增大到 30，再增大到 35 的过程中，阴影区的植被信息被逐步提取；当亮度阈值逐渐增大到40时，造成阴影信息的过度提取，因此最终确定实验区影像阴影区植被信息提取的最佳阈值为35，约为最大亮度值255的13.7%。

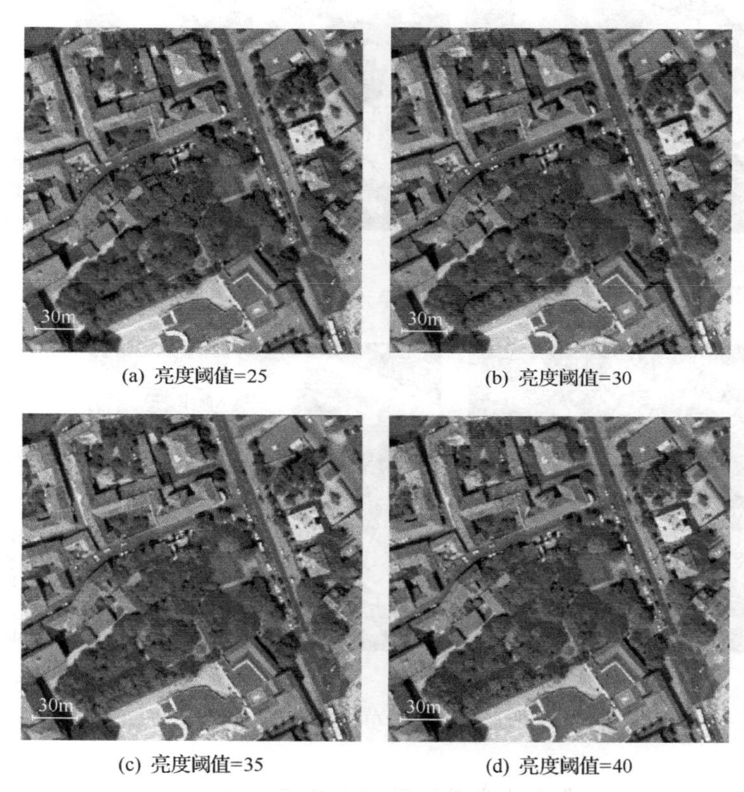

(a) 亮度阈值=25 (b) 亮度阈值=30

(c) 亮度阈值=35 (d) 亮度阈值=40

图3.6 阴影区植被信息提取最佳亮度阈值选择

阴影区树木与草地信息的识别主要通过NDVI和亮度特征的组合来实现。阴影区的草地和树木具有不同的特征，阴影区的草地色调较暗，树木的NDVI较高。通过多次实验，将亮度与NDVI的乘积阈值设置为13.5，小于阈值为草地，大于阈值为树木，由此实现阴影区树木与草地信息的区分。阴影区树木与草地信息提取结果局部图如图3.7所示。

(3) 非阴影区树木及草地信息提取

非阴影区树木及草地信息的识别主要通过亮度和GLDV ASM的组合使用实现。非阴影区的草地和树木特征不同，与树木相比，草地的强度和GLDV ASM值较高。通过多次试验，设置强度与GLDV ASM乘积的阈值为0.02，小于阈值为树木，其余为草地，由此实现非阴影区树木与草地信息的区分。非阴影区树木与草地信息提取结果局部图如图3.8所示。

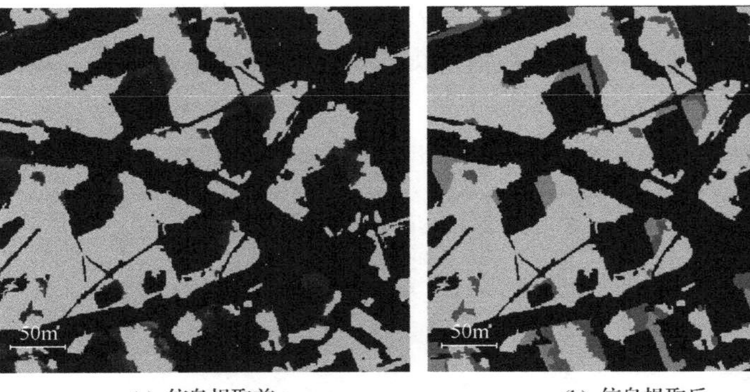

(a) 信息提取前　　(b) 信息提取后

图 3.7　阴影区树木与草地信息提取结果局部图

(a) 信息提取前　　(b) 信息提取后

图 3.8　非阴影区树木与草地信息提取结果局部图

3. 基于机器学习分类器的非阴影区树木及草地信息提取

(1) 多特征提取与分析

分别计算各对象的 15 种光谱特征、12 种植被指数特征、12 种纹理特征，以及 2 种形状特征，共获得 41 种特征。选取非阴影区树木及草地对象作为训练样本，采用随机森林算法对训练样本各特征的重要性进行评价，获得每个特征的重要性分数，用平均精确率减少重要性评分来表示，直接度量每个特征对模型精确率的影响，通过打乱每个特征的特征值顺序，度量顺序变动对模型精确率的影响。

用于非阴影区树木及草地信息提取的 41 种特征的随机森林平均精确率减少特征值重要性分布和分值如图 3.9 和表 3.6 所示。可见，对于树木及草地的区分，纹理特征的重要性相对较高，最重要的纹理特征是 GLDV ASM 和 GLDV Entropy，其次为 GLCM Entropy 和 GLCM ASM；比较重要的光谱特征是 StdDev4、Ratio3、Intensity、Mean4 等；比较重要的植被指数特征是 RDVI、GI、VIgreen 等；两种形状特征的重要程度很低。

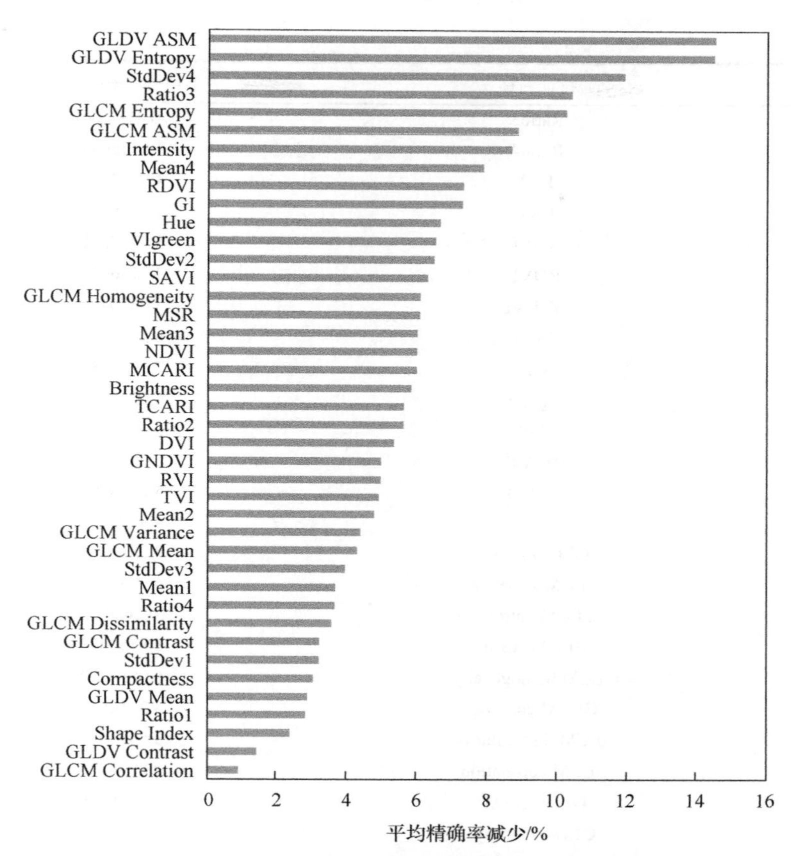

图 3.9　41 种特征的随机森林平均精确率减少特征值重要性分布图

表 3.6　41 种特征的随机森林平均精确率减少特征值分值表

序号	特征名称	平均精确率减少/%
1	Mean1	3.6596458
2	Mean2	4.7728521
3	Mean3	5.9977841
4	Mean4	7.8781615
5	Hue	6.6544960
6	Intensity	8.6868004
7	StdDev1	3.1923533
8	StdDev2	6.4775345
9	StdDev3	3.9365861
10	StdDev4	11.9200527
11	Brightness	5.8285057
12	Ratio1	2.8038457
13	Ratio2	5.6091048

续表

序号	特征名称	平均精确率减少/%
14	Ratio3	10.4197170
15	Ratio4	3.6389644
16	RVI	4.9614245
17	DVI	5.3366813
18	NDVI	5.9937212
19	RDVI	7.3136645
20	GNDVI	4.9670425
21	SAVI	6.2939006
22	GI	7.2838534
23	VIgreen	6.5256092
24	MSR	6.0771003
25	MCARI	5.9841481
26	TCARI	5.6138090
27	TVI	4.9008379
28	GLCM mean	4.2818139
29	GLCM variance	4.3736461
30	GLCM entropy	10.2603799
31	GLCM ASM	8.8754432
32	GLCM homogeneity	6.0834224
33	GLCM contrast	3.2010073
34	GLCM dissimilarity	3.5492930
35	GLCM correlation	0.8936715
36	GLDV ASM	14.5095294
37	GLDV entropy	14.4774246
38	GLDV mean	2.8617080
39	GLDV contrast	1.4134121
40	Shape index	2.3613916
41	Compactness	3.0224182

(2)特征个数对分类精度影响分析

对上述特征按重要性排序，取不同特征数量进行分类，分析特征个数的多少对分类精度的影响程度。

采用随机森林分类方法开展分类实验，不同特征数量的分类精度如表 3.7 所示。可见，随着特征数量的增加，分类精度不断提高，当特征数量超过 20 时，分类精度会产生精度变低的情况，说明过多的分类特征不仅会降低图像的分类效率，还会对分类精度造成影响，因此选择合适的特征数量参与分类至关重要。

(3)非阴影区树木及草地信息提取

采用随机森林分类器，选择特征重要性排序位居前 20 的特征波段参与分类，有效区分非阴影区的树木及草地信息。非阴影区树木与草地信息提取结果局部图如图 3.10 所示。

表 3.7　不同特征数量的分类精度表

特征数量	随机森林分类器	
	分类精度	Kappa 系数
5	0.888	0.806
10	0.904	0.836
15	0.919	0.860
20	0.922	0.866
25	0.911	0.846
30	0.900	0.826

(a) 信息提取前

50m

非植被
非阴影区树木
非阴影区草地
阴影区树木
阴影区草地

(b) 信息提取后

图 3.10　非阴影区树木与草地信息提取结果局部图

4. 研究区城市植被信息提取结果

将非阴影区树木与阴影区树木合并，将非阴影区草地与阴影区草地合并，形成研究区城市植被信息精细提取结果，如图 3.11 所示。

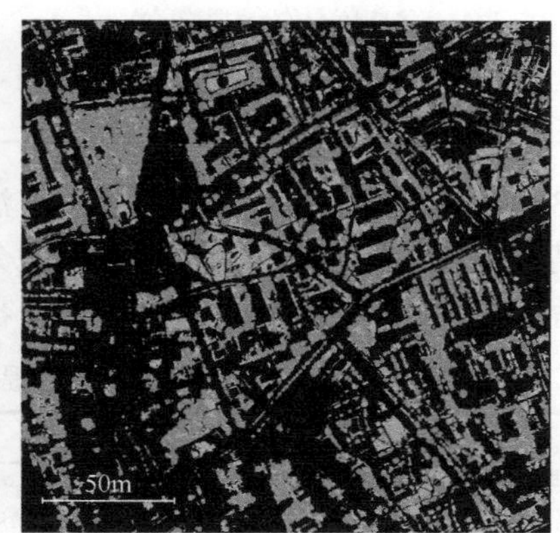

非植被
树木
草地

图 3.11　研究区城市植被信息精细提取结果图

5. 精度对比与综合评价

目前，常用混淆矩阵评价遥感图像分类精度。混淆矩阵提供了生产者精度、用户精度、总体分类精度、Kappa 系数等几种精度评价的指标。其中，总体分类精度和 Kappa 系数反映整体分类精度。Kappa 系数可利用整个误差矩阵的信息，能更准确地反映整体分类精度，Kappa 系数越接近 1，其分类质量越好。生产者精度指的是分类器将整个影像中的像元正确分为 *A* 类的像元数与 *A* 类真实参考总数的比率。用户精度是指像元被正确分到 *A* 类的总数与分类器将全部影像的像元分为 *A* 类的总数之比。

不同特征和不同分类方法的精度评价如表 3.8 所示。可以发现，当采用传统的基于像元的最大似然法进行植被信息提取且不分离阴影区时，分类精度最低；当采用面向对象分类方法时，分类精度有所提升，说明采用高分辨率遥感影像进行城市区域植被信息提取时，面向对象的方法相比基于像元的方法，具有更大优势；在几种面向对象分类方法中，当仅采用阈值分类法且不分离阴影区时，分类精度最低；当采用阈值分类法且分离阴影区时，分类精度有所提升，说明在城市植被信息提取过程中，考虑在阴影区与非阴影区分别进行植被信息提取会使城市植被信息提取更精准；为有效区分非阴影区的树木及草地信息，采用随机森林分类器，并将两种对象的多种特征参与分类时，能进一步提高分类精度。作为两种广泛使用的智能机器学习分类器，与支持向量机分类器相比，随机森林分类器在城市植被信息遥感精细提取中可获得更高的精度。

表 3.8　不同特征和不同分类方法的精度评价

植被信息提取方法		总体精度	Kappa 系数
基于像元	传统的最大似然分类法(不分离阴影区)	0.863	0.759
面向对象	阈值法(不分离阴影区)	0.890	0.804
	阈值法(分离阴影区)	0.904	0.832
	阈值法+SVM 分类器(分离阴影区)	0.894	0.817
	阈值法+随机森林分类器(分离阴影区)	0.922	0.866

如表 3.9 所示为本书研究采用的提取方法精度评价。由此可见，非植被及树木的分类精度较高，均在 90%以上，而草地分类精度略低，主要是由于草地的局部对象具有与树木相似的光谱与纹理特征，容易被错分为树木。

表 3.9　本书研究采用的提取方法精度评价

植被信息提取方法	非植被		树木		草地		总体精度	Kappa 系数
	用户精度	生产者精度	用户精度	生产者精度	用户精度	生产者精度		
阈值法+随机森林分类器(分离阴影区)	0.998	0.999	0.948	0.916	0.821	0.884	0.922	0.866

3.1.4　小结

本节介绍城市植被二维信息提取的研究现状，并以匈牙利塞克什白堡市实验区为例，分析了基于面向对象方法进行城市植被二维信息遥感精细提取的方法和流程，通过设计分离阴影区植被的精细化提取四分结构，实现基于高空间分辨率多光谱遥感影像的城市植被二维信息的高精度提取。实践表明，分离阴影区对于精准提取城市植被信息非常必要；在光谱、植被指数、纹理与形状等特征中，纹理特征对树木与草地的识别能发挥重要作用。在这些分类方法中，阈值法与随机森林分类器相结合的方法可获得最高分类精度。

3.2　城市植被冠层三维结构参量提取技术

城市植被研究由二维向三维立体观测方向发展已成重要趋势。高分辨率遥感与 LiDAR 等为空间探测提供了新的视角和技术手段。其中，LiDAR 拥有的全自动、高精度立体扫描技术，使快速直接获取地形表面模型成为可能，尤其适合植被等具有三维空间结构且立体形态不规则的信息获取，正逐步推动城市植被研究由二维向立体方向拓展。

本节旨在探讨如何突破传统城市植被二维结构观测的限制，实现城市植被三维空间结构参量准确提取等关键技术问题。基于机载 LiDAR 数据，辅以高分辨率光学影像，提出一套完整的可用于实现不同单体树木的树冠边缘检测、树冠体积估算、树冠信息提取的技术流程，实现包括乔木、灌木在内的树冠体积快速提取，解决不同冠层体积度量算法适应性差，城市大范围绿度空间提取及度量效率差等难题，为城市绿度空间度量奠定基础。

3.2.1　研究现状

城市植被三维空间结构特征研究已成为具有重要发展前景的科学问题。

利用高空间分辨率遥感数据提取树木参数，国外已开展多年研究，取得很多成果，但国内尚处于发展阶段，特别是在单木参量提取方面。从高空间分辨率影像上提取树冠信息，也是近年国内外遥感研究的热点。其核心问题是检测树冠中心点，定义所有树冠的边界点，然后连接这些边界点，形成树冠区域。解决了这两个核心问题，就可以提取出树冠，进而提取其他结构参量。

单木树冠识别勾绘以树冠的辐射传输模型为理论基础。其核心思想是树冠中心点的亮度值大，树冠边界点的亮度低。树冠特别是针叶树的树冠都具有比较规则的几何形状，其光谱反射率也显示出一定的规律性。树冠的光谱反射率会随着太阳高度角的变化而变化，但始终都在树冠区域存在一个局部反射率最大点。包括针叶树和阔叶树在内的所有乔木，在树冠区域均有一个局部最大亮度值点，这代表树冠顶点。

在近年国内外的单木树冠自动提取研究中，使用的方法主要有局部最大值法、基于轮廓线的方法、模板匹配方法和基于 3D 模型的方法。Culvenor 将自动树冠识别勾绘算法分为自底向上算法、自顶向下算法和模板匹配算法。自底向上算法由树之间阴影形成的谷作为区分树冠的边界。自顶向下算法先由辐射最大值初步估计树冠位置，然后根据树冠从中心到边缘亮度减少的特征确定边界。模板匹配算法使用事先定义好的描述树冠辐射特征的模板检测影像中的树冠。

周坚华等[15]利用彩红外航片和计算机模拟技术，通过度量城市植物茎叶所占空间体积估算城市植被对城市的绿化效益。周廷刚等[16]利用彩红外航空影像建立植被高度模型、冠径-冠高关系模型和三维绿量计算方程，但该方法未能较好识别并计算灌木和草地的三维绿量。韦雪花等[17]提出树冠不能用一个或多个实心规则几何体来描述，提出体元模拟法，但该方法需要人工剔除非树冠的点云数据，计算量大。

Hecht 等[18]使用机载 LiDAR 数据估算城市植被体积。Liu 等[19]使用机载 LiDAR 点云数据基于坡度过滤法和地面增长算法提取城市树木。Chen[20]基于机载 LiDAR 数据研发了一套实现单株树高、树冠面积、树冠率及叶面积等提取的软件 TiFFs。Yao 等[21]借助全波形机载 LiDAR 数据实现了树种分类与树冠结构信息提取。

综上所述，目前国内外学者针对城市植被冠层三维结构参量提取的研究已有开展，但由于数据和方法适用性的限制，仍存在一些问题。如何有效解决这些问题，研究适用于城市大范围植被冠层三维结构参量提取技术是本节的重点。

3.2.2 研究方法

选用覆盖同一城区的机载 LiDAR 数据和高空间分辨率光学影像，利用机载 LiDAR 数据提取单体树冠的边缘轮廓，获得树高、冠径、树冠率等信息，并借助多光谱影像的光谱信息，结合研究区现存树种光谱信息特征库(包括各树种植被指数、平均高度及对应的冠层形态特征)，为每棵树选配最适合的立体几何(如椭球体、圆锥体等)，根据对应的公式计算每株树木的冠层体积。单株树木识别与冠层结构信息提取技术路线如图 3.12 所示。

1. 树冠高度模型

树冠高度模型是冠层表面模型与 DTM 之差。冠层表面模型的获取需在 DSM 的基础上滤除非植被信息。

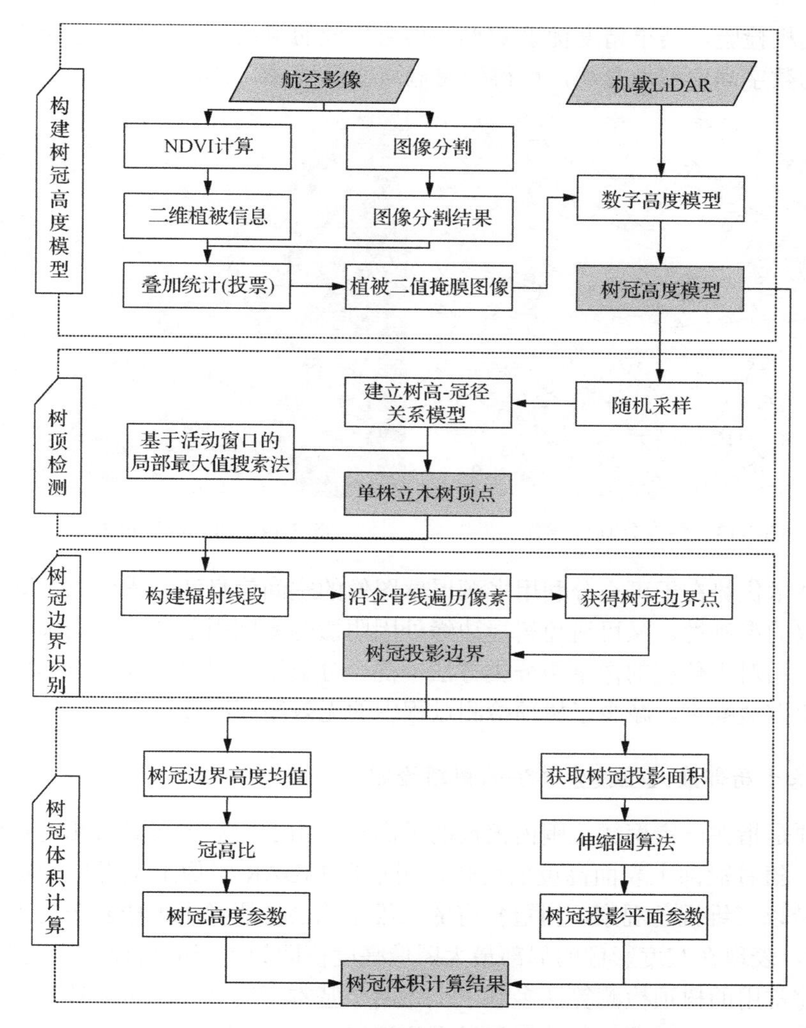

图 3.12　单株树木识别与冠层结构信息提取技术路线

首先，参考基于高分辨率遥感图像的面向对象图像分类方法[22]，充分发挥高分辨率航空影像提取边界信息的优势，采用改进的分水岭分割算法进行影像边缘特征提取，得到标记后图像分割结果(图 3.13)。然后，基于航空影像的红色和近红外波段计算得到 NDVI，利用最大类间差算法确定 NDVI 最佳分割阈值，进行植被提取。计算得到的最佳阈值为 0.23，表明 NDVI 大于 0.23 的像素将被划定为植被。在此基础上，借助投票法修正植被信息提取结果。具体步骤如下。

①遍历图像分割结果中的每个对象。

②统计每个对象中植被像元累计个数占整个对象像元总数的百分比。

③若植被像元所占百分比超过 50%，即判断该对象为植被。

经随机检验，结果精度优于 95%。再将生成的植被二值掩膜图像与数据预处理得到的数字高度模型叠加，可得到树冠高度模型(图 3.14)。

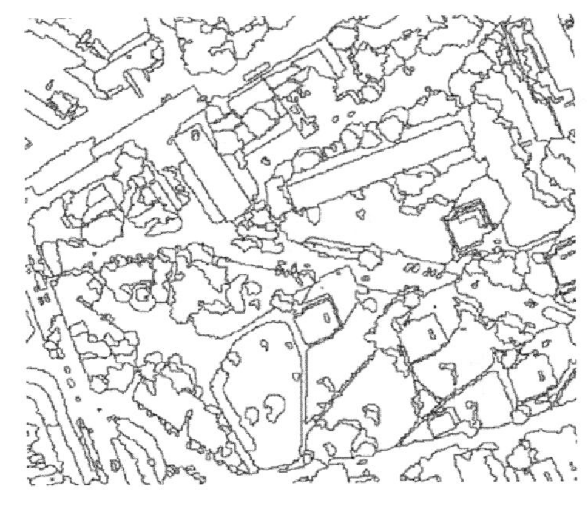

图 3.13　图像分割(局部)

图 3.14　树冠高度模型(局部)

该技术优势在于可充分利用多源遥感图像的空间信息和光谱信息，既可保证信息提取的准确性，又可避免树冠边缘处因阴影等原因引起的斑块剥离、不规整等问题。相对于传统的像素级分类方法，混合分类法可显著提高信息提取精度，有效避免椒盐噪声，减少了树顶检测过程中的无效循环次数。

2. 基于局部最大值搜索算法的树顶检测

树顶是指在一定聚簇范围内植被的最高点。由于树冠大多具有相对规则的几何形状，随着冠部上表面高度的变化，树冠在 LiDAR 影像上呈现出一定的规律性[23]。若以三维视角观察，树冠独有的三维结构会在影像上形成若干向上凸起的“山峰”，表现在灰度影像的局部最大图像亮度值即为可能的树顶点存在位置[24]。

目前常用的树顶检测算法多基于上述两个基本事实展开，可大致分为局部最大值搜索法和基于活动窗口的局部最大值搜索法。后者在前者的基础上做了调整，基于树高-冠径的关系假设实时推算窗口变量的大小。本节使用此方法从树冠高度模型提取研究区范围内单棵树木的顶点[25]。

考虑外业调查提取样本的可行性与时间代价，最终选择基于树冠高度模型手动提取采样点。首先，将研究区等分为 10×10 的格网，依次从每个格网随机选择一棵树，量算其横纵向树冠直径长度的平均值和最大高度值。如果某一格网内不存在树木分布，则从邻接格网另选样本点作为替代。如图 3.15 所示为树高-冠径相关性关系图。由此可见，研究区的树木随着树高的增加，树冠直径也随之扩大，二者基本呈线性关系。树高-冠径关系模型为

$$CD=0.4777\times TH+3.5649 \tag{3.2}$$

其中，CD 为树冠直径；TH 为树高。

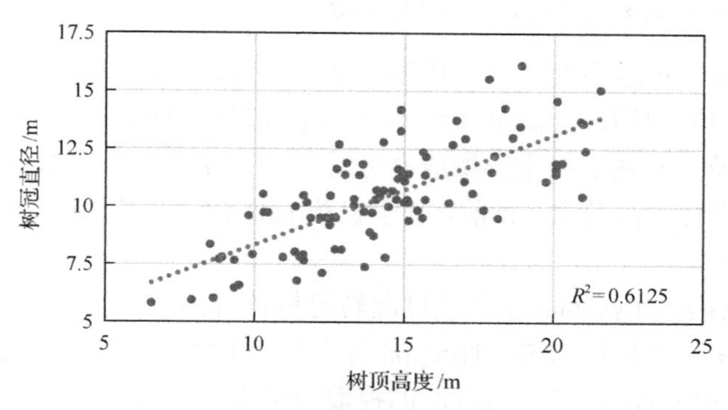

图 3.15　树高-冠径相关性关系图

树高-冠径关系模型用于逐像素遍历过程中确定搜索范围，具体步骤如下。

①选择树冠高度模型图层的左上角第一个像素点，其值为树高。

②经由树高-冠径关系公式计算得到冠径。

③以被选点为中心，CD/2 为半径，确定搜索范围。

④如果被选点是搜索范围内的最高点，则标记为树顶点，并将其位置和高度信息存入列表。

⑤重复以上过程，依次遍历图像的全部像素点，直至找出全部树顶点。

基于上述方法的树顶检测结果如图 3.16 所示。

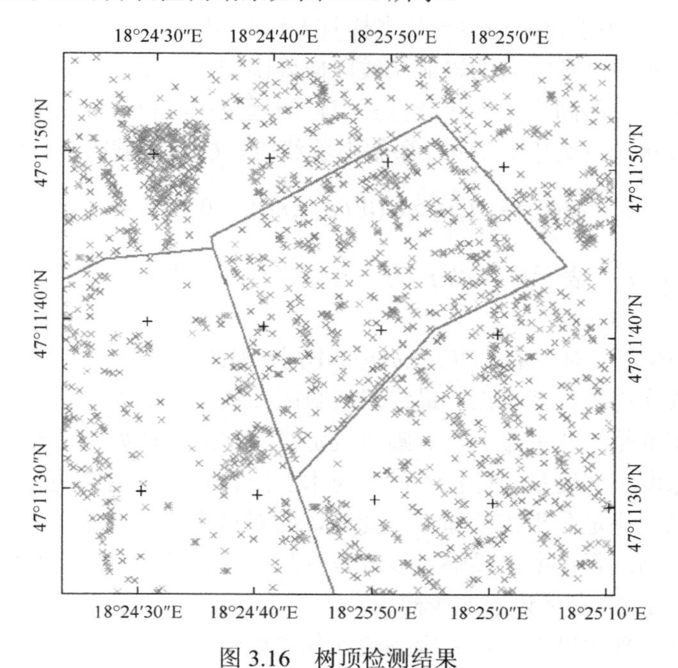

图 3.16　树顶检测结果

3. 基于伞骨法的树冠投影边界识别算法

为获得树高、冠层高度、树冠体积等结构参量，需在树顶检测结果的基础上进行树冠投影边界识别，分离单体树木并确定各自树冠的边界位置。单体树冠轮廓提取研究从最初的基于航空影像或高分辨率遥感影像等二维数据源开展，逐渐转向利用三维立体手段获取。目前，基于机载 LiDAR 数据进行树冠边界识别的方法可归纳为三种。

①图像分割法。Pyysalo 等[26]通过翻转已构建好的 DTM，视树顶为最低点，应用分水岭算法重建树冠形态。Hyyppä 等[27]从七种不同参数组合的分割结果中，目视优选最佳分割方法，证明该方法的提取效果无异于目视解译。

②移动窗口法。求取网格内最低点作为地面种子点，依次采用八邻域移动窗口方法判断其邻接像元是否归属于树冠。

③辐条轮算法。辐条轮法最早由 Hu 等[28]提出，用于从航空影像中提取道路角点，判别道路方向。Liu 等[19]首次引用该思路解决树冠边界的提取问题，边界提取完整度达 86.76%。辐条轮法之所以能在不同研究对象之间成功应用，是因为道路的灰度值与树冠的高度值在一定区域范围内具有稳定均一的特质，若其变化幅度超出既定阈值，则认定为边界所在处。辐条轮由一系列以点 p 为对称中心的辐射状线段组成 $S_i(\varphi_i, m)$（i=0,1,…,4n−1），形如车轮辐条，旋转角相等，即 $\varphi_i=\pi i/2n$，每条辐射状线段长度为 m 个像素。以不同像素点为中心的一系列辐射状线段可定义为 $W(p,n,m)$。由于树冠边界形状多样且无法预测，因此设树顶点为中心 p，并作为起始点，顺序沿各方向的辐射状线段向外围遍历，依次计算位于同一条辐射状线段上相邻单元的高度差。随着像素点逐渐远离中心位置，二者之差也随之增大。设 S_i 为以树顶 p 为中心的第 i 条辐射状线段，C_i 表示截断点，则判断规则为

$$\left|I(C_i)-I(p)\right| \geqslant \sigma(W(p,n,m)), \quad 0 \leqslant i \leqslant 4n \tag{3.3}$$

其中，$\sigma(W(p,n,m))$ 表示位于以 p 为中心，半径长的条辐射线段上全部像素的亮度值标准差。

不同中心位置，对应的 $\sigma(W(p,n,m))$ 不同，因此该算法是一种自适应阈值法。通过逆时针依次连接各截断点，最终形成封闭多边形，实现单体树冠轮廓识别。

本节在辐条轮法的思路上，对阈值设定及判定规则做如下调整。

①城市绿度空间度量与评价不同于树木三维仿真，对树冠边界形态不存在过高的精度要求，满足分析需要即可。此外，面对城市地区成千上万的树木，为减少计算量，提高运行效率，设辐射线段数量为 16 条(经验公式：4×冠径像素数，树冠外围边界由 12 个标记点连线构成)。

②从算法原理角度考虑，原辐条轮法预先要给定辐射线段半径长，这要求研

究者对研究区内的树冠半径浮动范围有初步判断。特别是，在以城市为背景的复杂环境下，树种及树木形态不如森林区域单一。m 值过大，对于多棵树木树冠紧密相连的情况，位于以 m 为半径的圆会纳入邻接树木的像素值，导致像素标准差(阈值)失去针对性，最终影响相邻树冠边界信息的识别；m 值过小，树冠大小超过半径 m 限定外部位的信息将丢失，导致边界范围不完整。为解决上述问题，放弃辐条轮算法使用的阈值判断方法和预先设置辐条半径的条件，尝试一种新型算法，我们将此算法称为伞骨法。

伞骨法选用树顶作为中心 t，从中心位置开始，沿等旋转角 φ 的各条伞骨线由近及远顺次遍历，通过判断前一像素 h_i 与后一像素 h_{i+1} 的高度值关系，决定是否停止搜索。停止条件包括 $h_{i+1}=0$、$h_i-h_{i+1}\geqslant h_t/3$、$h_i-h_{i+1}<0(i=1,2,\cdots,n)$。为防止因检测半径过长等不合理结果，还可加入绝对限制条件 $n=h_t/3$，即 n 的大小取决于研究区内冠径与树高关系的实际情况，其作用类似辐条轮法中的半径 m。如图 3.17 所示为基于伞骨法的树冠投影边界识别结果。

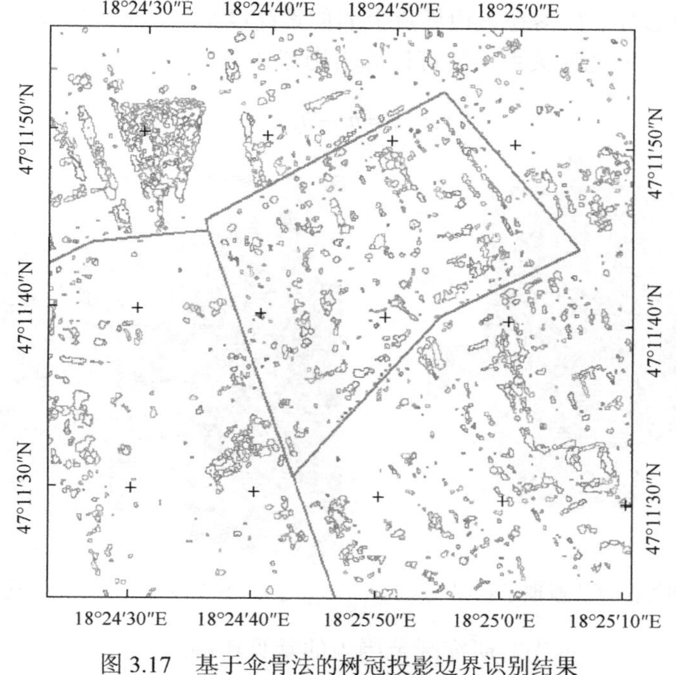

图 3.17　基于伞骨法的树冠投影边界识别结果

4. 基于伸缩圆与冠高比的树冠体积计算方法

树冠体积计算的难点在于树冠形状的不规则性，解决途径是根据树冠的形态特征，为每棵树选配适当的立体几何图形，再选择对应的公式计算体积。

本节以塞克什白堡市常见的椭球体树冠形态为例，详述其计算方法。由椭球体积计算公式可知，所需已知量包括长半轴 a、短半轴 b、极半径 c。前两项参量可基于伸缩圆算法提取获得，极半径由冠高比计算生成，即

$$V_{椭球体}=\frac{4\pi}{3}abc=4.189abc \tag{3.4}$$

伸缩圆算法是在树冠边界识别的基础上，以树冠投影多边形 S_i 的重心为圆心，由小及大，生成不同半径 r 的检测圆 C_r。在检测圆半径 r 由 1 开始，以单个像素为步长累加的过程中，当首次发生 $\exists p\in C_r \cap p\notin S_i$ 时，对应的 r_1 值即椭球体的短半轴 b；当首次发生 $\forall p\in C_r \cap p\in S_i$ 时，对应的 r_2 值即椭球体的长半轴 a。依次遍历全部树冠识别结果，将生成一系列与树冠 ID 号对应的椭圆长、短半轴值。如图 3.18 所示为伸缩圆算法原理示意图。

冠高比是冠高与树高的比值。冠层结构侧视图如图 3.19 所示。假设树冠的几何形态符合椭球特征——椭球割面积最大值出现在冠高的二分之一处，该椭圆面的边界即树冠边界，而落在该边界点上的像素高度平均值 $\overline{h_c}$ 已知，结合边界点高度与树顶高度 h_t 的几何关系，便可计算出椭球体的极半径 c，即

$$c=h_t-\overline{h_c} \tag{3.5}$$

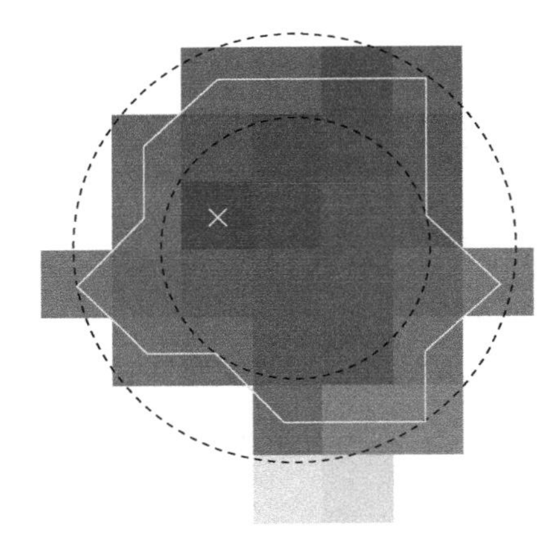

图 3.18　伸缩圆算法原理示意图

图 3.19　冠层结构侧视图

在实际应用中，可先对研究区范围内的常见树种进行野外考察，建立区内树种典型树冠形态映射表，再通过监督分类，可以得到每株树木的所属类型。参照映射表，为不同树种选配最适合的规则立体几何图形，如圆锥体、圆台体等。此外，调查得到的冠高比也可用于直接计算极半径，简化公式为

$$c=\frac{h_t r}{2} \tag{3.6}$$

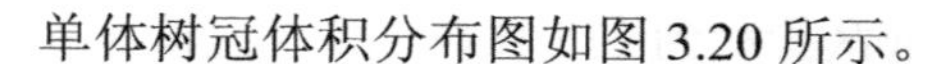

单体树冠体积分布图如图 3.20 所示。

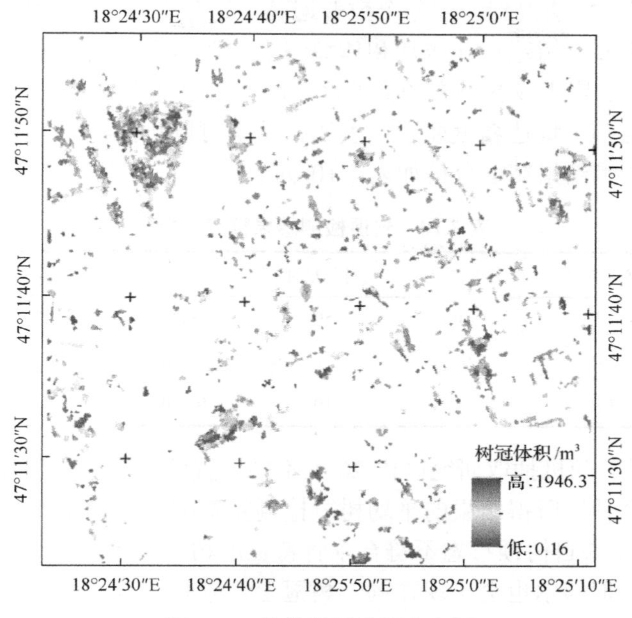

图 3.20　单体树冠体积分布图

3.2.3　实验结果

1. 树顶检测结果分析

将最终检测结果与目视解译结果对比，进行初步精度评估和参量统计。参考 Mcglone 等[29]提出的一系列用于评估建筑物提取精度的统计参量，本节采取类似思路，选用参考数目、检测数目、漏分数目、检测率、错分数目和准确度检验树顶提取精度。漏分数目与错分数目通过目视检查获得。检测率指已被提取的数目占全部待提取数目的百分比，即检测率=(参考数目－漏分数目)/参考数目，用于判别算法的有效程度。准确度指在全部提取结果中正确提取的数量比率，即准确度=(检测数目－错分数目)/检测数目，用于衡量检测代价。精度评估参量释义如图 3.21 所示。

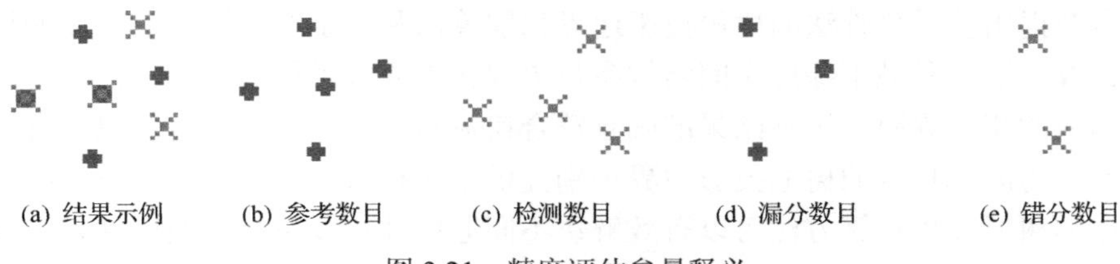

(a) 结果示例　(b) 参考数目　(c) 检测数目　(d) 漏分数目　(e) 错分数目

图 3.21　精度评估参量释义

研究区检测到的总树顶为 1400，商业区检测到 236 棵树，住宅区检测到 391 棵。同时，应用该算法得到的漏分个数普遍高于错分个数。结合树顶检测专题图，发现该方法对于多个树冠相连成片和体型较小的树木识别度较低。整体而言，无论是在树木零星、聚集成簇分布的商业区，还是在密度均一、广泛分布的住宅区，树顶检测率与准确度均达精度要求，表明该结果可以直接作为树冠投影边界识别的输入。树顶检测结果精度分析如表 3.10 所示。

表 3.10　树顶检测结果精度分析

区域	参考数目	检测数目	漏分数目	检测率/%	错分数目	准确度/%
研究区	1552	1400	59	96.20	25	98.21
商业区	236	214	5	97.70	6	97.20
住宅区	391	379	19	95.10	11	97.10

对照参考值，随机抽取研究区内 20 处不同位置的树冠边界进行精度检验。结果表明，采用伞骨法所得结果的平均树冠检测完整率可达 92.2%，平均准确度为 94.7%。部分误差来自树顶形态不符合伞骨特征的树冠，V 形谷多发生于邻接树木的树冠交界处，但偶尔也会出现在同一树冠上。伞骨法若在此处截断，势必产生错误。

总体而言，该算法拥有分离邻接树冠相交界限和结果准确且符合树冠形态的优点，可用于其他研究和应用。

2. 树冠估算结果分析

由于缺乏单体树冠体积的实测数据，因此本节采用趋势性检验法证明反演结果的可靠性。已有的研究表明，树冠体积与冠径(决定系数 R^2=0.875)、树高(决定系数 R^2=0.728)存在较强的相关性。其中，树冠高度模型是在 DTM 的基础上生成的，累积误差相对于推算得到的冠径更低。其绝对水平精度和垂直精度更高。

如图 3.22 所示，随着树高增大，树冠体积也对应呈升高趋势，同时二者相关系数为 0.9774，符合“对于同一树种，在生长阶段，树冠体积随树龄及树高的增长而扩大”的基本常识。由此可初步判定，树冠体积反演算法具备可靠性，可作为后续城市绿度空间建模研究的重要输入。

本节提出基于伞骨法的树冠投影边界识别算法和基于伸缩圆与冠高比的树冠体积计算方法，是城市绿度空间结构参量提取的重要技术创新。伞骨法具有分离邻接树冠的相交界限、识别结果准确且符合树冠形态的优点，同时可以提升算法的效率，为区域尺度的树冠投影边界识别提供了一种可行的方法。基于伸缩圆与冠高比的树冠体积计算方法可以有效解决不同冠层体积度量算法适应性差、城市大范围绿度空间提取及度量效率低的难题，可为同领域的相关研究提供参考。

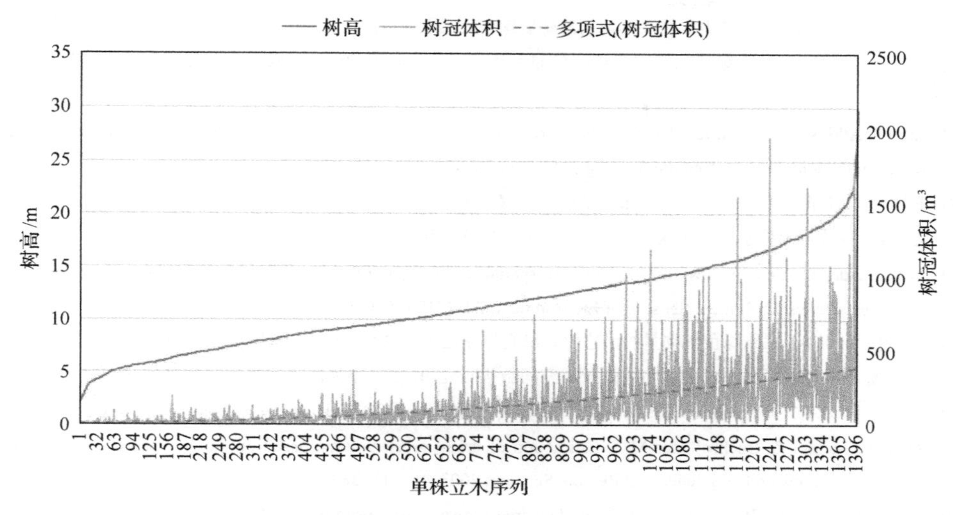

图 3.22　趋势性检验结果

3.2.4　小结

本节基于多源遥感数据，针对以复杂城市地物为背景的三维绿量提取技术研究不足、自动化程度低、精度偏低等问题，深入探索植被冠层体积等三维结构参量的提取方法，提出一套完整的可用于实现不同单体树木的树冠边缘检测、树冠体积估算及冠层结构信息提取的技术。结果表明，该技术可有效提取城市植被冠层结构信息。

参考文献

[1] Buyantuyev A, Wu J. Urbanization alters spatiotemporal patterns of ecosystem primary production: a case study of the Phoenix metropolitan region, USA[J]. Journal of Arid Environments, 2009, 73(4): 512-520.

[2] Baret F, Houl S V, Gu R M. Quantification of plant stress using remote sensing observations and crop models: the case of nitrogen management[J]. Journal of Experimental Botany, 2007, 58(4): 869.

[3] 周坚华, 周一凡, 穆望舒. 城镇绿地树种识别的数学描述符[J]. 遥感学报, 2011, 15(3): 524-538.

[4] 杜凤兰, 田庆久, 夏学齐. 面向对象的地物分类法分析与评价[J]. 遥感技术与应用, 2004, 19(1): 20-23.

[5] Lehrbass B, Wang J. Techniques for object-based classification of urban tree cover from high-resolution multispectral imagery[J]. Canadian Journal of Remote Sensing, 2014, 36(sup2): 287-297.

[6] Ouma Y O, Josaphat S S, Tateishi R. Multiscale remote sensing data segmentation and post-segmentation change detection based on logical modeling: theoretical exposition and experimental results for forestland cover change analysis[J]. Computers and Geosciences, 2008, 34(7): 715-737.

[7] Hofmann P, Strobl J, Nazarkulova A. Mapping green spaces in Bishkek-how reliable can spatial analysis be[J]. Remote Sensing, 2011, 3(6): 1088-1103.

[8] 黄慧萍, 吴炳方, 李苗苗. 高分辨率影像城市绿地快速提取技术与应用[J]. 遥感学报, 2004, 8(1): 68-74.

[9] 孙小芳，卢健，孙小丹. 城市地区高分辨率遥感影像绿地提取研究[J]. 遥感技术与应用, 2006, 21(2): 159-162.

[10] 车生泉，宋永昌. 城市绿地景观卫星遥感信息解译——以上海市为例[J]. 城市环境与城市生态，2001，(2): 10-12.

[11] Aplin P, Atkinson P M, Curran P J. Fine spatial resolution simulated satellite sensor imagery for land cover mapping in the United Kingdom[J]. Remote Sensing of Environment, 1999, 68(3): 206-216.

[12] 王野. 基于资源三号卫星影像的城市绿地信息提取方法探讨[J]. 测绘工程, 2014, 23(7): 65-67.

[13] 费鲜芸. 高分辨率遥感影像在城市绿地信息提取中的应用研究[D]. 泰安：山东农业大学, 2006.

[14] Pu R, Landry S. A comparative analysis of high spatial resolution IKONOS and WorldView-2 imagery for mapping urban tree species[J]. Remote Sensing of Environment, 2012, 124: 516-533.

[15] 周坚华，孙天纵. 三维绿色生物量的遥感模式研究与绿化环境效益估算[J]. 遥感学报, 1995, 10(3): 162-174.

[16] 周廷刚，郭达志. 基于 GIS 的城市绿地景观空间结构研究--以宁波市为例[J]. 生态学报, 2003, 23(5): 901-907.

[17] 韦雪花，王永国，郑君. 基于三维激光扫描点云的树冠体积计算方法[J]. 农业机械学报, 2013, 44(7): 235-240.

[18] Hecht R, Meinel G, Buchroithner M F. Estimation of urban green volume based on single-pulse LiDAR Data[J]. IEEE Transactions on Geoscience and Remote Sensing, 2008, 46(11): 3832-3840.

[19] Liu J, Shen J, Zhao R. Extraction of individual tree crowns from airborne LiDAR data in human settlements[J]. Mathematical and Computer Modelling, 2013, 58(3/4): 524-535.

[20] Chen Q. Isolating individual trees in a Savanna woodland using small footprint LiDAR data[J]. Photogrammetric Engineering and Remote Sensing, 2006, 72(8): 923-932.

[21] Yao W, Krzystek P, Heurich M. Tree species classification and estimation of stem volume and DBH based on single tree extraction by exploiting airborne full-waveform LiDAR data[J]. Remote Sensing of Environment, 2012, 123(2): 368-380.

[22] 李小江. 基于多源遥感数据的城市绿度空间指数研究[D]. 北京：中国科学院大学, 2013.

[23] Koch B, Heyder U, Weinacker H. Detection of individual tree crowns in airborne LiDAR data[J]. Photogrammetric Engineering and Remote Sensing, 2006, 72(4): 357-363.

[24] Gebreslasie M T, Ahmed F B, Aardt J A N V. Individual tree detection based on variable and fixed window size local maxima filtering applied to IKONOS imagery for even-aged Eucalyptus plantation forests[J]. International Journal of Remote Sensing, 2011, 32(15): 4141-4154.

[25] Chen Q. Airborne LiDAR data processing and information extraction[J]. Photogrammetric Engineering and Remote Sensing, 2007, 73(2): 109-112.

[26] Pyysalo U, Hyyppa H. Reconstructing tree crowns from laser scanner data for feature extraction[J]. International Archives of Photogrammetry Remote Sensing and Spatial Information Sciences, 2002, 34(3/B): 218-221.

[27] Hyyppä J, Kelle O, Lehikoinen M. A segmentation-based method to retrieve stem volume estimates from 3D tree height models produced by laser scanners[J]. IEEE Transactions on Geoscience and Remote Sensing, 2001, 39(5): 969-975.

[28] Hu J, Razdan A, Femiani J C. Road network extraction and intersection detection from aerial images by tracking road footprints[J]. IEEE Transactions on Geoscience and Remote Sensing, 2007, 45(12): 4144-4157.

[29] Mcglone J C, Shufelt J A. Projective and Object Space Geometry for Monocular Building Extraction[C]//IEEE Computer Society Conference on Computer Vision & Pattern Recognition, 1994: 54-61.

第 4 章　二维尺度城市绿度空间度量技术

本章首先介绍二维城市绿度空间的传统度量方法，如面积法、格网法、缓冲区法等。在此基础上，构建基于缓冲区法的二维城市绿度空间度量模型。然后，提出一种基于移动窗口的城市绿度遥感度量方法，以期解决城市绿度空间分布特征难以描述和合理性难以度量的问题。

4.1　研究现状

城市绿度的度量方法较多，目前常用的面积法是利用遥感影像统计城市或区域绿地面积，进而计算人均绿地面积、人均公共绿地面积、城市绿化覆盖率等。这些方法虽然能够评价整体绿化效果，但是不能度量城市绿度的空间分布特征。

国外对城市绿度进行了大量研究，如著名的巴尔的摩城市生态系统计划、印第安纳波利斯城市环境研究等。目前，国外城市绿度研究主要包括城市绿地的生态、经济及健康效益研究，城市绿地遥感分类方法研究，城市绿度空间的指标研究，以及城市生态环境评价研究等。

随着遥感数据源的丰富，人们不再满足于简单的城市植被制图，而是更多地考虑城市绿度空间度量。Hofmann 等[1]基于高分辨率遥感影像获取不同土地利用类型的城市二维信息分布图，然后根据地理建模空间分析方法，基于格网法得到研究区城市绿度分布图。奥地利萨尔茨堡大学利用遥感影像提取城市植被二维信息，融合邻接建筑物层高、直线距离等要素，为城市生态研究提供了新方法。国外学者在利用格网法进行城市绿度度量方面做了很多工作，突破了传统面积法不能显示城市空间分布特征等方面的局限。

Nazarkulova 等[2]基于高分辨率遥感影像提出一种城市植被分析流程方法，首先根据遥感影像获取不同类型的植被分布图，并选取主要城市居民点进行缓冲区计算，然后进行城市绿度空间分析。为准确描述城市绿度分布及城市居民邻接城市绿度概率上的差异，一些学者尝试建立城市绿度与居民间的关系模型。Schöpfer 等[3]以研究区每个建筑物的中心点为圆心，分别计算环绕其周围的两两之间间隔 10m 的所有圆所覆盖的城市绿地二维面积，得到该单体建筑物的城市绿地面积大小。Nichol 等[4]基于 IKONOS 影像，采用线性光谱分离法获取栅格水平的城市覆盖度。

我国学者也在城市植被研究领域做了大量工作。刘常富等[5]论述了城市公园可达性研究方法及关键问题，指出从公园与市民相互关系角度出发能更好地评价城市公园的空间分布。Yang[6]通过对西安市人均公共绿地建立灰色预测模型，度量研究区整体绿化情况，但难以较好地反映城市绿地分布特征。因此，有学者使用格网法获得整个研究区城市绿地二维信息制图。邢旸等[7]构建了从使用者角度对城市绿地质量评价的简明指标体系，采用多边形综合指标法和德尔菲法，兼顾科学性和可操作性，应用该指标体系分析南京市城市绿地质量。

总体上，国内学者主要研究城市植被的生态效益和综合评价，对城市绿度空间的度量研究相对较少。

4.2 研究方法

4.2.1 基于面积法的城市绿度度量

20 世纪 80 年代以来，我国城市绿地建设一直以城市人均公共绿地面积、绿地率和绿化覆盖率这 3 项指标来衡量。利用城市植被区域面积度量城市绿度空间是最简单且应用最广的方法。表 4.1 详细列举了城市绿地常用度量指标。

表 4.1　城市绿地常用度量指标

指标	说明
绿地面积	区域中绿地的总面积
建筑物面积	区域中建筑物所占的地面面积
绿地率	公共绿地、宅旁(宅间)绿地、公共服务设施所属绿地和道路绿地等四类绿地面积的总和与研究用地总面积之比
绿地/建筑物面积比	绿地面积和建筑物所占的面积之比
绿化率	绿化种植的土地面积(垂直投影面积)占场地总面积的百分比。不同于绿地率针对于区域内，绿化率能够直观清晰地反映绿地的平均绿化状况，主要从宏观控制和生态方面考虑

这些基于面积的指标简单且易被大众接受，应用较广，是了解城市整体绿化的常用指标。基于面积的指数能在一定程度上度量研究区域的综合绿化情况，但不能度量城市植被的空间分布特征，不能指示城市中不同区域间绿化的差异，也不能描述居民邻接城市绿度的差异及其空间分布。

4.2.2 基于格网单元法的城市绿度度量

针对面积法不能指示城市植被空间分布特征的不足，一系列弥补方法被提出来，格网法是较常用的一种[8]。格网法将研究区划分为均匀格网，再构建指数度量每个格网中的绿量，进而获得整个研究区的绿度分布。与面积法相比，格网法能反映城市绿度的空间分布，在格网法框架下，更多参数被引入绿度评价中，如植被生理生态参数等。

1. 基于面积的绿度度量

Hofmann 等[1]使用格网法，通过对格网中不同类型植被赋权重系数度量每个格网的绿量。如表 4.2 所示为绿度计算中不同类型植被的权重系数。对每个格网单元中的草地和树木面积进行加权就可计算出每个格网中的绿量(green index，GI)，即

$$\mathrm{GI}_j = \frac{1}{A_j}\sum(w_C A_C)_j \tag{4.1}$$

其中，w_C 为不同类型植被对应的权重系数，$0 \leqslant w_C \leqslant 1$；$A_C$ 为不同类型的植被面积；A_j 为第 j 个格网的面积大小；$0 \leqslant \mathrm{GI}_j \leqslant 1$。

表 4.2　绿度计算中不同类型植被的权重系数

植被类型	权重
草地	0.3
树木	1.0

2. 基于生理生态参数的绿度度量

城市植被生态效益的发挥不仅与绿地面积有关，还与植被生理生态参数有关，同植被生理生化过程，如光合作用、呼吸作用、蒸腾作用等密切相关，因此引入植被生物量、叶面积等参数能更好地指示城市绿度空间。Nowak[9]的研究表明，植被对于污染物的消除作用直接和植被总叶面积有关。Ong[10]在叶面积指数(leaf area index，LAI)的基础上提出绿色容积率(green plot ratio, GPR)度量城市绿量，以该指数进行城市生态环境研究及城市规划，并将其作为一个重要指标评价城市环境。

度量每个格网单元中的叶面积指数能直观指示每个格网绿量的大小，进而指示每个格网区域中潜在生态效益的大小。基于叶面积指数的绿度度量方法为

$$\mathrm{G\_LAI}_j = \sum_i \mathrm{LAI}_i \tag{4.2}$$

其中，LAI_i 为格网第 i 个像元的叶面积指数；$\mathrm{G\_LAI}_j$ 为第 j 个格网的叶面积大小。

目前叶面积指数的测量方法有很多，可分为破坏性方法(直接方法)和非破坏性方法(间接方法)。破坏性方法通过采伐植被测定植被叶面积大小。非破坏性方法通过测定植被叶片对太阳辐射的阻滞反推植被叶面积大小[11-13]。

遥感反演植被叶面积指数是较为常用的一种方法，Green 等[11]通过对叶面积指数和 NDVI 进行回归分析，得出叶面积指数与 NDVI 的回归方程，并基于 NDVI

反演叶面积指数。统计回归方法不具有普适性，对不同研究区使用不同的遥感数据，统计方程中的参数会有很大的不同。因此，该方法应用于某研究区时需进行大量实地调查。有学者结合大量实地调查对各类植被叶面积指数进行研究，得到了不同类型植被叶面积指数的统计分布特征[10]，如表 4.3 所示。

表 4.3　不同类型植被叶面积指数的统计分布特征（1932～2000 年）

生物量	原始数据					内距分析后数据				
	观察数量	均值	标准差	最小值	最小值	观察数量	均值	标准差	最小值	最大值
所有	931	52.3	4.08	0.002	47.0	53	4.51	2.52	0.002	12.1
森林/寒带落叶阔叶林	58	2.64	1.03	0.28	6.0	5	2.58	0.73	0.6	4.0
森林/寒带常绿针叶林	94	3.50	3.34	0.48	21.6	8	2.65	1.31	0.48	6.21
作物	88	4.22	3.29	0.2	20.3	5	3.62	2.06	0.2	8.7
沙漠	6	1.31	0.85	0.59	2.84	0	1.31	0.85	0.59	2.84
草地	28	2.50	2.98	0.29	15.4	3	1.71	1.19	0.29	5.0
农场	77	8.72	4.32	1.55	18.0	0	8.72	4.32	1.55	18.0
灌木	5	2.08	1.58	0.4	4.5	0	2.08	1.58	0.4	4.5
森林/寒温带落叶针叶林	17	4.63	2.37	0.5	8.5	0	4.63	2.37	0.5	8.5
森林/温带落叶阔叶林	187	5.12	1.84	0.4	16.0	3	5.06	1.60	1.1	8.8
森林/温带常绿阔叶林	58	5.82	2.57	0.8	12.5	1	5.70	2.43	0.8	11.6
森林/热带常绿针叶林	215	6.70	5.95	0.0002	47.0	16	5.47	3.37	0.0002	15.0
森林/热带落叶阔叶林	18	3.92	2.53	0.6	8.9	0	3.92	2.53	0.6	8.9
森林/热带常绿阔叶林	61	4.90	1.95	1.48	12.3	1	4.78	1.70	1.48	8.0
苔原	13	2.69	2.39	0.18	7.2	2	1.88	1.47	0.18	5.3
湿地	6	6.34	2.39	2.50	8.4	0	6.34	2.29	2.5	8.4

鉴于叶面积指数反演需要大量参数、实地检验及反演模型建立，在应用中可简化处理。Ong[10]在进行城市绿化评价时将城市植被划为草地、低矮灌木和高大乔木，然后基于表 4.3，为三种不同类型的植被设定一个均一的叶面积指数，草地叶面积指数为 1，低矮灌木叶面积指数为 3，高大乔木叶面积指数为 6。常用植被类型叶面积指数如图 4.1 所示。

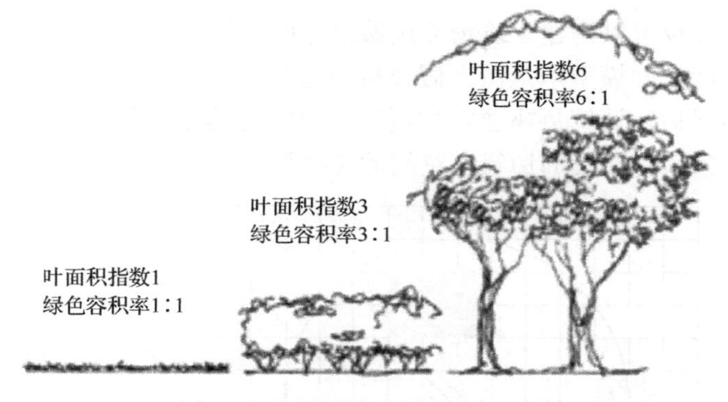

图 4.1　常用植被类型叶面积指数

此时，式(4.2)可进一步转化为

$$\mathrm{G\_LAI} = \sum_{g} \mathrm{area}_g + 3\sum_{s} \mathrm{area}_s + 6\sum_{a} \mathrm{area}_a \tag{4.3}$$

其中，area_g 为草地面积；area_s 为灌木面积；area_a 为乔木面积。

4.2.3　基于缓冲区法的城市绿度度量

城市绿化效果直接影响环境质量。对于城市居民而言，建筑物附近的绿地对居民生活质量具有更直接的作用。城市植被的生态效益均有作用范围，例如植被只能吸收其一定范围内的悬浮污染物，为城市居民带来的感官享受也有距离限制，通过影响附近城市地表蒸发、径流等局部热场，缓解甚至避免城市热岛。

因此，人们只能享受来自较近距离植被带来的生态效益。以城市建筑物为研究对象，以一定半径为缓冲，计算缓冲区内城市绿度。如图 4.2 所示为绿地生态效益与距离示意图，随着距离越来越大，生态效益越来越小，直到可忽略。

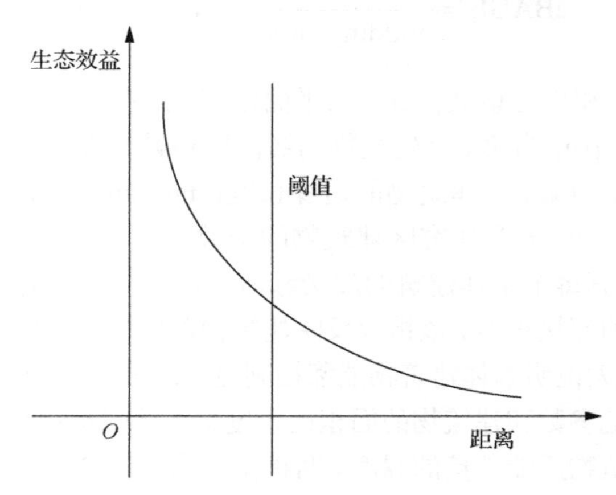

图 4.2　绿地生态效益与距离示意图

基于以上假设可以构建建筑物邻接城市绿度空间概率模型。如图 4.3 所示为建筑物邻接绿度空间模型示意图。假设每座建筑物中的人只能邻接到距离该建筑物一定距离的绿地，计算每座建筑物缓冲区内绿地的参数和建筑物的几何参数之比，作为度量建筑物与其周边绿度空间的邻接程度。

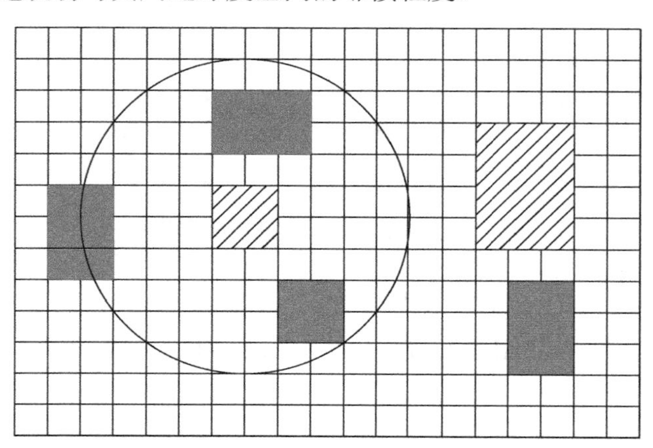

图 4.3　建筑物邻接绿度空间模型示意图(灰色表示植被，阴影区表示建筑物，圆表示缓冲区间)

在二维平面，构建两个建筑物尺度上建筑物邻接绿度空间指数(building adjacent green index, BAGI)，用基于边界的绿度空间指数和基于面积的绿度空间指数评价建筑物邻接绿地的程度，即

$$\mathrm{eBAGI}_i = \frac{\sum\limits_j \mathrm{par}_{ij}}{\mathrm{length}_i},\quad d_{ij} < 20\mathrm{m} \tag{4.4}$$

$$\mathrm{aBAGI}_i = \frac{\sum\limits_j \mathrm{par}_{ij}}{\mathrm{building\_area}_i},\quad d_{ij} < 20\mathrm{m} \tag{4.5}$$

其中，d_{ij} 为建筑物 i 和周边植被像元 j 的平面距离；j 的范围是 1～m，m 为缓冲区内植被像元的个数；par_{ij} 为第 i 个建筑物的缓冲区植被参数，本节采用的植被参数为植被面积；length_i 为第 i 个建筑物的边缘长度；$\mathrm{building\_area}_i$ 为第 i 个建筑物的面积；i 的范围为 1～n，n 为研究区建筑物的个数。

eBAGI 通过计算每个单体建筑的邻接绿地参数和建筑物的外边界长度的比值作为建筑物和绿地的邻接程度。该指数反映建筑物单位边长邻接绿度空间的概率大小。eBAGI 的值越大说明单体建筑物能邻接到更多绿度。aBAGI 通过计算每个单体建筑物的邻接绿地参数和建筑物的面积比值度量单体建筑物邻接绿度的程度。它描述单位面积的建筑物所能邻接的绿度。两种指数均能反映城市单体建筑物邻接绿度空间的程度，进而指示居民享受城市绿度空间生态服务的大小。

现实中的地物具有三维结构，城市中不同植被类型高度有很大差异，同样建筑物高度也不尽相同。二维模型很难真实描述建筑物邻接城市绿度空间的概率，有一定的局限性。

4.2.4　基于移动窗口的城市绿度度量

移动窗口法最早用于分析沿水平梯度植被变化和城镇化过程对植被分布和生态特征的影响[14]。目前移动窗口法仍被广泛用于城市景观格局和人居环境研究[15,16]。本节提出的移动窗口法基于城市绿度分布图，以每个像元为中心，构建 $N\times N$ 像元(N 为奇数)的移动窗口，计算窗口内绿度总面积与窗口总面积的比值，将该比值赋给窗口中心像元，作为窗口中心像元的城市绿度指数(urban green index，UGI)，即城市居民在窗口中心像元覆盖区域所邻接周围城市绿度的概率。遍历研究区遥感影像数据的每一个像元，同时构建相同大小窗口得到研究区像元 UGI 分布图；对建筑物分布图进行掩膜，与像元 UGI 分布图叠加可得建筑物 UGI。像元 UGI 的大小代表研究区内该位置一定范围内邻接城市绿度概率的大小。移动窗口示意图如图 4.4 所示。

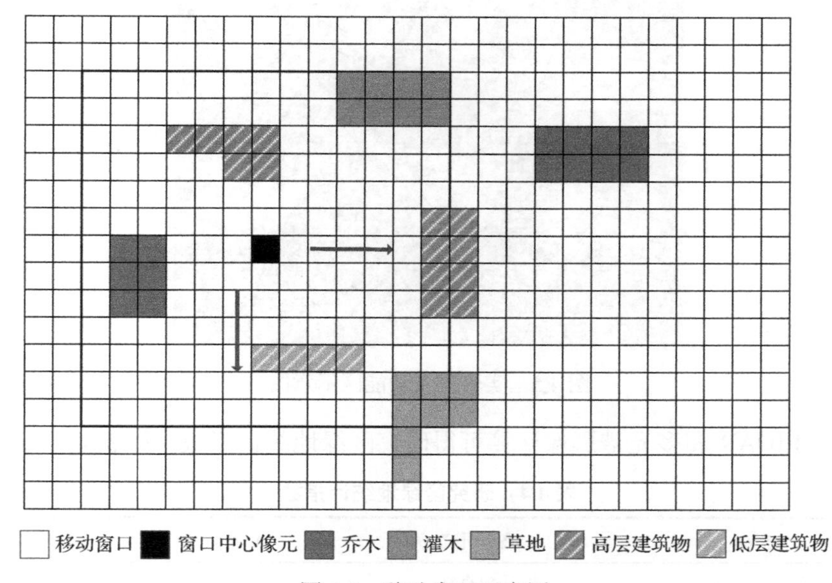

图 4.4　移动窗口示意图

$$\mathrm{UGI}(i, j) = \mathrm{Veg}_{\mathrm{area}}(i, j) / \mathrm{Window}_{\mathrm{area}} \tag{4.6}$$

其中，$\mathrm{UGI}(i, j)$ 为位置为 (i, j) 像元的 UGI，表示研究区内该像元周围邻接城市绿度的概率；$\mathrm{Veg}_{\mathrm{area}}(i, j)$ 为以像元 (i, j) 为中心的 $N\times N$(N 为像元数，取奇数)窗口内城市绿地的总面积；$\mathrm{Window}_{\mathrm{area}}$ 为以像元 (i, j) 为中心的 $N\times N$ 窗口的总面积。

同样以塞克什白堡市为例，进行基于移动窗口的城市绿度空间度量方法适用性研究。

4.3 实 验 结 果

4.3.1 基于面积法的城市绿度度量

实验区位于塞克什白堡市中心城区和居民区交界处，市区地面大量硬化，植被稀少、分布不均。中心城区建筑物分布密集，楼层较高。与中心城区相邻的居民区建筑物分布相对稀疏，绿化较好。在实验区划定两个子区域，A 区为中心城区，建筑物密度大，植被覆盖少；B 区为紧邻中心城区的居民区，居民区建筑物密度略低，绿化相对较好。实验区及功能区示意图如图 4.5 所示。

图 4.5　实验区及功能区示意图

基于 LiDAR 和多光谱影像计算可得研究区绿地统计指数，如表 4.4 所示。

表 4.4　研究区绿地统计指数

指标	整个研究区	A 区	B 区
绿地面积/m^2	278331	39202.5	23102.5
建筑物面积/m^2	283901	99773	22388.8
绿地和建筑物面积比	0.98	0.39	1.03
绿化率/%	27.83	17.8	26.7
建筑物面积百分比/%	28.39	45.3	25.9

在整个研究区，建筑物和绿地面积基本相当，绿地和建筑物面积比接近 1，

绿地面积占整个研究区的 27.83%，建筑物面积占整个研究区的 28.39%。

A 区的绿化率较 B 区低，但 A 区建筑物所占百分比高达 45.3%，B 区为 25.9%。A 区位于城市的中心商业区，与城市居民区比邻，靠近城市居民区的位置绿化程度比核心商业区大，用整个 A 区的绿地面积或绿化率并不能反映该差异，同样也无法真正代表整个 A 区的绿化程度。从绿化面积和绿化率看，B 区总的绿化效果明显好于 A 区，整个区域的绿化率并没有描述区域内部绿地的分布差异。事实上，B 区相邻 A 区的部分绿化程度仍较低，使用 B 区的整体绿化率也很难代表这部分区域的绿化程度。此外，不同植被类型的生态效益不同，城市居民与城市绿地间的距离，以及邻接程度会直接影响城市绿度空间生态效益的发挥。单纯使用整个区域的绿化面积或绿化率并不能客观准确地描述城市或某指定区域绿化质量的差异。

面积法能直观地表达整个城市或某区域的绿化面积、绿化百分比，但只能宏观表达绿化数量，难以表达不同区域的绿化数量差异，不能描述城市绿化质量。

4.3.2　基于格网单元法的城市绿度度量

基于面积的绿度度量是计算每个格网中绿地所占面积百分比。如图 4.6 所示为格网框架下绿地面积比的空间分布。由此可见，格网法能在不同尺度下表征城市绿度空间分布特征，格网越大得到的绿度分布图就越宏观。当格网大小为整个研究区域大小时，研究区就是一个格网，格网中绿地所占百分比就是整个区域绿地百分比；当格网的大小逐渐减小直到等于图像栅格大小时，得到的绿度空间分布图就是研究区绿地二值图，植被格网值为 1，非植被格网值为 0。

从不同格网大小计算出的绿地分布可见，整个研究区域的绿地分布较为离散，很少有大面积较为连续的绿地分布。由图 4.6 可知，A 区植被较少，B 区绿化较 A 区好。比较图 4.6 中的三幅图，可见随着格网大小逐渐减少，格网中的绿化率最大值从 0.74 增加到 0.87，当格网到 25m 时达到极值 1。这说明，在格网大小为 100m×100m 和 50m×50m 时，格网尺度大于研究区域绿地的尺度，使每个格网都不能全部由植被填充。当格网大小为 25m 时，研究区绿地的尺度大于格网大小，这时有些格网全部被绿地像元填充，其对应的百分比达到 100%。格网法在表征绿度空间分布的同时，也能用于探测绿度的尺度大小。

植被种类复杂多样，不同类型的植被起到的生态效益也有很大不同，因此单纯依靠植被面积并不能很好地描述城市绿化效果及其带来的生态效益。叶片是城市植被生理生态过程(光合作用、呼吸作用)发生的主要场所，也是污染物的主要附着场所，叶片的面积大小直接决定着城市植被所能吸附污染物的多少，进而客观描述城市植被所能起到的污染物消除潜力。单纯的度量城市绿地所占的面积并不能很好地指示城市中绿地的环境效益。

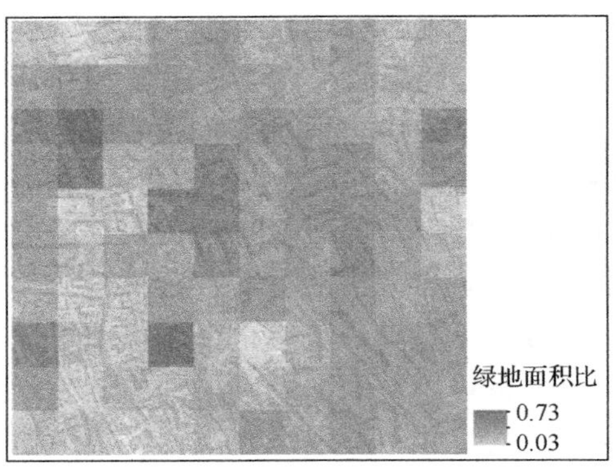

(a) 格网大小100m×100m

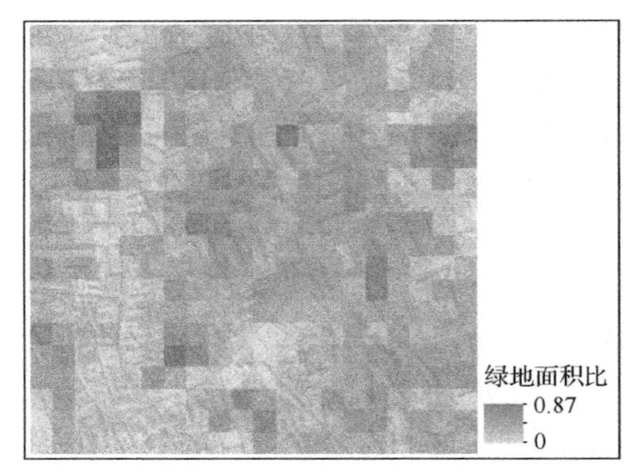

(b) 格网大小为50m×50m

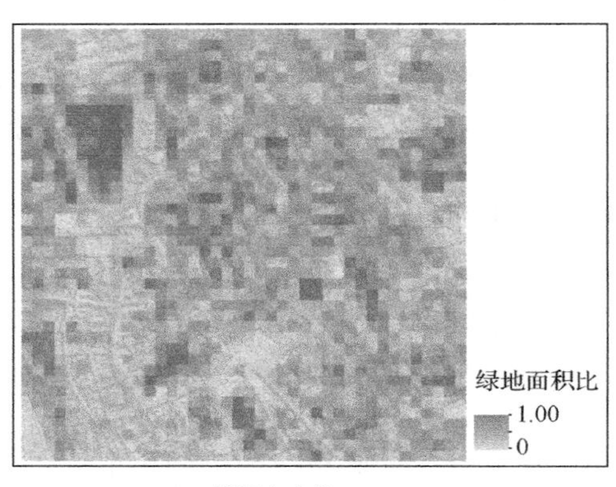

(c) 格网大小为25m×25m

图 4.6　格网框架下绿地面积比的空间分布

根据不同类型植被的分布图，以及不同类型植被叶面积指数的分布表，可在格网度量方法体系下计算城市绿度空间分布特征(图 4.7)。

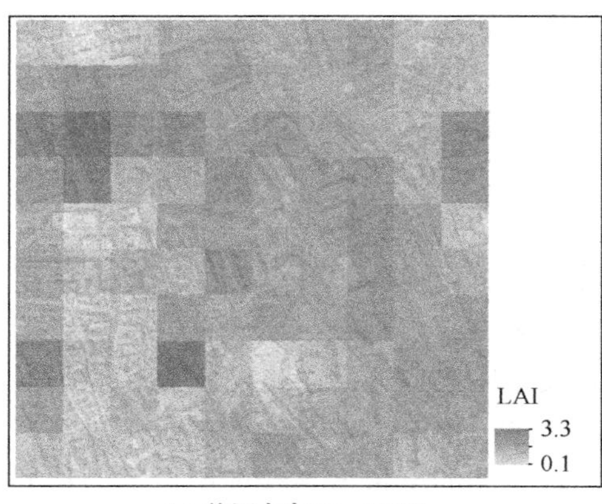

(a) 格网大小100m×100m

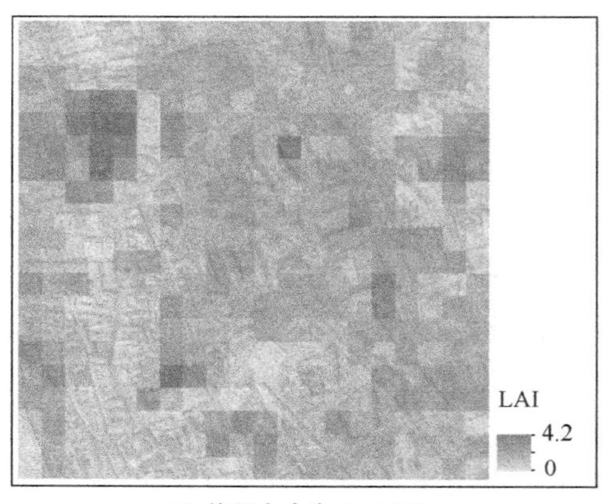

(b) 格网大小为50m×50m

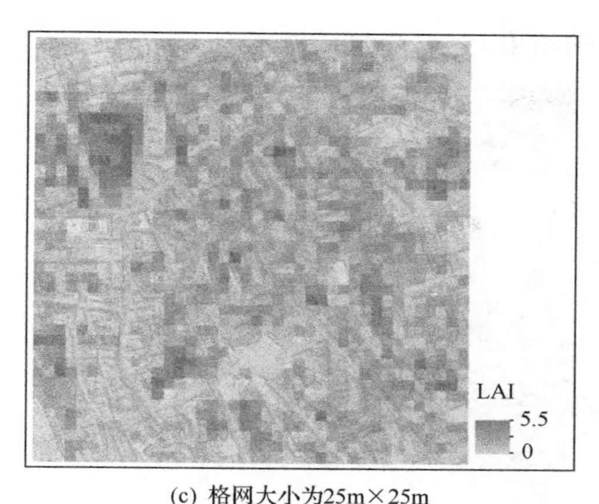

(c) 格网大小为25m×25m

图 4.7　城市绿度空间分布特征

4.3.3　基于缓冲区法的城市绿度度量

直接将植被面积代入式(4.4)和式(4.5)，可以指示代表区域的绿化水平，该方法简单有效。如图 4.8 所示为使用缓冲区法计算出的 BAGI 空间分布图。

$$\frac{\text{eBAGI}}{\text{aBAGI}}=\frac{\text{area/length}}{\text{area/building\_area}}=\frac{\text{building\_area}}{\text{length}} \tag{4.7}$$

aBAGI 和 eBAGI 也存在一些明显差异，可见在 aBAGI 图中高值主要分布于 B 区和一些绿化较好的区域。在本研究区，低值主要分布于中心商业区，如 A 区及研究区南部和东北部少部分区域。通过比较 aBAGI 图和城市绿度分布图，可见 aBAGI 值的分布与绿地分布一致。由表 4.4 可见，A 区绿化率为 17.8%，B 区绿化率为 26.7%。eBAGI 图则显示出和 aBAGI 图不同的分布，高值主要分布于 B 区，中心城区与生活区在 aBAGI 图中显示出较小的差异。

式(4.7)为 aBAGI 指数和 eBAGI 指数的比率。两指数的比值为建筑物面积与建筑物周长之比。边界附近的建筑物往往由于边界轮廓的切割而不完整，导致其面积和边长之比发生变化，并不能很好的代表实际情况，因此 aBAGI 和 eBAGI 图像在研究区域的边界部分表现出较明显的差异。此处建筑物边界长度基于栅格图像计算，建筑物周长的计算公式为

$$d=\sqrt{(x_2-x_1)^2+(y_2-y_1)^2}+\cdots+\sqrt{(y_{n+1}-y_n)^2+(x_{n+1}-x_n)^2} \tag{4.8}$$

其中，(x_n, y_n)为建筑物边界像元的坐标。

基于栅格数据表达的建筑边界受到栅格像素大小的影响，很难直接代表真实建筑物的边长。此外，基于遥感图像提取的建筑物在边界部分有较大误差，这也

直接影响了 eBAGI 的结果。

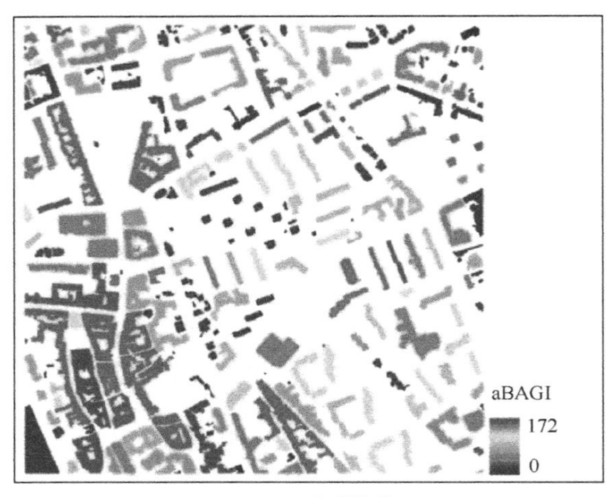

(a) aBAGI空间分布

(b) eBAGI空间分布

图 4.8　建筑物尺度绿度空间指数空间分布图

通过统计分析每个区域BAGIs的分布特征能更好地理解不同区域居民邻接绿度空间的概率分布及其差异。如图 4.9 所示为 aBAGI 频度分布图。图 4.9(a) 为实验区 aBAGI 频度分布图，图中大多数建筑物的 aBAGI 值分布于 0～40，少量建筑物 aBAGI 值高于 40。这主要因为该部分建筑物占地面积过小，导致式(4.5)的分母过小而使 aBAGI 出现极值。图 4.9(b) 和图 4.9(c) 分别为 A 区和 B 区的 aBAGI 频度分布图。比较两幅图可明显看出，A 区和 B 区的 aBAGI 分布差异，即 A 区 aBAGI 值主要分布于 0～5，B 区 aBAGI 值主要分布于 5～10，B 区居民邻接绿度空间的程度明显高于 A 区。

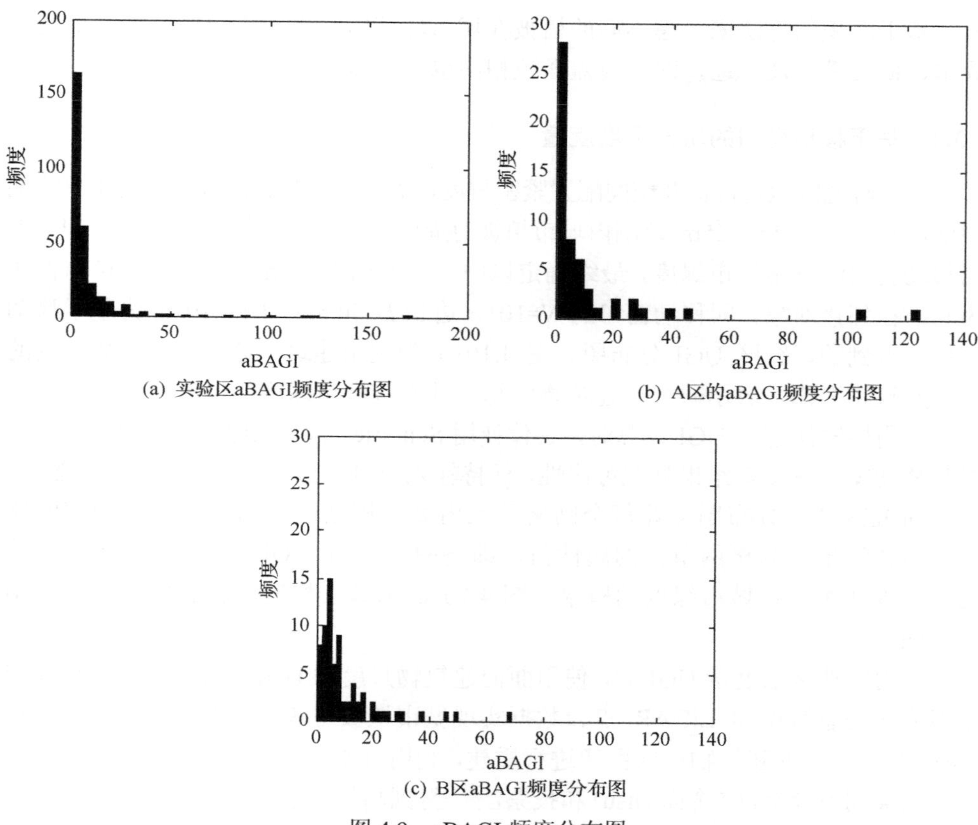

(a) 实验区aBAGI频度分布图

(b) A区的aBAGI频度分布图

(c) B区aBAGI频度分布图

图 4.9　aBAGI 频度分布图

如表 4.5 所示为实验区、A 区及 B 区的 BAGIs 统计结果。由此可见，整个实验区 aBAGI 中值为 3.86，标准差为 20.55；A 区中值为 3.08，标准差为 22.37；B 区 aBAGI 中值最高(6.04)，标准差最小(12.14)。中值越大表明居民整体邻接绿度空间的程度越高，标准差越小说明区域内居民邻接绿度空间的差异越小。可见，对于生活在 B 区的居民，其整体邻接绿度空间的概率要明显高于 A 区，而且在区域内部，A 区也存在更大差异，相反 B 区的差异较小。

表 4.5　实验区、A 区及 B 区的 BAGIs 统计结果

BAGIs	特征值	实验区	A 区	B 区
aBAGI	中值	3.86	3.08	6.04
	均值	9.86	10.91	10.30
	标准差	20.55	22.37	12.14
eBAGI	中值	17.22	18.12	22.75
	均值	23.21	24.25	29.28
	标准差	24.54	24.28	21.04

基于面积的方法未考虑不同的植被在城市环境所起生态作用的差异，如高大乔木、低矮灌木及草地，即使覆盖面积相同也不意味着相同的绿化效益。

4.3.4 基于移动窗口的城市绿度度量

考虑研究区地物特征及空间配置紧密程度，结合居民对邻接城市绿地距离的期望值，并参考在 15～25m 范围内城市植被对周围环境作用的相关研究成果[17]，采用移动窗口法度量城市绿度，最终确定以中心像元周围 25m 范围内的城市植被作为其潜在邻接对象，即移动窗口的 N=101，边长 L=50.5m。图 4.10(a)为基于移动窗口法得到的研究区 UGI 分布图。图 4.10(b)为利用建筑物分布图掩膜后得到的城市建筑物 UGI，表示研究区建筑物的每一处邻接城市绿度的概率。

采用格网法进行 UGI 计算时，具体使用 Schöpfer 的面积比值法。为使度量结果与移动窗口法度量结果具有可比性，保持输入尺度一致，设定网格边长为 25m。根据研究区植被分布图计算每个网格单元内城市植被面积与格网单元面积的比值，将该比值作为格网单元的属性值，即格网单元的 UGI。该指数表示格网单元区域内居民邻接城市绿度的概率。图 4.10(c)为基于格网法得到的研究区 UGI 分布图。

采用缓冲区法度量 UGI 时，使用面向建筑物尺度的 UGI 模型。具体过程为利用多光谱遥感数据和 LiDAR 点云数据实现城市植被与建筑物的粗提取，然后对 Sobel 算子得到的建筑物边缘图像进行重建，利用分水岭法进行图像分割，最后基于最大类间方差算法(简称 Otsu)和投票法[18]得到高精度建筑物边界，获取研究区建筑物对象分布图。对研究区内所有的建筑物分别以每个单体建筑物为分析对象，构建半径为 25m 的缓冲区，将缓冲区城市植被面积占缓冲区面积的比值作为该建筑物对象的 UGI。图 4.10(d)为基于缓冲区法得到的研究区建筑物 UGI 分布图。

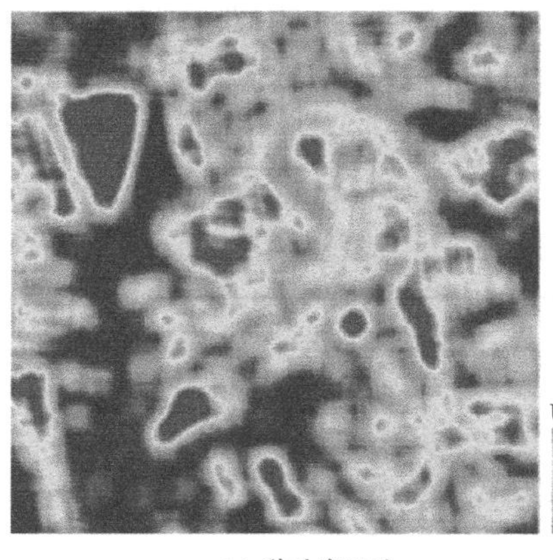

(a) 移动窗口法

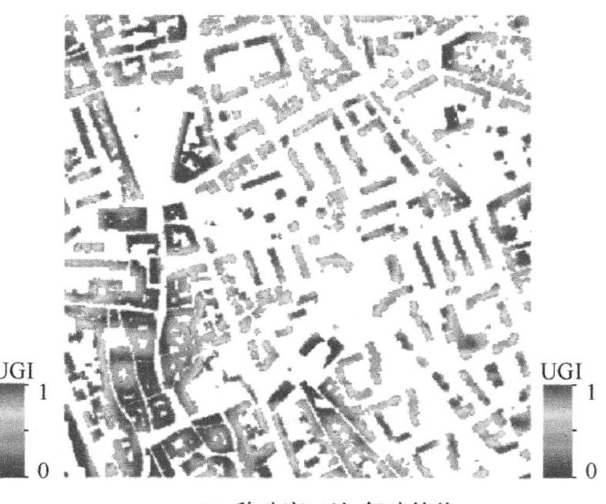

(b) 移动窗口法(仅建筑物)

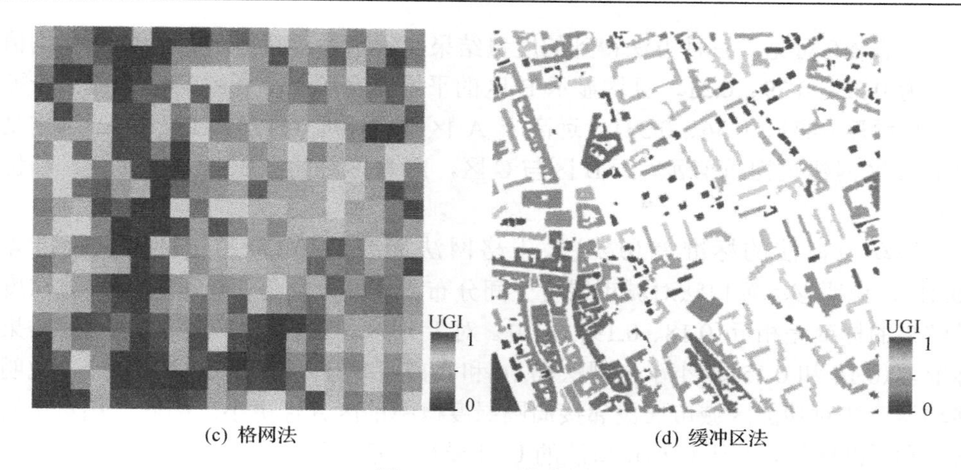

(c) 格网法　　(d) 缓冲区法

图 4.10　UGI 分布图

为验证移动窗口法的真实性与适用性[19]，根据区域类型和功能划分出商业区(A)、居民区(B)和文化区(C)三个子功能区(图 4.11)，分别统计三种方法在不同功能区的度量结果(表 4.6)。

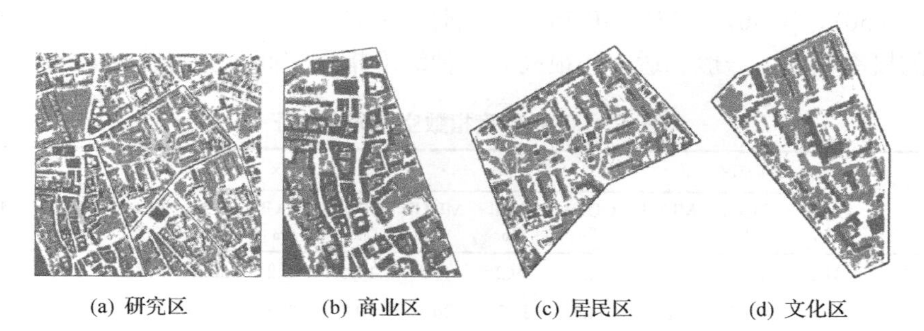

(a) 研究区　　(b) 商业区　　(c) 居民区　　(d) 文化区

图 4.11　功能区分布图

表 4.6　三种方法在不同功能区的度量结果

方法	特征值	研究区	A 区	B 区	C 区
格网法	中值	0.35	0.15	0.37	0.32
	平均值	0.32	0.19	0.35	0.31
	标准差	0.17	0.18	0.16	0.17
缓冲区法	中值	0.44	0.21	0.36	0.35
	平均值	0.29	0.17	0.37	0.36
	标准差	0.21	0.19	0.15	0.17
移动窗口法	中值	0.36	0.15	0.36	0.37
	平均值	0.31	0.12	0.35	0.33
	标准差	0.23	0.19	0.14	0.15

由表 4.6 可见，三种方法得到的度量结果比较接近，整体研究区 UGI 平均值分别为 0.32、0.29、0.31，且均显示 B 区的平均绿度(0.35、0.37、0.35)略高于 C 区平均绿度(0.31、0.36、0.33)，远高于 A 区平均绿度(0.19、0.17、0.12)。这是由于 A 区内建筑物面积远大于 B 区与 C 区，而 B 区绿化面积远大于 A 区，略优于 C 区。

移动窗口法的标准差(0.23)大于格网法标准差(0.17)和缓冲区法标准差(0.21)，说明移动窗口法对城市绿度空间分布特征区分性更好。A 区三种方法度量结果的标准差相近(0.18、0.19、0.19)。对于 B 区和 C 区，移动窗口法度量结果标准差(0.14 和 0.15)均小于格网法(0.16 和 0.17)和缓冲区法(0.15 和 0.17)，说明移动窗口法对功能区城市居民邻接周围绿度概率的区分性更小。因此，相对于格网法和缓冲区法，基于移动窗口法的 UGI 模型的敏感性更好。该指数能更好地反映研究区整体绿度分布差异，同时削弱功能区内部差异。

为比较三种方法得到的 UGI 分布特点，设定格网法城市绿度指数(grid urban green index，GUGI)、缓冲区城市绿度指数(buffer urban green index，BUGI)和移动窗口法城市绿度指数(moving window urban green index，MUGI)在[0，0.25)、[0.25，0.50)、[0.50，0.75)、[0.75，1.00]时，分别表示研究单元内居民邻接城市绿度的概率很低、一般、适中和很高。三种绿度指数空间分布特征如表 4.7 所示。

表 4.7　三种绿度指数空间分布特征

概率	研究区			A 区			B 区			C 区		
	GUGI /%	BUGI /%	MUGI /%	GUGI /%	BUGI /%	MUGI /%	GUGI /%	BUGI /%	MUGI /%	GUGI /%	BUGI /%	MUGI /%
[0,0.25)	31.2	33.1	31.4	44.2	39.2	47.3	14.6	19.2	26.6	17.1	20.3	28.9
[0.25,0.50)	36.3	35.3	31.6	34.1	37.3	26.5	40.7	32.3	34.2	41.3	34.4	37.4
[0.50,0.75)	23.8	23.7	25.4	17.1	19.6	17.2	29.8	39.4	29.4	31.4	33.9	20.6
[0.75,1.00)	8.7	7.9	11.6	4.6	3.9	9.0	14.9	9.1	9.8	10.2	12.4	13.1

由表 4.7 可见，在整个研究区，三种方法的度量结果在空间分布上(低、一般、中、高)呈一致性，即三种指数均显示研究区范围内居民邻接绿度的概率在一般标准的面积最大(36.3%、35.3%、31.6%)，在低标准的面积次之(31.2%、33.1%、31.4%)，在适中标准的面积次之(23.8%、23.7%、25.4%)，在高标准的面积最少(8.7%、7.9%、11.6%)。在 A 区，三种绿度指数在低标准的区域面积最大，其中 MUGI 为 47.3%，说明该区域内城市居民在接近 1/2 的活动范围邻接绿地的概率低于 0.25，其次面积占优的是一般标准，这是由于商业区建筑物密集、绿地面积少且过度集中。在 B 区和 C 区，因为绿地总量较多且分布较为均匀，整体规划效果较好，GI 在一般标准的区域面积最大，均在 30%～40%，其次面积占优的是适中标准。此外，三个子功能区内不存在如城市公园类型的较大绿地斑块，居民邻接

城市绿度概率高于0.75的区域面积普遍低于10%。

由表4.6和表4.7可见，移动窗口法与其他两种方法均能在一定程度上很好地度量城市居民邻接城市绿度的概率及其空间分布特征。

为进一步分析三种方法在度量城市居民邻接城市绿度概率的适用性，综合考虑研究区内城市地物类型及空间配置关系，在典型样区内选择*A*、*B*、*C*、*D*四个样点，基于典型样区与样点对三种方法度量结果的准确性进行系统分析。样区示例图如图4.12所示。

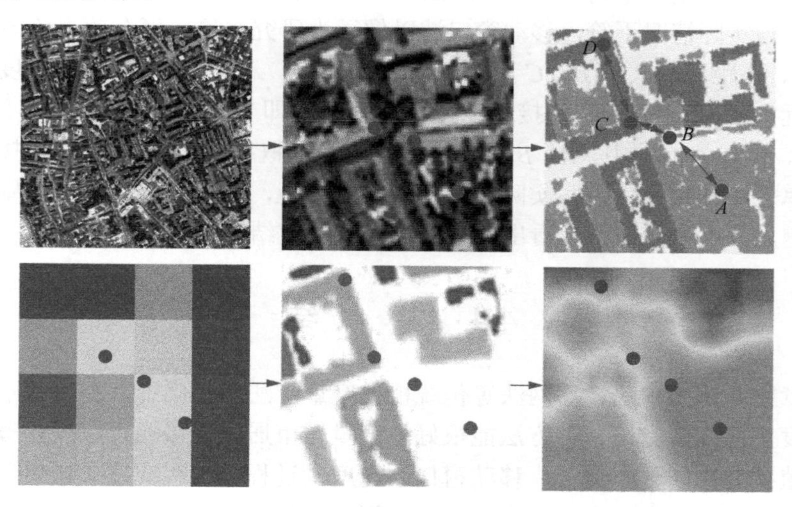

图4.12　样区示例图

其中*A*点为绿地覆盖点，位于公园内部；*B*点为非绿地和建筑物覆盖点，位于交叉路口处；*C*点为建筑物覆盖点，位于靠近公园和路口的建筑物拐角处；*D*点为建筑物覆盖点，位于远离公园的建筑物拐角处，且*C*、*D*点位于同一建筑物覆盖区。样区分析表如表4.8所示。

表4.8　样区分析表

位置点	格网法	移动窗口法	缓冲区法	备注
A	0.67	0.73	—	①*A*、*B*在格网法中处于同一格网 ②*C*、*D*属于同一建筑物两点
B	0.67	0.52	—	
C	0.46	0.43	0.39	
D	0.05	0.17	0.39	

由图4.12与表4.8可知。

①*A*、*B*点为非建筑物点，基于缓冲法的城市绿度度量方法无法有效度量非建筑物点周围邻接城市绿度的概率。在实际应用中，需充分考虑此类情况。移动窗

口法可实现对研究区所有位置点的城市绿度度量。

②C、D 点属于同一建筑物两点，但当两点距离较远时，由于周边绿度环境不同，C、D 点周围邻接城市绿度的概率理论上应不同。采用面向对象的缓冲区法时，两点绿度度量结果相同，与实际情况不符，而移动窗口法可有效区分两点周围邻接城市绿度概率的差距。

③A、B 点为非建筑物点且具有较大距离，从实际遥感影像中可得出两点周围邻接城市绿度的概率不同，但在格网法中，A、B 点被作为同一研究对象，度量结果相同。与实际情况不符，移动窗口法以像元为研究对象，可有效避免该问题。

④A、B 距离远大于 B、C 距离，即 $d_{AB}>d_{BC}$。A、B 点邻接城市绿度概率的差异应远大于 B、C 点间邻接绿度概率的差异，即 $|UGIA-UGIB|>|UGIC-UGIB|$，但在格网法中，A、B 点邻接城市绿度的概率相同，B、C 点邻接城市绿度的概率差距却很大。这与实际情况存在较大差距，而采用移动窗口法则不会出现该问题。从度量结果可以看出，移动窗口法度量结果更符合实际。

4.4 小　　结

本章在介绍面积法、格网法等传统植被度量方法的基础上，提出基于移动窗口的绿度空间度量方法。该方法能很好地度量城市居民邻接城市绿度的概率，反映城市植被的空间分布特征。移动窗口法在度量过程中能客观度量城市每个位置实际邻接城市绿度的概率及其空间分布特征，有效避免面向对象法只能针对建筑物或绿地对象等开展度量的局限，是一种连续性和准确性较强的度量方法。同时，该方法操作简单，数据源要求低，可以降低现有度量方法的复杂性，提高运算效率，有利于实现自动化操作，便于推广应用。

参考文献

[1] Hofmann P, Strobl J, Nazarkulova A. Mapping green spaces in Bishkek-how reliable can spatial analysis be[J]. Remote Sensing, 2011, 3(6): 1088-1103.

[2] Nazarkulova A, Strobl J, Hofmann P. Green spaces in Bishkek-a satellite perspective[C]// Proceedings of the Fourth Central Asia GIS Conference, 2010: 32-41.

[3] Schöpfer E, Lang S, Blaschke T. A green index incorporating remote sensing and citizen's perception of green space[J]. International Archives of Photogramm, Remote Sensing and Spatial Information Sciences, 2005, 37(5): 1-6.

[4] Nichol J E, Wong M S, Corlett R. Assessing avian habitat fragmentation in urban areas of Hong Kong (Kowloon) at high spatial resolution using spectral unmixing[J]. Landscape and Urban Planning, 2010, 95(1): 54-60.

[5] 刘常富, 张幔芳. 不同建筑密度下城市森林景观逆破碎化趋势[J]. 西北林学院学报, 2012, 27(5): 266-271.

[6] Yang X L. Forecasting public green area per capita in Xi'an city based on GM(1, 1)[J]. Journal of Landscape Research, 2010, 2(3): 81-83.

[7] 邢旸, 赵一霖, 卞方圆. 一种以人为本的城市绿地评价方法及其应用——以南京市城市绿地质量评价为例[J]. 环境保护科学, 2015, 41(3): 149-152.

[8] Moeller M S, Blaschke T. A new index for the differentiation of vegetation fractions in urban neighborhoods based on satellite imagery[C]// ASPRS Annual Conference, 2006: 933-939.

[9] Nowak D J, Crane D E, Stevens J C. Air pollution removal by urban trees and shrubs in the United States[J]. Urban Forestry & Urban Greening, 2006, 4(3-4): 115-123.

[10] Ong B L. Green plot ratio: an ecological measure for architecture and urban planning [J]. Chinese Landscape and Urban Planning, 2003, 63(4): 197-211.

[11] Green E P, Clark C. Assessing mangrove leaf area index and canopy closure[J]. Remote Sensing Handbook for Tropical Coastal Management, 2000, 22(3): 120-134.

[12] Wilkinson D M. Can photographic methods be used for measuring the light attenuation characteristics of trees in leaf[J]. Landscape and Urban Planning, 1991, 20(4): 347-349.

[13] Martens S N, Ustin S L, Rousseau R A. Estimation of tree canopy leaf area index by gap fraction analysis[J]. Forest Ecology and Management, 1993, 61(1): 91-108.

[14] Whittaker R H, Niering W A. Vegetation of the Santa Catalina Mountains, Arizona. V. biomass, production, and diversity along the elevation gradient[J]. Ecology, 1975, 56(4): 771-790.

[15] 刘昕, 国庆喜. 基于移动窗口法的中国东北地区景观格局[J]. 应用生态学报, 2009, 20(6): 1415-1422.

[16] 谢晓议, 曾晅, 李军. 基于移动窗口法和栅格数据的重庆市人居环境自然适宜性评价[J]. 长江流域资源与环境, 2014, 23(10): 1351-1359.

[17] 蔺银鼎, 韩学孟, 武小刚. 城市绿地空间结构对绿地生态场的影响[J]. 生态学报, 2006, 26(10): 3339-3346.

[18] 李小江. 基于多源遥感数据的城市绿度空间指数研究[D]. 北京: 中国科学院大学, 2013.

[19] 吴俊, 孟庆岩, 占玉林. 一种基于移动窗口的城市绿度遥感度量方法[J]. 地球信息科学学报, 2016, 18(4): 544-552.

第 5 章　三维尺度城市绿度空间度量技术

根据绿度空间作用对象的不同，城市绿度空间三维度量技术可分为基于建筑物尺度的度量和垂直视角下绿度空间配置的度量。本章从这两方面分别论述，以期形成系统的城市绿度空间度量技术体系，提升城市环境遥感监测评估能力，服务环境规划和园林绿化。

5.1　建筑物尺度城市绿度空间度量模型构建

本节基于多源高分辨率遥感数据，以塞克什白堡市和天津市为代表，基于面向对象图像分类法和最大类间距离法提取城市建筑物和植被信息，反演城市植被生态参量，建立基于建筑物尺度的城市绿度空间度量模型，开展真实性检验，分析比较不同特征研究区城市绿度空间度量模型的适应性。

5.1.1　研究现状

如前所述，以往主要以面积法度量城市绿度，但面积法无法描述城市绿度的空间分布特征。很多研究者鉴于其不足采用格网法。Gupta 等[1]基于该思路，利用中分辨率遥感影像对印度德里的研究区域进行格网划分，对绿地邻接程度、建筑物高度、建筑物密度等参数赋权重，进而计算社区尺度上的绿度空间指数。Lang 等[2]根据城市行政区域或街道进行划分，评价每个单元中的绿地面积，进而得到全区域的绿度空间分布图。

我国学者也在城市绿度空间度量领域开展了大量工作。20 世纪 80 年代以来，随着生态城市概念的提出，城市植被的生态效益成为人们关注的重点，传统的城市绿地评价指标，如人均绿地面积、人均公共绿地面积等已不能满足需求。一系列新指标被提出，城市绿度生态效益评价逐渐从定性向定量方向发展。绿量被提出用于评价城市绿环境的数量和质量。

随后，研究者将城市居民因素纳入城市绿度研究评价，建立多种城市绿度景观可达性模型。周廷刚等[3]侧重于城市绿度景观引力场的研究，在指标计算中考虑人口分布、土地利用类型等因素，并引入城市景观引力场模型表达相关指标间的关系，为研究可达性提供了思路。然而，景观引力场是基于一般引力模型，适合人口分布对景观引力场的影响成正比的情况，对于空间可达性并不完全适用。马林兵等[4]考虑人口分布因素，在着重研究城市道路交通网络的基础上，提出基于交通成本的网格划分城市公共绿度景观可达性评价方法。该方法沿用传统研究可达性偏向于道路因素的思路，却忽略了土地利用因素的影响。李博等[5]针对城市公园绿地规划和建设特点，应用 GIS 提出一种易操作和可验证的绿地可达性指标定量评价模式。该模式综合考虑绿地规模、人口分布和交通成本因素，建立了阻力模型。纪亚洲等[6]基于 Geoprocessing 地理处理方法，将徐州市城市航片影像数据解译为用地类型，并结合城市人口密度和城市绿地分布间的空间关系和阻力模型，对徐州市的绿地可达性进行研究，建立能描述城市植被空间分布、城市居民在邻接城市绿度概率差异上的 UGI 模型。从不同城市、不同区域对城市绿度空间指数模型的适应性进行深入研究正成为重要的研究方向。

总体上，现有建筑物尺度绿度空间度量技术通常只考虑某一绿度空间度量指标，采用多个指标进行绿度空间综合度量的研究较少。

5.1.2 研究方法

本节开展城市绿度空间度量模型遥感建模，分析比较不同城市、不同区域城市绿度空间度量模型的适应性。具体包括以下内容。

①建筑物邻域绿度指数(building neighborhood green index, BNGI)模型构建。基于建筑物尺度并综合考虑多个指标，构建 BNGI 模型。该模型突破格网法不能客观指示居民享受城市绿度效益大小的限制，可为城市环境宜居性研究提供参考。

②BNGI 模型真实性检验。针对 BNGI 模型难以验证的问题，通过对不同特征区域内的 BNGI 和 UGI 进行比较，实现对 BNGI 模型可靠性的科学评价。

③BNGI 适应性分析。针对现有城市绿度空间度量模型适用性差的问题，考虑中西方建筑物分布格局不同的特点，以塞克什白堡市和天津市为例，开展 BNGI 模型在同城市不同区域和不同城市的适应性研究，为模型实用化奠定基础。

1. 基于多源遥感数据的城市植被和建筑物提取

基于多光谱影像和 LiDAR 数据提取研究区的城市地物特征信息，主要包括城市植被和建筑物两部分。城市特征地物提取技术路线如图 5.1 所示。针对植被信息，首先利用多光谱影像计算研究区 NDVI，然后根据最大类间距离法计算得阈值，用于植被信息的进一步提取，得到植被分布图。针对建筑物信息提取，根据植被分布图掩膜得到研究区植被和非植被信息图像，将其应用于建筑物信息提取。进而，生成分割结果图和粗建筑物分布图，将二者叠加得到建筑物分布图。最后，将植被分布图和建筑物分布图结合 DSM 生成植被高度模型和建筑物高度模型。

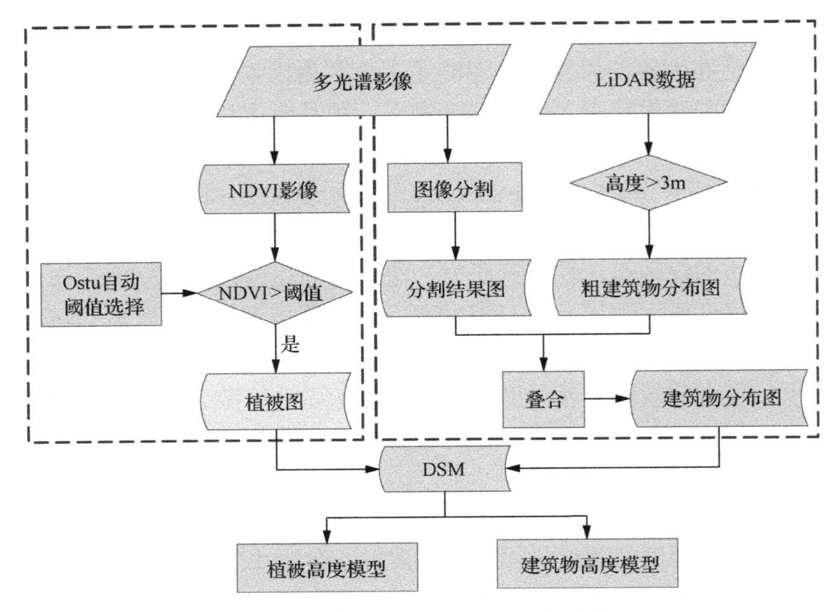

图 5.1　城市特征地物提取技术路线

(1) 最大类间距离算法

Otsu 算法又称最大类间方差法，是由日本学者大津提出的一种自适应阈值确定方法。它是一种基于阈值、自动、无监督的图像分割方法[7]。该算法原理简单且物理意义明确，被认为是图像分割中选取阈值的最佳算法，因此在数字图像处理方面得到广泛应用。

设一幅图像的灰度级为 $L(G=1,2,\cdots,L)$，处在灰度级 i 的像素个数用 n_i 表示，图像的总像素个数为

$$N = n_1 + n_2 + \cdots + n_L = \sum_{i=1}^{L} n_i \tag{5.1}$$

直方图可归一化为

$$p(i) = \frac{n_i}{N} \tag{5.2}$$

$$\sum_{i=1}^{L} p(i) = 1 \tag{5.3}$$

其中，$p(i)$ 表示图像中灰度级为 i 的像素出现的概率。

用 T 做阈值，将图像中的像素按灰度级 T 划分为两类：$C_1 = \{1-T\}$ 和 $C_2 = \{T+1-L\}$，则两类出现的概率分别为

$$w_1 = P_r(C_1) = \sum_{i=1}^{T} p(i) \tag{5.4}$$

$$w_2 = P_r(C_2) = \sum_{i=T+1}^{L} p(i) \tag{5.5}$$

$$w_1 + w_2 = 1 \tag{5.6}$$

两类的灰度均值分别为

$$u_1 = \frac{\sum_{i=1}^{T} in_i}{\sum_{i=1}^{T} n_i} = \frac{\sum_{i=1}^{T} in_i}{\sum_{i=1}^{T} Np(i)} = \frac{\sum_{i=1}^{T} ip(i)}{\sum_{i=1}^{T} p(i)} = \frac{\sum_{i=1}^{T} ip(i)}{w_1} \tag{5.7}$$

$$u_2 = \frac{\sum_{i=T+1}^{L} in_i}{\sum_{i=T+1}^{L} n_i} = \frac{\sum_{i=T+1}^{L} in_i}{\sum_{i=T+1}^{L} Np(i)} = \frac{\sum_{i=T+1}^{L} ip(i)}{\sum_{i=T+1}^{L} p(i)} = \frac{\sum_{i=T+1}^{L} ip(i)}{w_2} \tag{5.8}$$

整幅图像的灰度均值为

$$u_1 = \frac{\sum_{i=1}^{L} in_i}{N} = \sum_{i=1}^{L} ip(i) \tag{5.9}$$

整幅图像的灰度均方差为

$$u_1 = \frac{\sum_{i=1}^{L} (i-u)^2 n_i}{N} = \sum_{i=1}^{L} (i-u)^2 p(i) \tag{5.10}$$

对于一幅影像，u 和 σ^2 为常量，与阈值 T 无关。

定义类和类的类间方差为

$$\sigma = w_1(u_1 - u)^2 + w_2(u_2 - u)^2 \tag{5.11}$$

Otsu 算法的基本思想是利用图像的灰度直方图，以目标与背景的类间方差最大来动态确定图像的最佳分割阈值，即类间方差取最大值时，对应的灰度值就是要选的阈值[8]。目标和背景间的类间方差越大，说明两者的差别越大。当部分目标被错分为背景或部分背景错分为目标均会导致这两部分差别变小，因此使用类间方差越大的分割意味着错分的概率越小。

(2) 植被粗分类

由于不同植被类型具有相似的光谱特性，单独使用多光谱数据很难将其区分。通过 LiDAR 数据可获得城市 DSM，从而对具有相似光谱特征的树木和草地进行识别。根据已获得的植被掩膜和 DSM，将二者相乘可得植被冠层高度。通过对研究区实地调查和研究，认为高于 2m 的植被为乔木，高度介于 0.4～2m 的植被为灌木，高度低于 0.4m 的植被为草地。基于经验知识，制定分类规则，对植被类型进行粗分类。

(3) 图像分割

图像分割是理解和识别图像的关键。随着遥感影像分辨率的提高，同类地物内部光谱差异增大，使基于像元的分类方法不能满足信息精确提取的需要[9]。面向对象分类方法为高分辨率遥感图像的信息提取提供了新思路，其核心在于图像分割[10]。图像分割是将图像划分为一系列和地面目标对应的均质多边形的过程。对于面向对象的分类方法而言，它是进一步进行图像分析和解译的基础[11]。目前遥感影像分割方法可分为基于知识的分割方法和基于像元值的分割方法[12]。基于像元值的分割方法可细分为基于直方图的分割技术(阈值分割等)、基于邻域的分割技术(边缘检测、区域增长等)和分水岭法[13]。多光谱影像分割流程如图 5-2 所示。

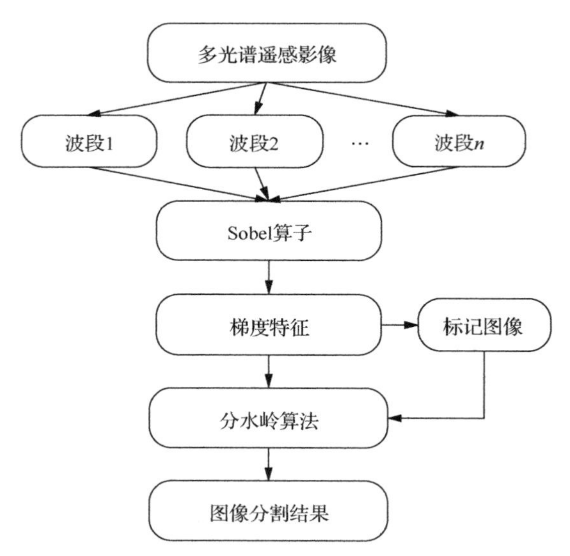

图 5.2 多光谱影像图像分割流程图

分水岭法将图像看作地形曲面，以灰度级对应地形中的海拔高度，局部最小对应谷底，局部最大对应谷峰。分水岭线将图像分为若干由谷底发展而来的盆地[14]。Vincent 等[15]提出的分水岭算法是一种数学形态的非线性分割算法。

传统的分水岭算法对噪声敏感，且往往会造成过分割现象。本节采用一种基于 Sobel 算子的改进型分水岭算法进行边缘特征提取。其主要思想是通过使用标记图像控制过分割现象[16, 17]。

具体步骤是，首先使用 Sobel 算子进行影像边缘特征提取，然后根据移动阈值方法对边缘特征进行分割得到标记图像[18, 19]，最后根据标记图像对 Sobel 算子得到的边缘图像重建，进而通过分水岭分割方法得到最终分割图像。分割算法只有一个用于控制最小分割单元大小的参数。该参数对于大多数应用而言是一个固定值，在实验中通过人工反复测试选取最优参数。标记图像算法代码如算法 5.1 所示。

算法 5.1　标记图像算法代码

```
commentminsz：the minimum acceptable marker size
commentG：input gradient image
std = StandardDeviationOf(G)
mean = MeanOf(G)
threshs[11]= -1 to 0 step 0.1
fori=1 to 11
{
thresholdLevel=mean+threshs[i]×std
thresholdImage=GTI(thresholdLevel,G)
markerImage[i]=GCRGT(minsz)
regionNumber[i]=NOR(markerImage[i])
}
maxIndex=FindMaxValue(regionNumber)
returnmarkerImage[maxIndex]
comment GTI(•): GetThresholdImage
comment GCRGT(•): GetConnectedRegionsGreaterThan
comment NOR(•): NumberOfRegions
```

(4) 建筑物粗提取

建筑物具有与道路等其他地物类型相似的光谱特征，单纯依靠多光谱信息很难进行识别。由于建筑物具有一定高度，其与道路和广场等人工地物在高程信息方面存在较明显差异，因此可借助 LiDAR 数据得到的高程信息解决建筑物提取问题。本节首先利用植被分布图作为影像掩膜，获得掩膜后的非植被分布图。然后，依据实际经验和对研究区的考察，认为高程大于 3m 的非植被信息为建筑物，得到建筑物粗提取结果。

(5) 建筑物边界规整化处理

使用阈值法提取的建筑物分类图存在大量斑点。这些斑点不是建筑物信息，且提取建筑物的轮廓不清晰。为此，在完成建筑物粗提取和多光谱影像分割后的结果图基础上，采取投票法则修正建筑物提取结果，即对图像分割结果中的每个对象进行遍历，统计每个对象中建筑物像元的个数占整个对象像元总数的百分比。如果建筑物像元所占的百分比超过 50%，则将整个对象划归为建筑物[16]。

2. 基于 PROSAIL 模型的叶面积指数反演

本节首先对 PROSAIL 模型参数进行敏感性分析，通过敏感性分析结果并参考我国典型地物波谱知识库确定模型的可变参数和固定参数，进而构建研究区植被叶面积指数反演的查找表。然后，使用成本代价函数最小化方法搜索查找表进行叶面积指数反演，并进行精度评价。叶面积指数反演流程如图 5.3 所示。

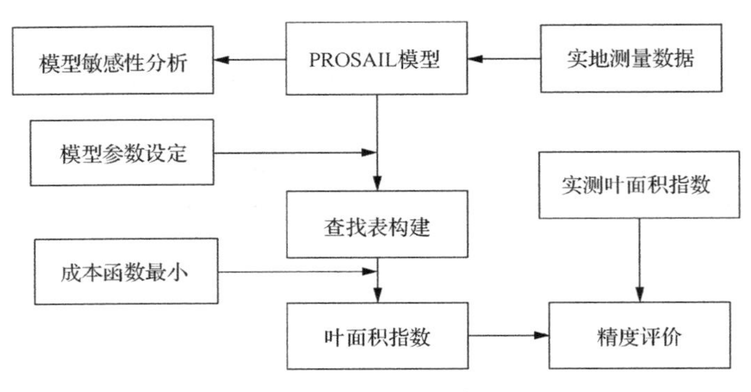

图 5.3　叶面积指数反演流程图

3. 基于建筑物尺度的 BNGI 指数建模

基于计算得到的研究区植被信息、建筑物信息和叶面积指数，结合植被类型缓冲区分布图和高建筑物分布图，以单体建筑物为研究尺度，建立单体建筑物缓冲区，分别计算绿地面积、植被类型缓冲区面积、建筑物面积和高建筑物面积占单体建筑物缓冲区面积的比例。然后，赋予各因子权重，叠加得到研究区 BNGI 分布图[20, 21]。BNGI 模型构建流程如图 5.4 所示。

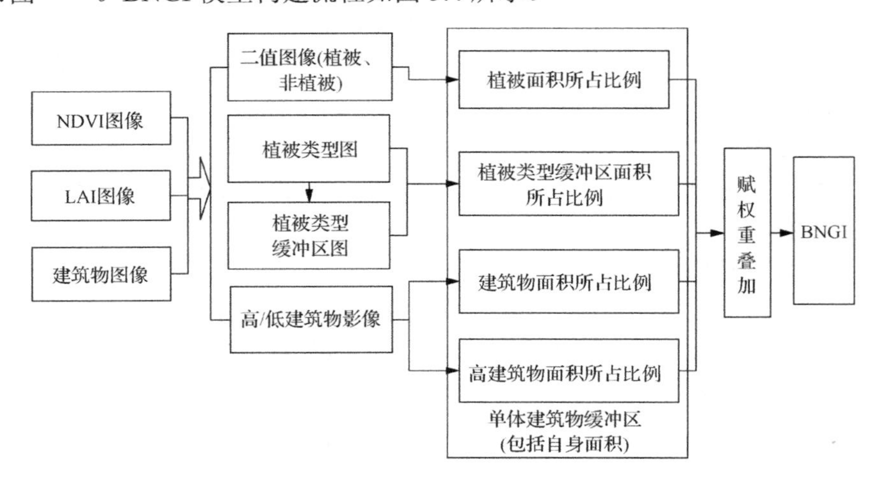

图 5.4　BNGI 模型构建流程图

建筑物邻域是指在建筑物周围具有一样特征的区域，如房屋、绿化状况等。本节将该区域定义为单体建筑物的缓冲区(包括建筑物自身区域)，缓冲区大小为 20m。BNGI 能展示城市绿度空间在建筑物周围的分布情况。因为是对基于邻域的特征进行分析，邻域在这里定义为一个空间概念。

如图 5.5 所示为 BNGI 模型构建过程。基于邻域层次，城市植被特征量可分为绿地总量和接近绿地程度，建筑物参量可分为建筑物密度和建筑物高度。绿地总量指在单位区域内的绿地百分比，通常定义为 UGI。不同植被类型提供给周边环境的生态效益不同，因此将接近植被类型程度定义为绿地辐射受益度。城市居民接近不同类型植被，其所享受的效益亦不同。

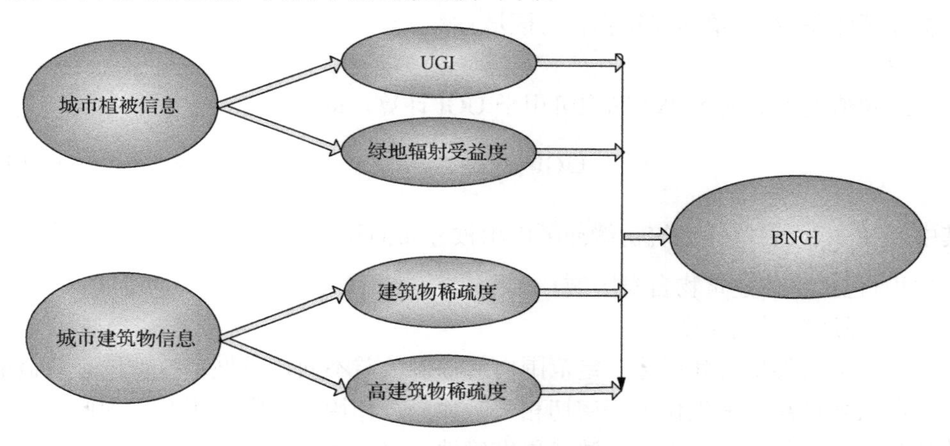

图 5.5　BNGI 模型构建过程

(1) 建筑物稀疏度

将已提取的建筑物分布图用于计算单体建筑物缓冲区中的建筑物密度。建筑物分布情况间接影响单体建筑物内居民享受绿度空间效益的大小。在单体建筑物缓冲区，建筑物越密集，居民享受城市绿度空间的效益越差。因此，将单体建筑物缓冲区内建筑物的分布面积与该缓冲区的面积比定义为单体建筑物 BNGI 的负影响因子(建筑物密度)。由于该影响因子为负影响因子，即建筑物密度越高，其对 BNGI 的贡献越消极，因此将数值 1 与真实建筑物密度的差值定义为单体建筑物的建筑物稀疏度。计算公式为

$$\text{建筑物稀疏度}=1.0-A_{\text{build}}/A_{\text{buffer}} \tag{5.12}$$

其中，A_{build} 代表单体建筑物缓冲区内建筑物分布面积；A_{buffer} 代表单体建筑物缓冲区面积(包括单体建筑物自身区域)。

(2) 高建筑物稀疏度

在单体建筑物缓冲区，高建筑物往往对该单体建筑物中的居民享受周边绿度

空间同样具有负影响，且建筑物高度越高，其影响越大。这里将高建筑物密度单独作为一个影响因子。为简化处理，将高度大于平均值的建筑定义为高建筑物，将高度低于平均值的建筑定义为低建筑物。在单体建筑物缓冲区，将高建筑物的分布面积与其缓冲区面积的比值定义为高建筑物密度。同样，由于该影响因子为负影响因子，因此将数值 1 与高建筑物密度的差值定义为高建筑物稀疏度。计算公式为

$$\text{高建筑物稀疏度}=1.0-A_{\text{H-build}}/A_{\text{buffer}} \tag{5.13}$$

其中，$A_{\text{H-build}}$ 代表单体建筑物缓冲区内高建筑物分布面积；A_{buffer} 代表单体建筑物缓冲区面积(包括单体建筑物自身区域)。

(3)绿地指数

经阈值处理后的 NDVI 图像可用于 UGI 计算，即

$$\text{UGI}=A_{\text{green}}/A_{\text{buffer}} \tag{5.14}$$

其中，A_{green} 代表单体建筑物缓冲区内植被分布面积；A_{buffer} 代表单体建筑物缓冲区面积(包括单体建筑物自身区域)。

(4)绿地辐射受益度

不同植被类型对其周边一定范围内的辐射效益不同，且城市植被生态效益的发挥和植被自身生理生化过程密切相关，如光合作用、蒸腾作用等。因此，利用植被叶面积指数、生物量等参数能更准确地计算城市绿度空间指数，从而更好地指示城市植被空间格局。本节通过计算研究区内的植被叶面积指数，将叶面积指数分为三个级别，即级别 1(叶面积指数≤1)、级别 2(1<叶面积指数<3)和级别 3(叶面积指数≥3)。这样的划分比简单划分植被类型(乔木、灌木、草地)更能反映植被生长状况和生态效益。同时，将划分得到的不同植被类型邻近区域定义为一个植被效益辐射区域。不同植被类型产生的效益也有差别。不同植被类型的辐射区域是指建立对应植被类型的缓冲区，缓冲区距离设为 20m。在单体建筑物缓冲区中，不同植被类型的生态效益辐射区域面积总和与单体建筑物缓冲区的面积比值定义为单体建筑物的绿地辐射受益度。计算公式为

$$\text{绿地辐射受益度}=\sum_{j=1,2,3} W_j \times P_j \tag{5.15}$$

其中，P_j 表示单体建筑物缓冲区不同植被类型的生态效益辐射区域面积与单体建筑物缓冲区面积的比值；W_j 为 P_j 的权重，根据经验，级别 1 的植被类型所占权重为 0.1，级别 2 的植被类型所占权重为 0.3，级别 3 的植被类型所占权重为 0.6。

(5)赋权重及叠加

城市绿度空间带来的效益受不同因素的影响，包括植被类型和建筑物分布情况等。本节主要考虑 UGI、绿地辐射受益度、建筑物稀疏度和高建筑物稀疏度四个影响因子。每个影响因子的影响比重不同。计算得到的 BNGI 在 0～1。计算公式为

$$\text{BNGI} = \sum_{j=1,2,\cdots,4}^{i=1,2,\cdots,n} W_j \times P_{ij} \tag{5.16}$$

其中，P_{ij} 表示单体建筑物缓冲区内 UGI、绿地辐射受益度、高建筑物稀疏度和建筑物稀疏度四个指标的数值；W_j 为 P_{ij} 的权重，分别为 0.27、0.25、0.18 和 0.30。

4. BNGI 模型真实性检验

根据建筑物的高密程度、功能特征将研究区划分为不同区域，通过比较 UGI 和 BNGI 在不同空间区域内的平均值、标准差和中值评价其差异性和可靠性，分析新构建的 BNGI 模型的适用性，实现模型的真实性验证。真实性检验流程如图 5.6 所示。

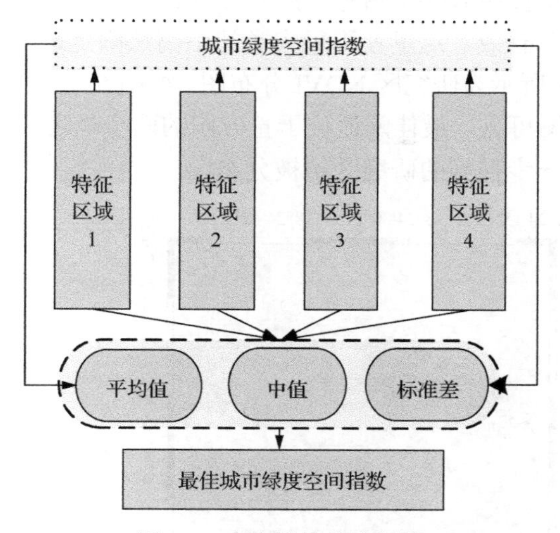

图 5.6　真实性检验流程图

5. BNGI 模型适应性分析

选取天津市作为验证区，根据建筑物分布情况将研究区划分为不同区域，通过比较 BNGI 在不同区域内的平均值、标准差和中值评价新构建的城市绿度空间指数模型的真实性，实现模型的区域适应性验证。BNGI 模型适应性验证流程如图 5.7 所示。

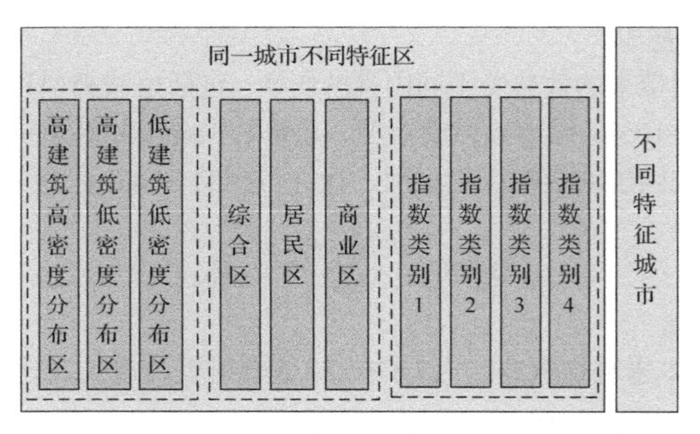

图 5.7　BNGI 模型适应性验证流程图

5.1.3　实验结果

1. 植被和建筑物提取结果

(1)植被提取与类型区分结果

由于植被和非植被在 NDVI 图像上的双峰分布，图像采用 Otsu 阈值法进行植被信息提取变得简单有效。这里使用最大类间距离法确定最佳阈值，并进行植被信息提取。如图 5.8 所示为研究区 NDVI 分布图。如图 5.9 所示为 NDVI 直方图及最佳阈值。由直方图可见，最佳阈值位于直方图的两个峰之间。如图 5.10 所示为进行阈值运算后进一步得到的研究区植被分布图。

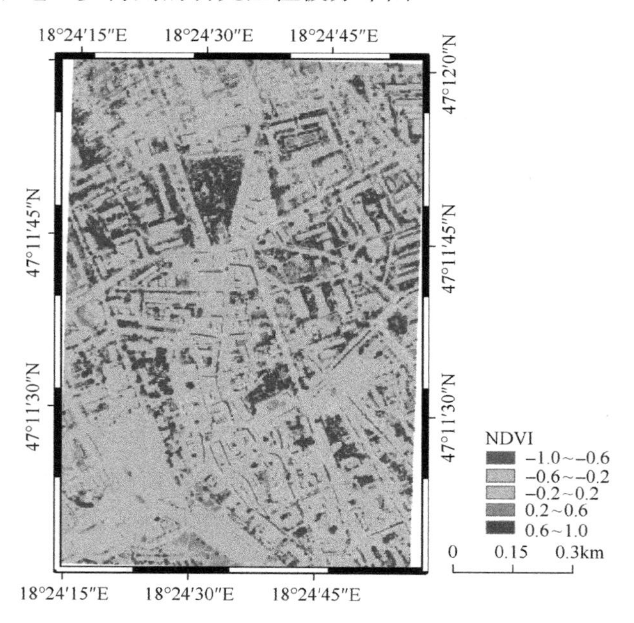

图 5.8　研究区 NDVI 分布图

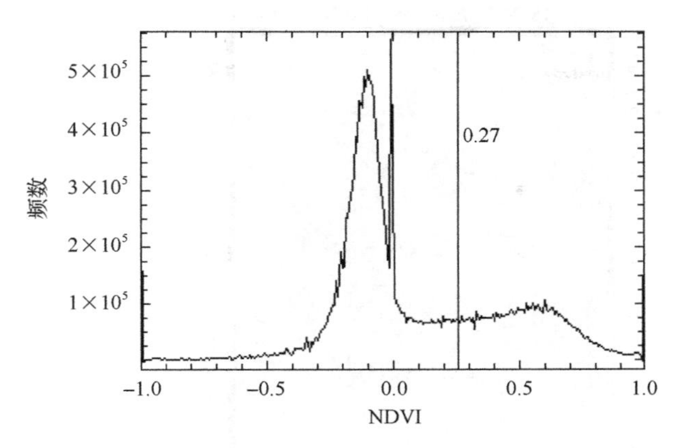

图 5.9　NDVI 直方图及最佳阈值

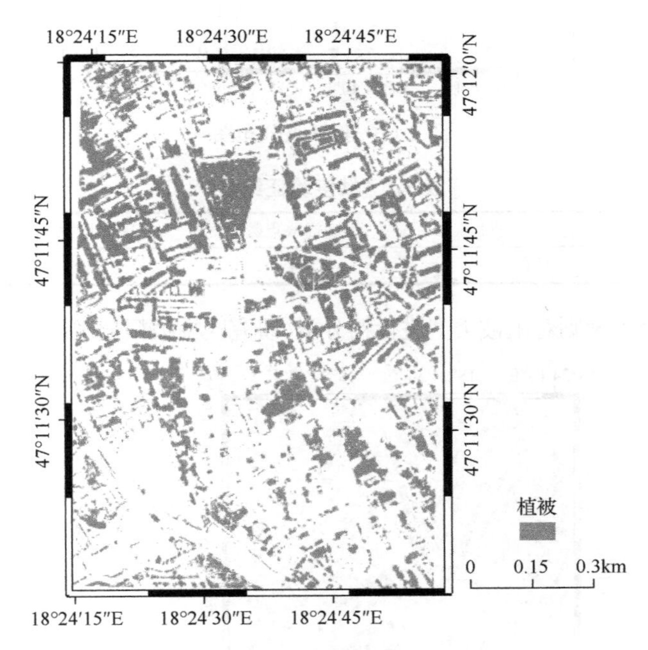

图 5.10　研究区植被分布图

在研究区植被分布图上设置地图方格网，在格网交叉点处随机选取 121 个验证点，验证点的分布如图 5.11 所示。采用目视判读的方法判定每个样本点归属情况，验证植被信息提取精度。通过均匀选取检验样本对植被分布图进行精度验证，植被提取精度达 95%。精度验证结果如表 5.1 所示。

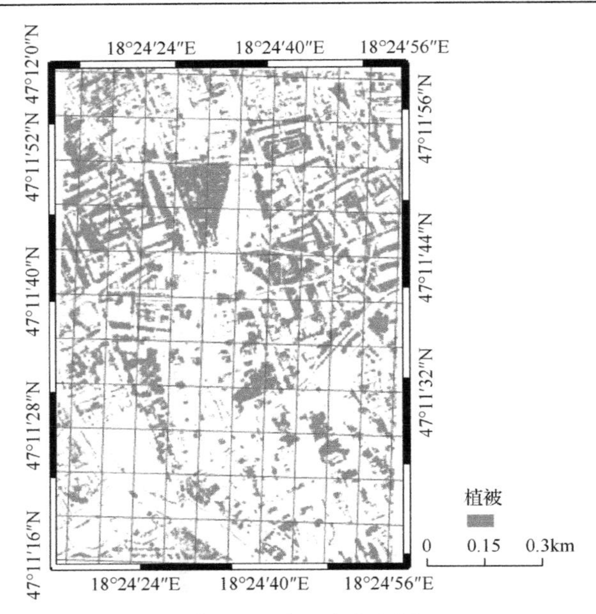

图 5.11 验证点分布图

表 5.1 精度验证结果

提取目标	验证样点数目	正确提取点数	错分点数	提取精度/%
植被	121	114	7	95

基于植被分类规则对植被类型进行粗分类，研究区植被粗分类结果如图 5.12 所示。

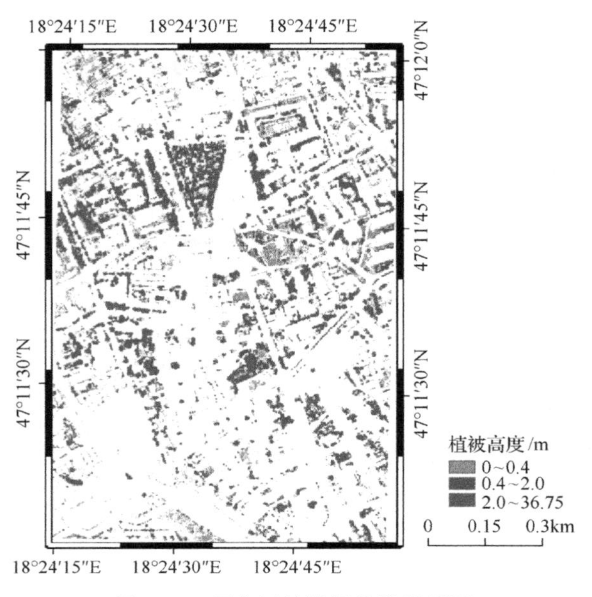

图 5.12 研究区植被粗分类结果图

(2) 建筑物信息提取结果

建筑物粗提取结果如图 5.13 所示。

图 5.13　建筑物粗提取结果

采用投票法进一步规整化处理，可以得到建筑物最终提取结果。可以看出，建筑物轮廓被清晰地描绘出来，且不存在斑点噪声。该方法能很好地融合不同分辨率 LiDAR 数据和多光谱航空影像进行建筑物提取。将该方法用于整个区域，可以得到建筑物提取结果，如图 5.14 所示。研究区建筑物提取结果如图 5.15 所示。

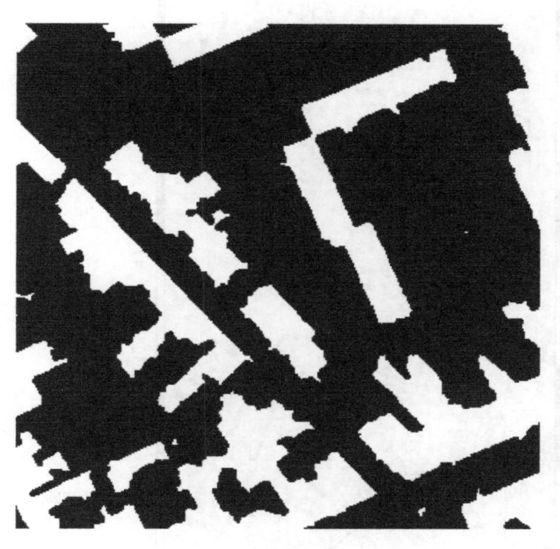

图 5.14　建筑物提取结果

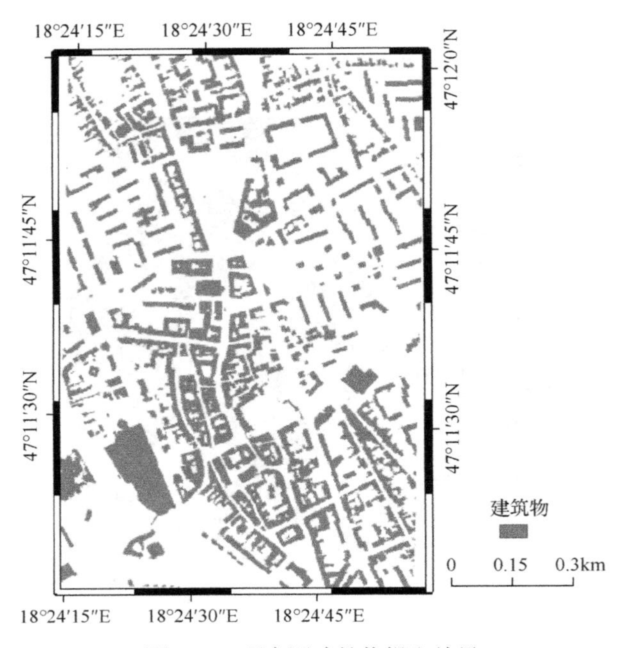

图 5.15　研究区建筑物提取结果

在研究区建筑物分布图上设置地图方格网，在格网交叉点处随机选取 121 个验证点，验证点的分布如图 5.16 所示。采用目视判读的方法来判定每一个样本点

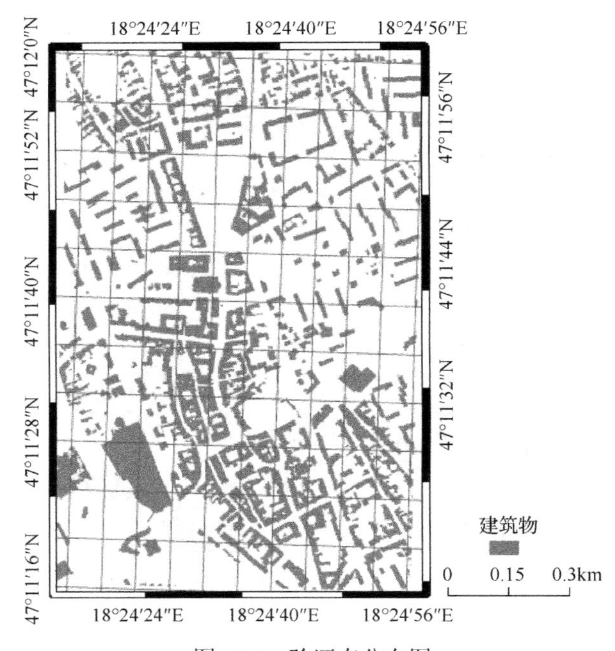

图 5.16　验证点分布图

归属情况，验证建筑物信息提取精度。通过均匀选取检验样本对建筑物分布图进行精度验证，建筑物信息提取精度可达 98%(表 5.2)。

表 5.2　精度验证结果

提取目标	验证样点数目	正确提取点数	错分点数	提取精度/%
建筑物	121	118	3	98

在已提取的建筑物和 DSM 建立的基础上，建筑物高度模型可直接将建筑物分布图和对应的 DSM 相乘获得。考虑每个单体建筑物不同部位的高度不同，将每个单体建筑物的平均高度设置为该单体建筑物高度，这样就得到单体建筑物高度信息。研究区建筑物高度图如图 5.17 所示。

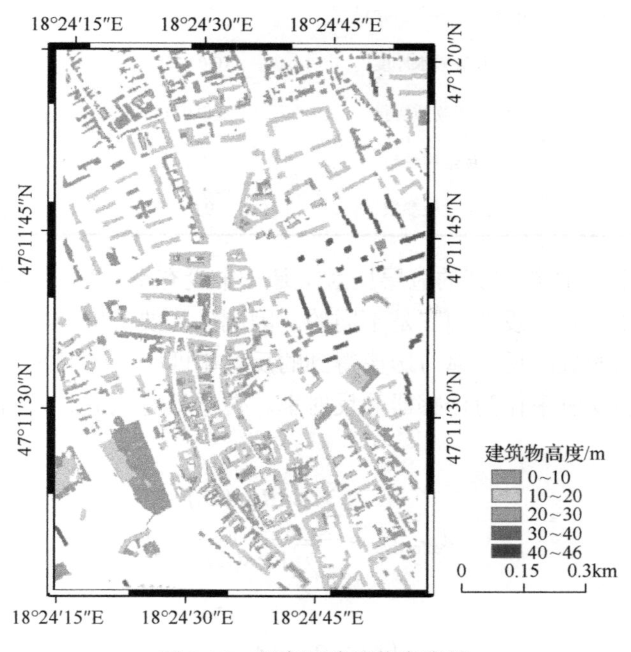

图 5.17　研究区建筑物高度图

2. 叶面积指数反演结果

根据对 PROSAIL 模型的参数敏感性分析，在可见光区域对冠层光谱影响比较明显的有叶绿素含量、叶面积指数和叶片结构参数等。叶片结构参数 N 根据经验取 1.4，太阳天顶角、观测天顶角、相对方位角根据影像获取时的观测信息确定，同时热点参数根据经验取 0.01。因此，影响冠层光谱反射率的变动参数包括叶面积指数、平均叶倾角、叶绿素含量、胡萝卜素含量、等效水厚度和叶片干物质。将各参数的变动值和固定值代入 PROSAIL 模型模拟冠层光谱反射率，建立冠层叶面积指数查找表，其中冠层光谱反射率包括蓝、绿、红和近红外四个波段反射率。PROSAIL 模型输入参数及范围如表 5.3 所示。

表 5.3　PROSAIL 模型输入参数及范围

变量符号/单位	参数描述	范围	步长
LAI	叶面积指数	(0,7)	0.25
LAD	平均叶倾角	(5,85)	10
Cab /($\mu g \cdot cm^{-2}$)	叶片叶绿素含量	(0,50)	5
Car /($\mu g \cdot cm^{-2}$)	叶片类胡萝卜素含量	(0,10)	2.5
Cw /cm	叶片等效水厚度	(0,0.02)	0.005
Cm /($g \cdot cm^{-2}$)	叶片干物质含量	(0,0.02)	0.005
N	叶片结构参数	1.4	—
S_L	热点效应参数	0.01	—

PROSAIL 模型计算得到的冠层反射率是一个没有空间尺度的点数据，而获得影像的传感器在有效波段的响应是不同的。因此，需要考虑传感器的光谱响应函数，使模型模拟的冠层反射率与影像得到的反射率匹配。本节使用传感器有效波长处模拟的冠层反射率作为传感器的反射率。传感器有效波长及对应波段传感器上的反射率为

$$\lambda_{\text{effective}} = \frac{\sum_{\lambda}(\lambda \operatorname{Res}(\lambda))}{\sum_{\lambda}\operatorname{Res}(\lambda)} \tag{5.17}$$

$$\rho_{\text{sensor}}(\lambda) = \rho_{\text{mod}}(\lambda_{\text{effective}}) \tag{5.18}$$

其中，$\operatorname{Res}(\lambda)$ 为传感器的光谱响应函数值；$\rho_{\text{sensor}}(\lambda)$ 为对应传感器上的反射率；$\rho_{\text{mod}}(\lambda)$ 为 PROSAIL 模型模拟的冠层反射率。

通过修改 PROSAIL 源代码，按以上模型输入参数值及求得各波段处的有效波长，循环执行 PROSAIL 模型构建查找表，查找表中每一行的数据分别为 LAI、LADFa、Cab、Car 和模型生成的蓝(Blue)、绿(Green)、红(Red)和近红外 NIR 波段反射率，总共 190080 行数据。如表 5.4 所示为部分查找表数据。

表 5.4　部分查找表数据

LAI	LADFa	Cab	Car	Blue	Green	Red	NIR
0.00	5.00	0.0000	0.0000	0.309830	0.307312	0.313268	0.330208
0.00	5.00	0.0000	0.0000	0.283635	0.286463	0.291890	0.307187
0.00	5.00	0.0000	0.0000	0.261473	0.268171	0.273170	0.287156
0.00	5.00	0.0000	0.0000	0.242438	0.251963	0.256610	0.269533
0.00	5.00	0.0000	0.0000	0.309828	0.307306	0.313231	0.329945
0.00	5.00	0.0000	0.0000	0.283634	0.286458	0.291858	0.306960
0.00	5.00	0.0000	0.0000	0.261472	0.268166	0.273142	0.286957
0.00	5.00	0.0000	0.0000	0.242437	0.251958	0.256585	0.269357
0.00	5.00	0.0000	0.0000	0.309827	0.307299	0.313195	0.329682
0.00	5.00	0.0000	0.0000	0.283632	0.286452	0.291827	0.306733
0.00	5.00	0.0000	0.0000	0.261471	0.268161	0.273114	0.286758
0.00	5.00	0.0000	0.0000	0.242436	0.251954	0.256561	0.269181
0.00	5.00	0.0000	0.0000	0.309825	0.307292	0.313159	0.329420
0.00	5.00	0.0000	0.0000	0.283631	0.286446	0.291795	0.306506
0.00	5.00	0.0000	0.0000	0.261470	0.268156	0.273087	0.286559
0.00	5.00	0.0000	0.0000	0.242435	0.251949	0.256536	0.269005
0.00	5.00	0.0000	2.5000	0.094127	0.307312	0.313268	0.330208
0.00	5.00	0.0000	2.5000	0.091137	0.286463	0.291890	0.307187
0.00	5.00	0.0000	2.5000	0.088319	0.268171	0.273170	0.287156
0.00	5.00	0.0000	2.5000	0.085659	0.251963	0.256610	0.269533
0.00	5.00	0.0000	2.5000	0.094126	0.307306	0.313231	0.329945
0.00	5.00	0.0000	2.5000	0.091137	0.286458	0.291858	0.306960

首先，利用 PROSAIL 模型建立基于叶面积指数、叶倾角、叶绿素含量等不同组合的数据查找表。然后，根据大气校正后的多光谱影像上的反射率，查找对应的冠层反射率，以代价函数最小时对应的叶面积指数为该像元模拟的叶面积指数，蓝、绿、红、近红外四个波段作为输入变量。代价函数为

$$\mathrm{COST}=\sum_{i=1}^{n}\left(\left|\rho_{\mathrm{mod}}^{j}-\rho_{\mathrm{CCD}}^{j}\right|\right) \tag{5.19}$$

其中，ρ_{mod}^{j} 为波长 j 对应的模拟冠层反射率；ρ_{CCD}^{j} 为波长 j 对应的实测冠层反射率。

如图 5.18 所示为城市植被叶面积指数反演结果。对比发现，反演结果的极大值出现地点与影像图中最茂盛的植被区吻合，低值区与影像中植被状况十分吻合。

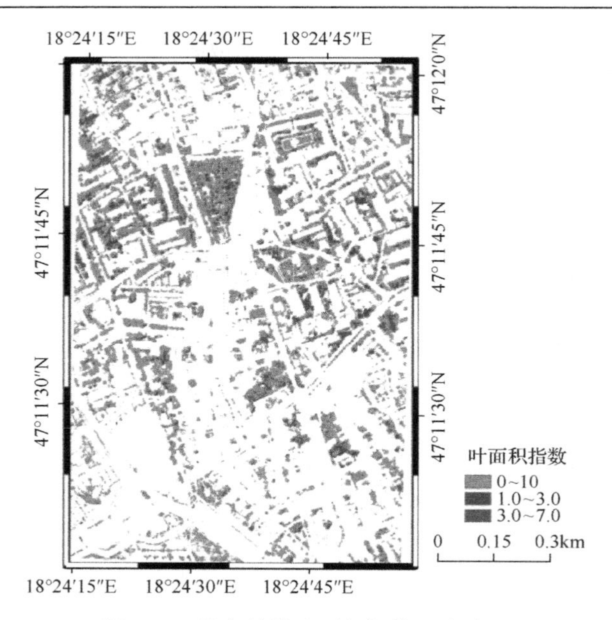

图 5.18　城市植被叶面积指数反演结果

多数研究表明，PROSAIL 模型反演叶面积指数具有较高精度。通过研究区植被高度模型与叶面积指数反演结果图对比分析发现，叶面积指数反演的高值多出现于乔木区，低值多出现于草地区，表明反演叶面积指数结果具有可靠性。这为城市绿度空间研究提供了依据。叶面积指数分布与植被粗分类结果对比如图 5.19 所示。

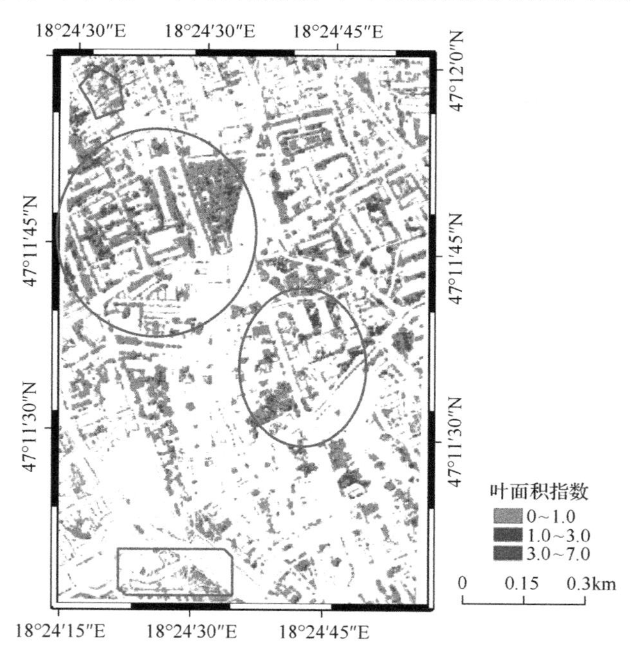

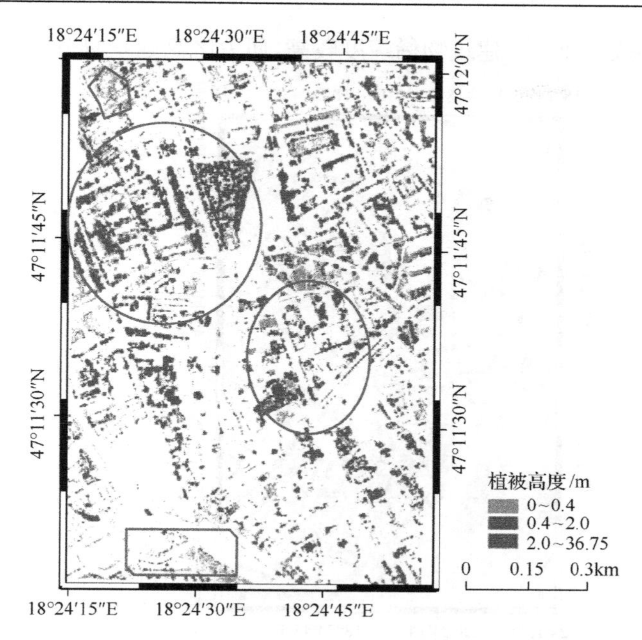

图 5.19　叶面积指数分布与植被粗分类结果对比图

3. BNGI 建模结果

根据 BNGI 建模方法可得到建筑物稀疏度、高建筑物稀疏度、UGI 和绿地辐射受益度分布图。

由图 5.20 可见，商业区建筑物密度分布较高，建筑物稀疏度较低；居民区建筑

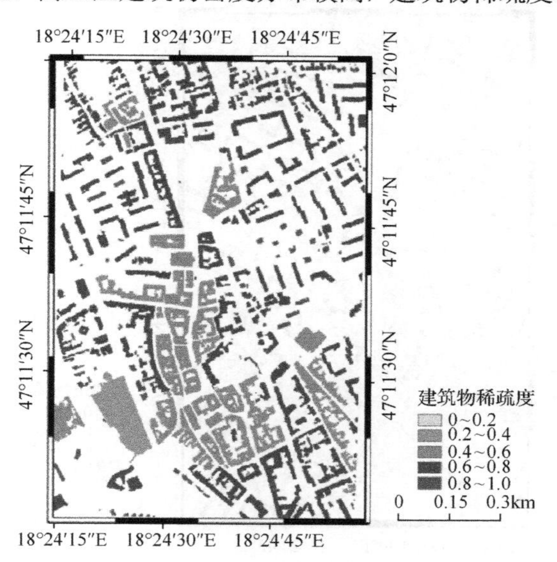

图 5.20　研究区建筑物稀疏度分布图

物密度分布普遍处于低值，建筑物稀疏度较高。研究区高建筑物分布如图 5.21 所示。

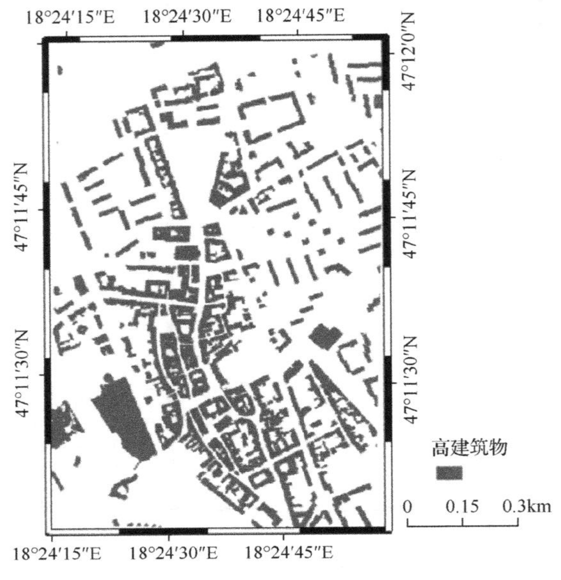

图 5.21　研究区高建筑物分布图

由图 5.22 可见，商业区建筑物普遍较高，高建筑物稀疏度较低；居民区建筑物分布密集区域较为低矮，高建筑物稀疏度出现高值。相对而言，建筑物分布稀疏区域普遍偏高，高建筑物稀疏度相对较低。

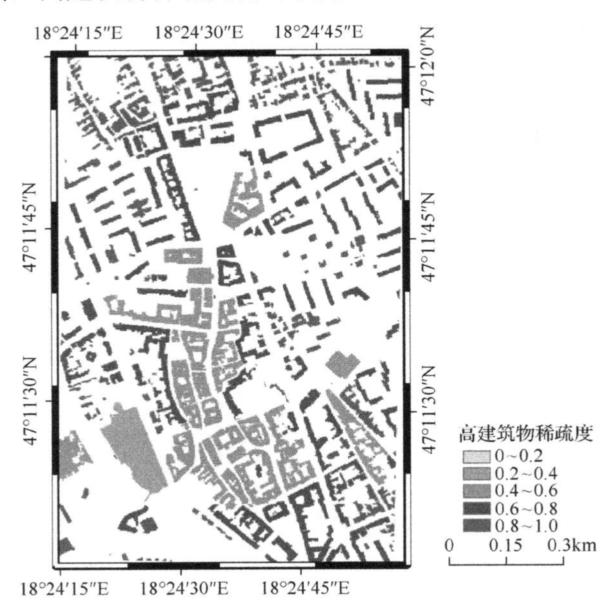

图 5.22　研究区高建筑物稀疏度分布图

研究区 UGI 分布如图 5.23 所示。研究区单体建筑物绿地辐射受益度分布如图 5.24 所示。

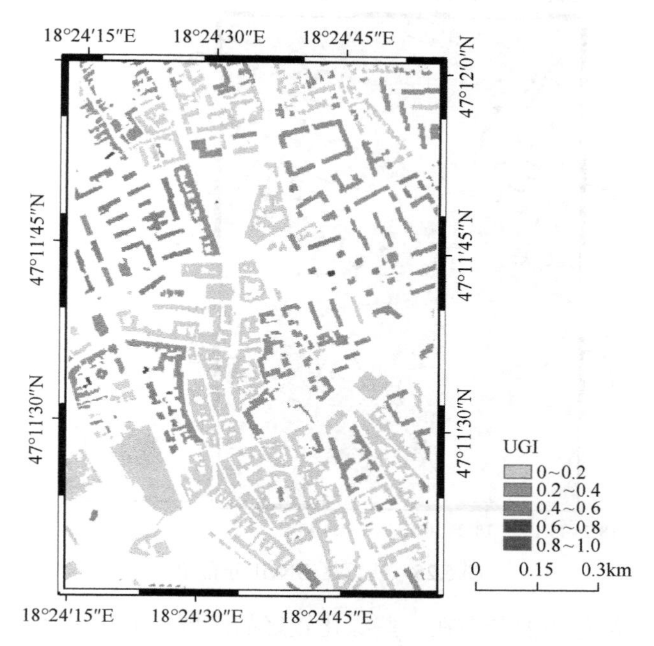

图 5.23　研究区 UGI 分布图

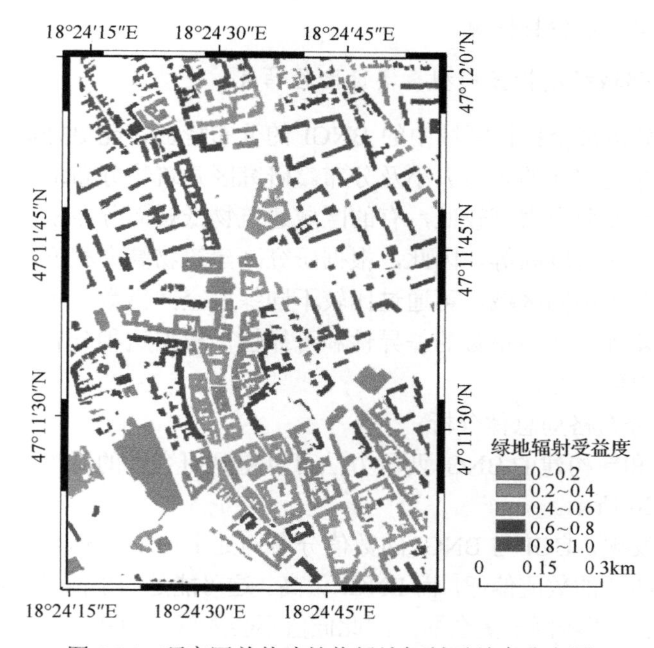

图 5.24　研究区单体建筑物绿地辐射受益度分布图

四个因子赋权重叠加可得研究区 BNGI 分布图，如图 5.25 所示。

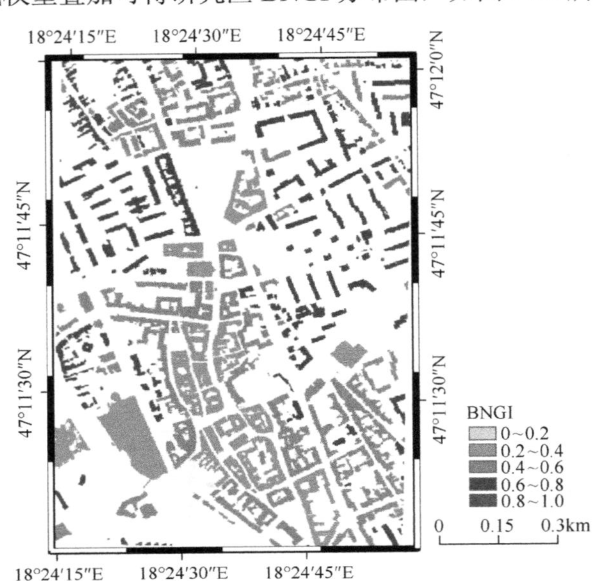

图 5.25 研究区 BNGI 分布图

由此可见，高值主要分布在一些绿化较好的区域，如居民区；低值主要分布在城市中心商业区，主要原因是该区域人口较密集、高楼林立、下垫面均为水泥和沥青，植被覆盖较少且稀疏。

4. 建筑物邻域绿度指数模型真实性检验结果

通过统计分析每个特征区域中的 BNGI 的分布特征，能更好地理解不同区域居民享受城市绿度空间的效益大小及分布。研究区建筑物分布情况参差不齐，有的区域建筑物高而分布密度较低，有的区域建筑物低矮而分布密度较高，有的区域建筑物高且分布密度高等。因此，根据研究区建筑物高密程度、建筑物不同功能特征将其划分为不同区域，可通过比较不同绿度空间指数在不同空间区域内的平均值和标准差评价两种指数的差异性和可靠性，根据这种分布差异评价新构建的 BNGI 模型的真实性。

(1) BNGI 分布格局总体分析

通过 UGI 和新构建的 BNGI 两种方法可以得到研究区的城市绿度空间指数分布图，如图 5.26 所示。

对比分析发现，UGI 与 BNGI 的数值分布均处于(0,1)，但数值分配不均。由图 5.26 可见，UGI 的数值偏低，而 BNGI 偏高。这可能是由于两种不同计算模型所致，BNGI 考虑的影响因子更全面，因此低值不会太低。UGI 考虑的影响因子只有绿地面积，当绿地面积几乎为 0 时，UGI 接近 0，因此得到的值较低。总体上，传统UGI和新建的BNGI均可以反映真实城市绿度空间分布的整体情况，具有可行性。

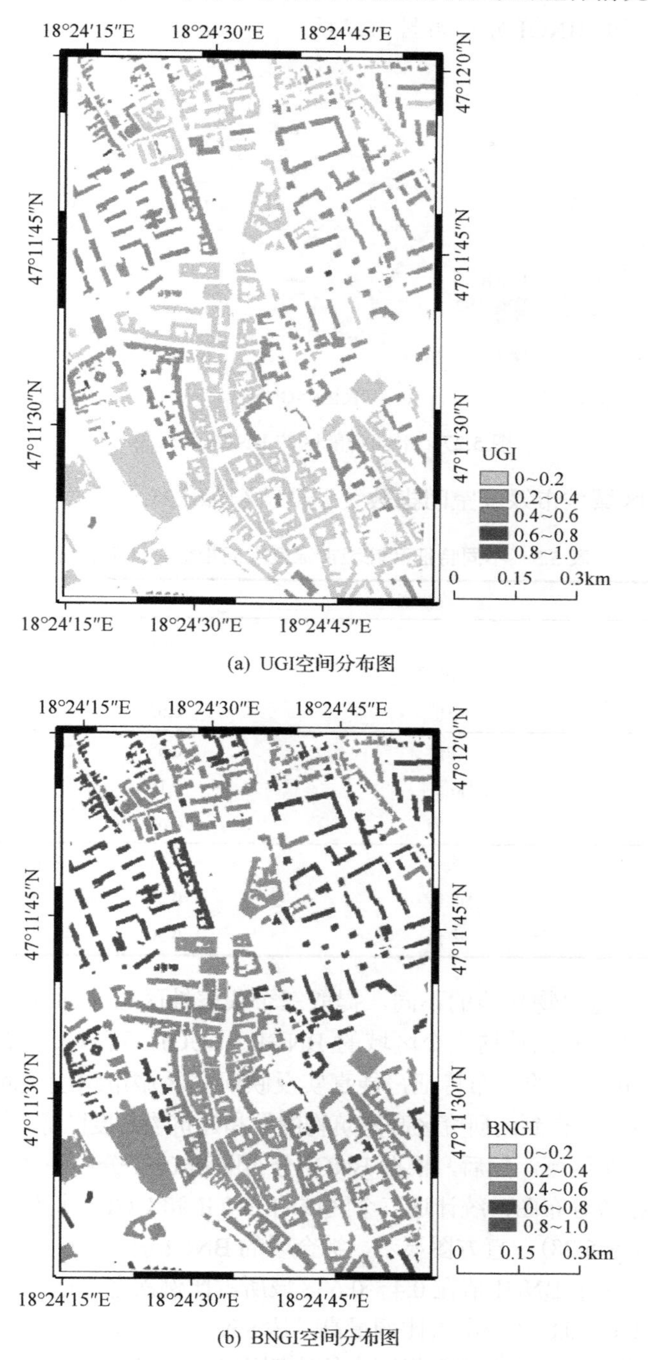

(a) UGI空间分布图

(b) BNGI空间分布图

图5.26　研究区的城市绿度空间指数分布图

(2)根据建筑物不同功能划分特征区域

不同功能区的 BNGI 分布如图 5.27 所示。

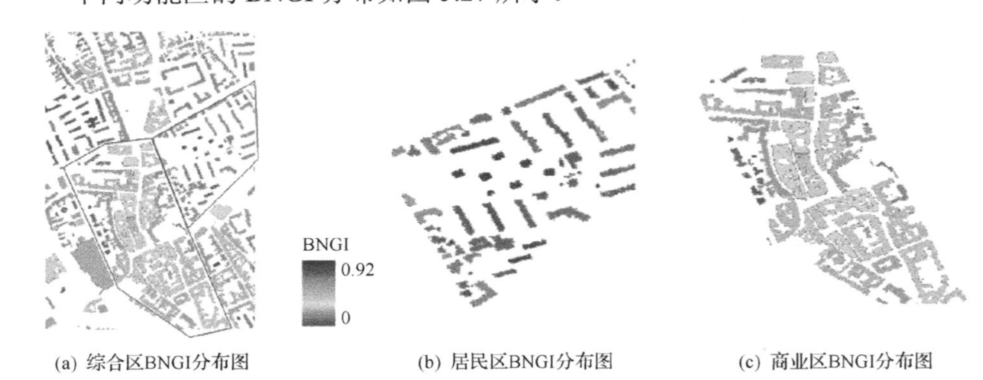

(a) 综合区BNGI分布图　(b) 居民区BNGI分布图　(c) 商业区BNGI分布图

图 5.27　不同功能区的 BNGI 分布图

不同特征区域城市绿度空间指数统计值特征如表 5.5 所示。

表 5.5　不同特征区域城市绿度空间指数统计值特征

邻域类型	统计特征值	BNGI	UGI
综合区	均值	0.57	0.24
	标准差	0.20	0.17
	中值	0.62	0.24
居民区	均值	0.65	0.31
	标准差	0.15	0.12
	中值	0.67	0.32
商业区	均值	0.51	0.24
	标准差	0.22	0.20
	中值	0.50	0.18

根据研究区建筑物功能的不同，提取三个代表性区域，即综合区、居民区和商业区，通过计算和比较这三个区域的 BNGI 和 UGI，可以发现新构建的 BNGI 基本具有与 UGI 一致的分布特征，能真实反映研究区城市绿度空间分布情况。

首先，根据计算得到的研究区高建筑物图像和建筑物密度图像，提取综合区、居民区和商业区三个区域。然后，根据 BNGI 分布图和 UGI 分布图裁切这三个区域的城市绿度空间指数分布图，统计这三个区域的 BNGI 和 UGI 的均值、中值、标准差及直方图分布(图 5.28)。直方图显示，综合区的 BNGI 值在 0.6～0.8 区域所占比例最高，达 50%左右；BNGI 值在 0.4～0.6 区域所占比例次之，达 30%左右；居民区的 BNGI 值在 0.6～0.8 区域所占比例最高，达 85%左右；其他组别比例均偏低；商业区的 BNGI 值在 0.2～0.8 各个组别中的比例均匀，均达 30%左右。这表明，居民区的绿度空间指数总体较高，而商业区总体较低。由表 5.5 可见，居民区的标准差最小，商业区标准差最大，表明居民区绿度空间指数分布变化最稳定，而商业区最不稳定。这是由于商业区的植被分布情况往往较少且不均匀。居民区的 BNGI 的均值和中值最高，表明居民整体邻接绿度空间的程度较高，商业区最差，综合区居中。

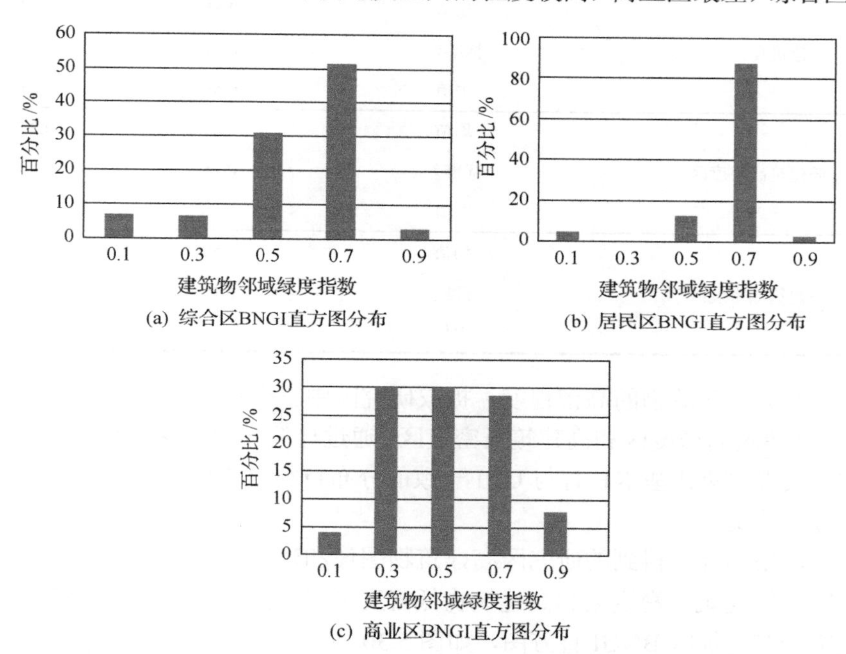

(a) 综合区BNGI直方图分布　(b) 居民区BNGI直方图分布　(c) 商业区BNGI直方图分布

图 5.28　不同功能区 BNGI 直方图分布

(3) 根据建筑物高密程度划分特征区域

不同建筑物分布特征区的 BNGI 分布图如图 5.29 所示。

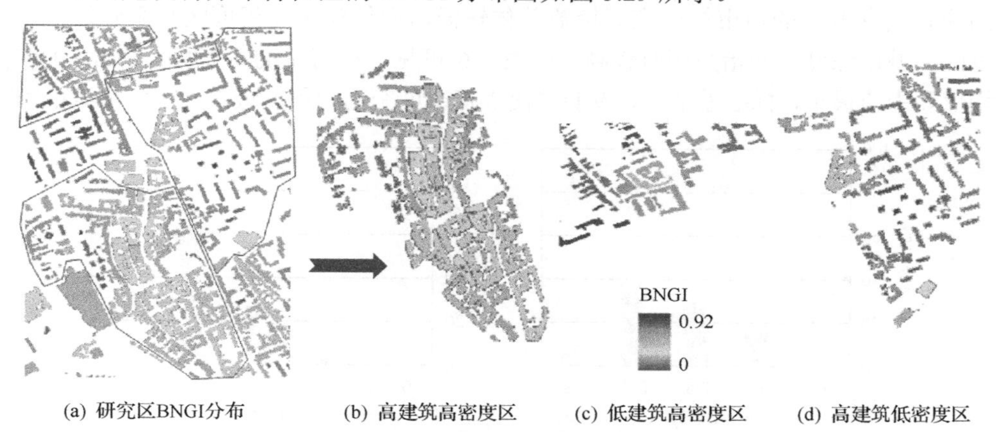

(a) 研究区BNGI分布　(b) 高建筑高密度区　(c) 低建筑高密度区　(d) 高建筑低密度区

图 5.29　不同建筑物分布特征区的 BNGI 分布图

不同特征区域 BNGI 统计值特征如表 5.6 所示。

表 5.6　不同特征区域 BNGI 统计值特征

邻域类型	统计特征值	BNGI	UGI
高建筑高密度区	均值	0.55	0.25
	标准差	0.21	0.19
	中值	0.59	0.23
低建筑高密度区	均值	0.63	0.25
	标准差	0.15	0.13
	中值	0.66	0.26
高建筑低密度区	均值	0.59	0.25
	标准差	0.19	0.14
	中值	0.65	0.26

根据研究区建筑物的高密程度，提取研究区中三个代表性区域，即高建筑高密度区、低建筑高密度区和高建筑低密度区。通过计算和比较这三个区域的 BNGI 和 UGI，发现 BNGI 基本具有与 UGI 一致的分布特征，能真实反映研究区城市绿度空间分布情况。

首先，根据计算得到的研究区高建筑物图像和建筑物密度图像，提取高建筑高密度区、低建筑高密度区和高建筑物低密度区三个区域。然后，分别统计这三个建筑物分布特征区 BNGI 直方图，如图 5.30 所示。由此可见，高建筑高密度区的 BNGI 值在 0.6～0.8 区域所占比例最高，达 40%左右；BNGI 值在 0.4～0.6 区域所占比例次之，达 30%左右；低建筑高密度区和高建筑低密度区的 BNGI 值在 0.4～0.6 和 0.6～0.8 区域的比例相当，分别达 25%左右和 60%左右。结果表明，高建筑高密度区的城市绿度空间指数总体较低，而低建筑高密度区和高建筑低密度区的城市绿度空间指数相对较高。由表 5.6 可见，在高建筑高密度区，BNGI 的均值和中值最小，标准差最大，表明居民邻接绿度空间的程度最差。在同一城市的

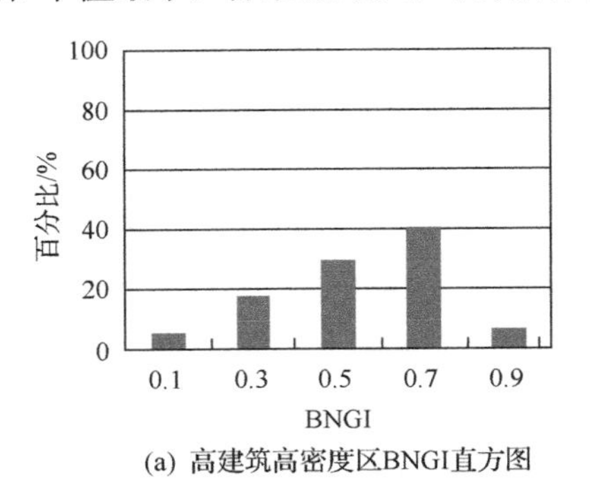

(a) 高建筑高密度区BNGI直方图

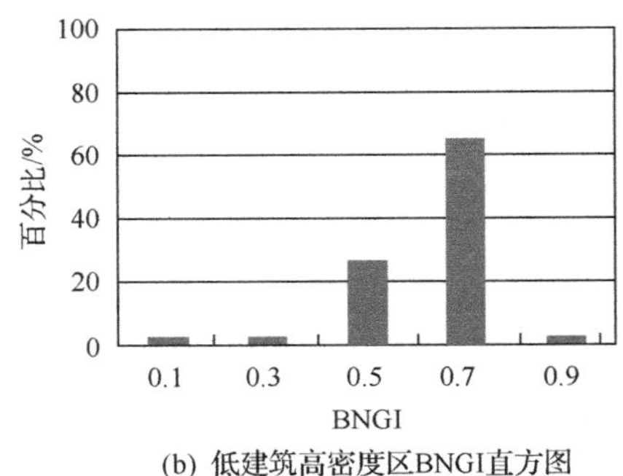

(b) 低建筑高密度区BNGI直方图

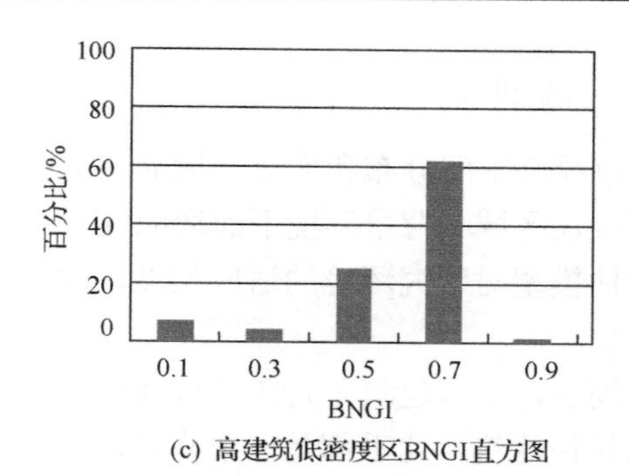

(c) 高建筑低密度区BNGI直方图

图 5.30　不同建筑物分布特征区 BNGI 直方图分布

三个不同特征区域，拥有同样绿地(UGI 相等)的情况下，受城市建筑物分布情况和接近绿地程度的影响，BNGI 表现不同。这符合实际情况，说明 BNGI 具有优势。

(4) 根据绿度指数不同级别划分特征区域

将计算得到的两种城市绿度空间指数分别按不同指数划分为四类，分析比较不同类别的城市绿度空间指数在不同建筑物分布特征区域所占的比例，更深入比较两种城市绿度空间指数空间分布特征(表 5.7)。

表 5.7　两种城市绿度空间指数空间分布特征

指数类别	高建筑低密度区(n=117)		低建筑高密度区(n=72)		高建筑高密度区(n=86)	
	BNGI/%	UGI/%	BNGI/%	UGI/%	BNGI/%	UGI/%
[0,0.25]	0	41.03	0	44.29	1.16	51.16
(0.25,0.5]	9.40	55.56	8.33	51.43	29.07	36.05
(0.5,0.75]	80.34	3.42	73.61	4.29	54.65	11.63
(0.75,1]	10.26	0.01	18.06	0.01	15.12	1.16
总计	100	100	100	100	100	100

由表 5.7 可见，BNGI 在不同建筑物分布特征区域的数值分布主要集中于(0.5,1)，而 UGI 在不同建筑物分布特征区域的数值分布主要集中于(0,0.5)。在(0,0.25)，不同建筑物分布特征区域内的 BNGI 远低于 UGI。这表明，UGI 模型由于考虑的影响因子较片面，易导致极端偏低，而 BNGI 模型考虑的影响因子较全面，不仅考虑绿地分布面积，同时考虑绿地接近程度和建筑物分布情况，计算得到的指数值综合四个因素得到的结果相对较高，BNGI 结果更切合实际。不同于 BNGI 与 UGI 在高建筑物低密度区和高密度低建筑区的比例分布，在高建筑高密度区，UGI 在(0,0.5)与 BNGI 在(0,0.5)所占的比例差距有所缩小，这表明 BNGI 考虑了建筑物分布状况。

5. BNGI 模型适应性分析

BNGI 在表征城市绿度空间分布和人居环境的舒适度等方面具有重要性。分析该指数模型在不同特征区域和背景环境下的适应性，可以为其实用化奠定基础。模型适用性指用来评估模型对研究环境的适应程度，对于模型分析、评估与筛选不可或缺。

从建筑物空间布局看，中国建筑是封闭的群体空间格局，在地面平铺展开。从住宅到宫殿，无论何种建筑，几乎都是一个格局，类似于“四合院”模式。西方建筑是开放的单体空间格局向高空发展。如果说中国建筑占据着地面，那么西方建筑就占领着空间。塞克什白堡市的建筑物分布格局就是典型的例子，以建筑物分布格局具有中国特色的天津市为研究区，将适用于塞克什白堡市的 BNGI 模型应用于天津市，进行城市绿度空间指数模型的适应性研究。根据建筑物分布情况将研究区划分为不同区域，比较不同绿度空间指数在同城市不同区域内的平均值、标准差和中值评价新构建的 BNGI 模型的真实性，实现模型的适应性验证。

(1) 建筑物稀疏度

基于图像分割的建筑物信息提取方法，对天津市研究区进行建筑物信息提取，结果如图 5.31 所示。根据建筑物稀疏度定义，利用已获得的建筑物信息，计算天津市研究区的建筑物稀疏度分布，结果如图 5.32 所示。可见，研究区东部和北部建筑物稀疏度比研究区西南部低，这也可从图 5.31 的建筑分布情况看出。

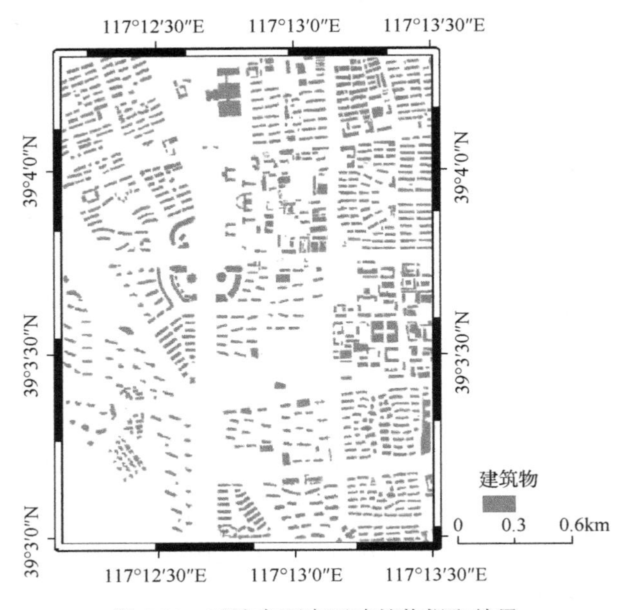

图 5.31　天津市研究区建筑物提取结果

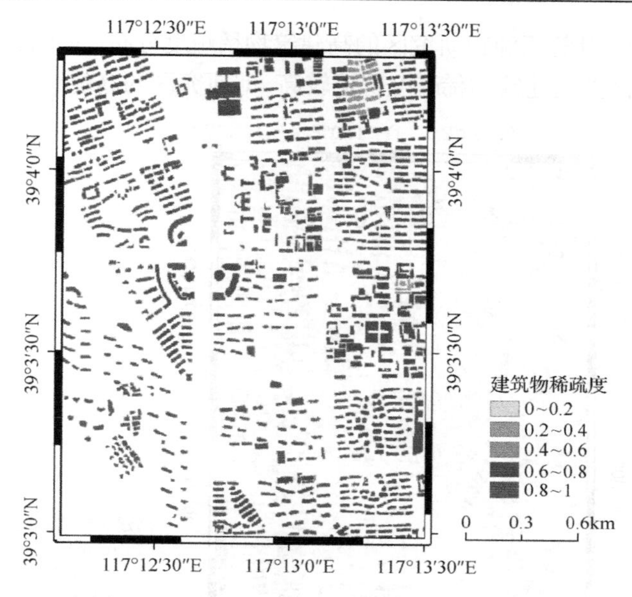

图 5.32　天津市研究区建筑物稀疏度分布图

(2) 高建筑物稀疏度

基于图像分割和 LiDAR 数据的建筑物高度信息提取方法，对天津市研究区进行建筑物高度信息提取，分布如图 5.33 所示。根据高建筑物稀疏度定义，利用已获得

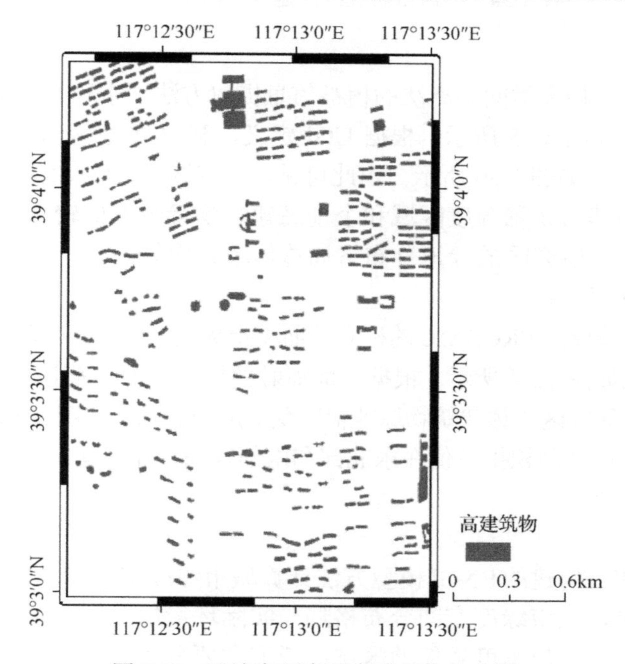

图 5.33　天津市研究区高建筑物分布图

的高建筑物信息，计算天津市研究区的高建筑物稀疏度分布，如图 5.34 所示。由此可见，整个研究区的高建筑物稀疏度普遍较高，即研究区的高建筑物密度总体偏低。

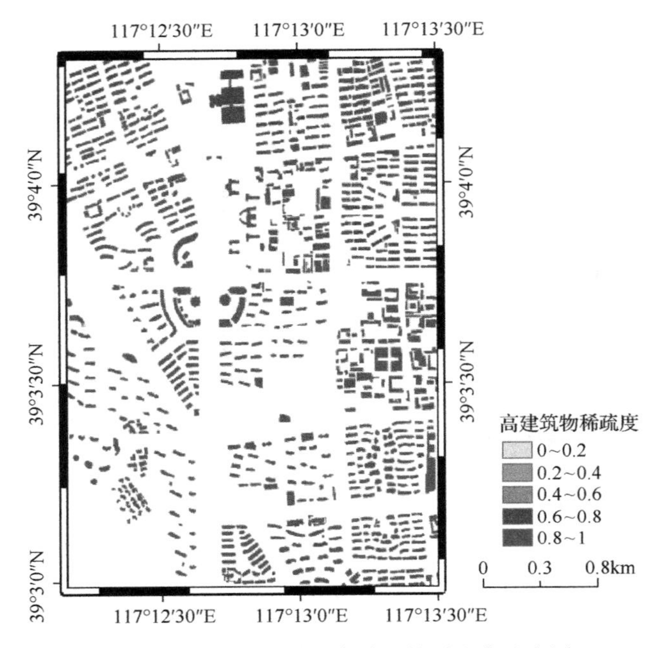

图 5.34　天津市研究区高建筑物稀疏度分布图

(3) UGI

基于 NDVI 和最大类间距离法的植被信息提取方法，对天津市研究区进行植被信息提取，分布如图 5.35 所示。根据 UGI 定义，利用植被信息，计算天津市研究区的 UGI 分布图，如图 5.36 所示。由此可见，研究区的 UGI 值集中在 0～0.6。同时，除西南部高建筑物稀疏度区域和个别高建筑物稀疏度值较高区域的绿地指数值较为突出，整个研究区的绿地分布格局总体较为均匀。

(4) 绿地辐射受益度

基于辐射传输模型 PROSAIL 的植被叶面积指数反演方法，对天津市研究区进行 LAI 反演，结果如图 5.37 所示。根据绿地辐射受益度定义，利用植被叶面积指数信息，计算天津市研究区单体建筑物绿地辐射受益度分布图，如图 5.38 所示。由此可见，研究区的植被叶面积指数值在东北部和南部较高，在高建筑物稀疏度较高的分布区域指数值较高。

(5) BNGI

通过 UGI 和新构建的 BNGI 模型方法计算城市绿度空间指数分布图，如图 5.39 所示。由此可见，城市绿度空间分布格局与实际环境情况较一致，高值主要分布在一些绿化较好且人口密度较低的区域；低值主要分布在人口较为密集、高楼林立、下垫面为水泥和沥青，植被覆盖较少且稀疏的区域。

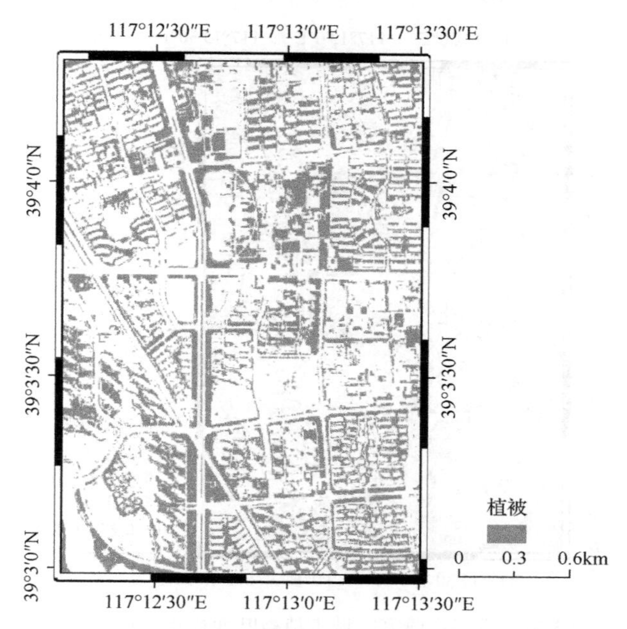

图 5.35　天津市研究区植被分布图

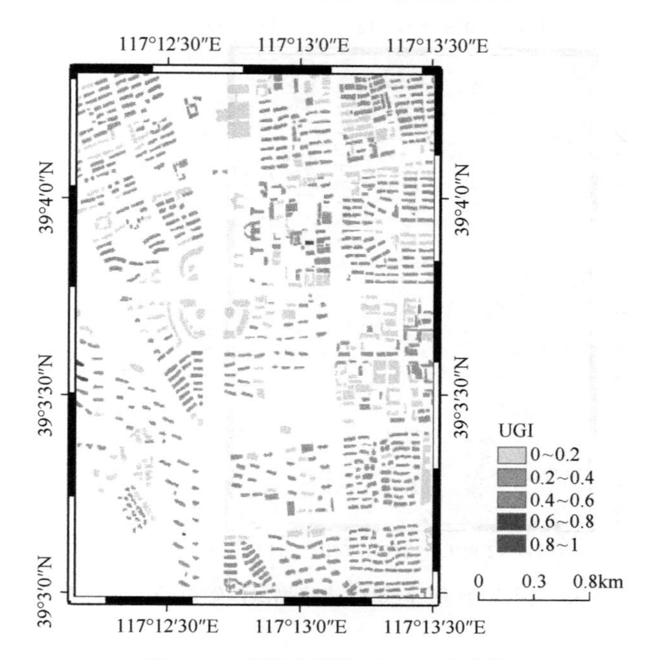

图 5.36　天津市研究区 UGI 分布图

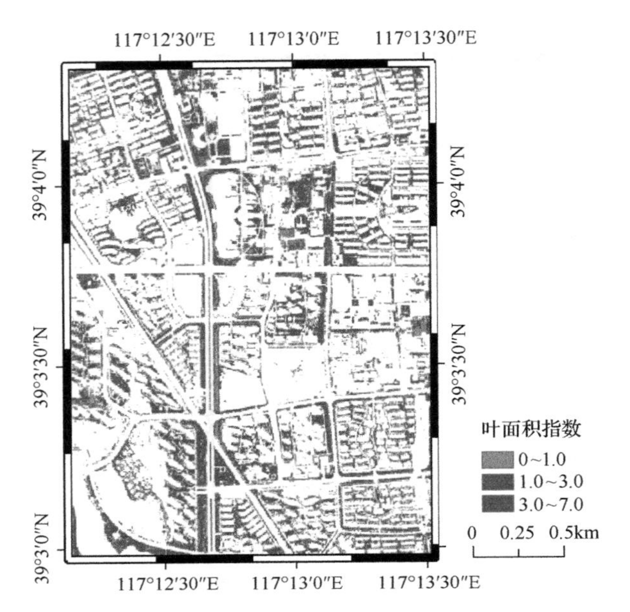

图 5.37　天津市研究区城市植被叶面积指数反演结果

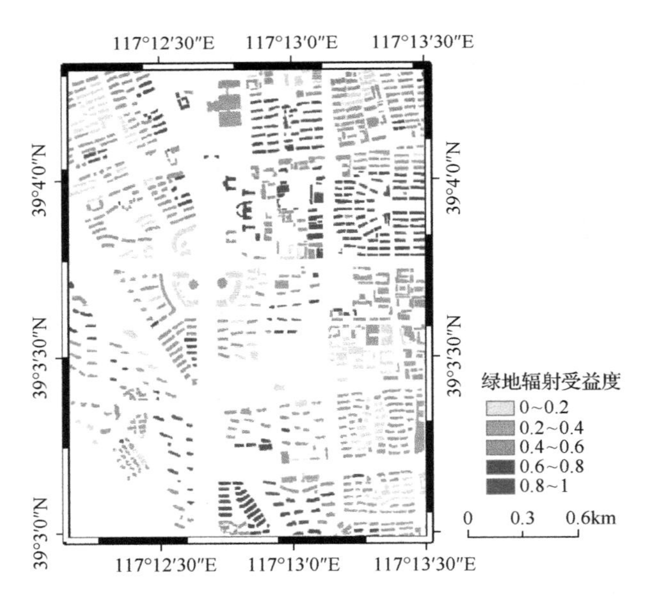

图 5.38　天津市研究区单体建筑物绿地辐射受益度分布图

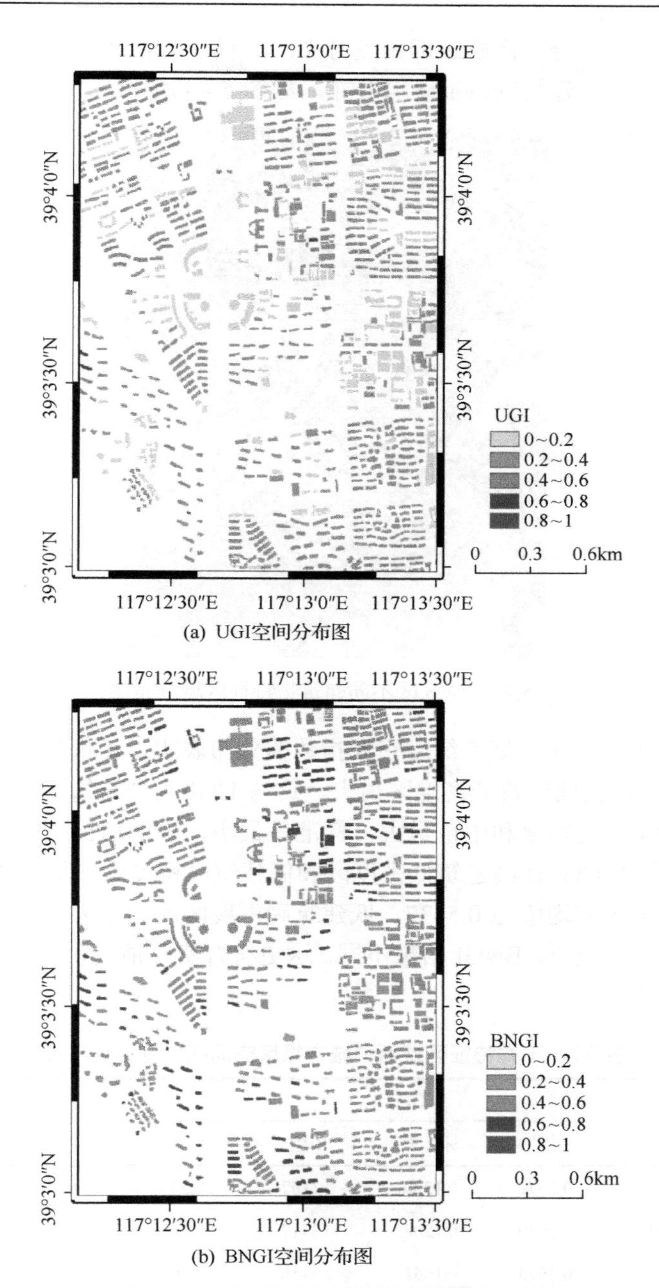

图 5.39　研究区城市绿度空间指数分布图

(6) 适应性分析

为研究新构建的 BNGI 模型是否适用于天津市研究区，将模型用于计算天津市研究区的城市绿度空间分布格局，并进行真实性检验。我们根据建筑物分布情况将天津市研究区划分为高建筑低密度分布区、低建筑低密度区和低建筑高密度区，计算研究区不同建筑物特征区域分布，如图 5.40 所示。

图 5.40　研究区不同建筑物特征区域分布图

由表 5.8 可见，两种城市绿度空间指数的分布表明，在低建筑低密度区绿地分布最广。BNGI 在低建筑低密度区最大，这与 UGI 的分布情况一致。在低建筑低密度区，BNGI 的均值和中值最大，标准差最小，表明居民享受城市绿度的空间效益最好。同时，UGI 在高建筑低密度区和低建筑高密度区的均值相等，而 BNGI 在高建筑低密度区的均值为 0.5437，低建筑高密度区的均值为 0.5094，表明拥有同样绿地指数的情况下，BNGI 结果不同。这更符合实际情况，说明 BNGI 比 UGI 具有优势。

表 5.8　不同特征区域两种城市绿度空间指数统计值特征

邻域类型	UGI			BNGI		
	均值	标准差	中值	均值	标准差	中值
高建筑低密度区	0.3072	0.1320	0.3162	0.5437	0.0963	0.5389
低建筑低密度区	0.3680	0.1208	0.3417	0.5847	0.0839	0.5653
低建筑高密度区	0.3073	0.1051	0.3156	0.5094	0.0526	0.5037

本节将两种城市绿度空间指数按大小划分为四个类别，分析比较不同类别的城市绿度空间指数在不同建筑物分布特征区域所占比例，深入探讨 BNGI 模型是否适用于天津市研究区。两种城市绿度空间指数空间分布特征如表 5.9 所示。

表 5.9　两种城市绿度空间指数空间分布特征

指数类别	高建筑低密度区（n=156）		低建筑高密度区（n=194）		低建筑低密度区（n=244）	
	BNGI/%	UGI/%	BNGI/%	UGI/%	BNGI/%	UGI/%
[0,0.25]	0	34.62	0	24.23	0	17.62
(0.25,0.5]	33.33	58.33	47.94	71.65	12.3	64.34
(0.5,0.75]	64.74	7.05	52.06	4.12	82.38	18.04
(0.75,1]	1.93	0	0	0	5.32	0
总计	100	100	100	100	100	100

BNGI 得到的结果更切合实际，更可靠。具体表现为，在低建筑低密度区，UGI 在(0,0.5)与 BNGI 在(0,0.5)所占的比例差距有所增大。这表明，BNGI 考虑建筑物分布状况，因此其在低值分布区减小，高值分布区增大。

综上所述，新构建的 BNGI 模型能客观反映研究区的城市绿度空间分布格局，因此该模型在天津市研究区具有适用性。

5.1.4　小结

本节针对传统城市绿度空间指数模型和格网法，仅考虑绿地分布的问题，以及城市绿度空间指数模型真实性验证难以展开等问题，基于多源遥感数据，提出 BNGI 模型。该指数模型基于建筑物尺度并综合考虑 UGI、绿地辐射受益度、建筑物稀疏度和高建筑物稀疏度等指标，实现二维到三维的研究视角转换。然后，详细介绍四个指标的定义及计算方法，包括单体建筑物缓冲区建立及各参数权重的确定等。最后，开展该模型真实性检验及不同尺度下的适应性研究。研究发现，该指数能真实反映城市绿度空间的分布格局，为城市人居环境的宜居性评价提供模型输入和参考依据。

5.2　垂直视角下城市绿度空间配置模型构建

城市植被在改善城市环境、促进人体健康等方面发挥着重要作用。随着城镇化进程的加快，城市住宅建设与绿地资源的配置矛盾日益突显，合理规划绿地的空间布局显得尤为重要。如何客观评价城镇化进程中城市绿度空间的分布格局与配置关系，对促进城市可持续发展意义重大。

随着大城市建筑持续向高空发展，垂直立体绿化已成为发展趋势，仅依靠传统的平面观测手段和评价方法已无法满足城市规划者对三维绿度空间配置的需求。机载 LiDAR 技术拥有全自动、高精度立体扫描的优势，使获取城市地物三维空间信息成为可能，也为人们从多角度、多维度开展城市绿度空间布局分析提供了新途径。本节基于机载 LiDAR 和航空影像数据，提取研究区植被和建筑物的三维信息，通过对城市空间进行垂直分层抽样，计算不同抽样高度绿度空间和建筑空间的配置数量，并对比分析不同功能区、建筑特征区的垂直空间配置特征。

5.2.1　研究现状

随着城镇化进程的加快，城市住宅建设与绿地资源的配置矛盾日益凸显，合理规划绿地的空间布局显得尤为重要。如何客观评价城市化过程中城市绿度空间的分布格局与配置关系，对维持城市区域可持续发展具有重要意义。

传统的城市绿地配置调查方法有面积法、缓冲区法和格网单元法[22]。通过统计绿地在不同尺度范围(全局、缓冲区范围或格网单元)内的分布比例，可以获得研究区整体绿化情况[23-25]。但这类方法无法指示城市绿地相对于建筑物的空间分布特征，对于绿化结构的描述也仅仅停留在二维层面。随着人们对城市绿地功能认识的不断深入和遥感观测手段的不断丰富，更多的研究者从居民与绿地关系的角度开展城市绿地配置研究，通过计算城市绿地的数量(面积或体积)，以及建筑物到绿地间的距离进行客观评价[1,20,26,27]。

尽管很多研究基于遥感实现了城市绿度空间的三维观测，但对于绿度空间配置分析仍停留在二维角度，尚未实现真正意义上的三维空间配置评价。不同树种的树高和冠高差异必然导致城市绿化在垂直方向上的分布模式不同，加之建筑物高度的各异，两者差异的共同作用将进一步导致垂直配置上的空间分异。因此，如何定量描述不同高度层的绿化水平及其与建筑单元的数量配置关系是本节要重点解决的问题。

本节以匈牙利塞克什白堡市为研究区，利用机载 LiDAR 数据和航空影像提取植被和建筑物的三维结构信息，采取垂直空间高度抽样方法，分别考察对应高度层绿度空间和建筑空间的配置数量和布局特点[28]；依据二者空间配置的数量关系划分垂直高度空间，对比统计不同功能区的垂直空间配置特征；通过分析其与建筑群结构的相关性，提出一系列城市绿度空间布局优化策略，为城市绿化建设和精细化管理提供决策依据。

5.2.2　研究方法

1. 城市地物三维信息提取

研究主要考察城市植被与建筑物的数量和空间配置关系，因此需提取建筑物和树冠的三维结构信息。树冠信息提取流程包括树冠高度模型构建、树顶位置提取和冠层结构参量反演。首先，基于航空影像的红色和近红外波段计算得到 NDVI，利用最大类间方差算法确定 NDVI 最佳分割阈值，提取植被信息。然后，将植被二值掩膜图像叠加至数字高度模型，获得树冠高度模型，其中数字高度模型为 DSM 和 DTM 的差。基于活动窗口的局部最大值搜索法，从树冠高度模型中提取单株立木的树顶位置及其高度。为获得冠高、冠径等结构参数，需要在树冠高度模型和树顶检测结果的基础上进行树冠投影边界识别，此处应用辐条轮法检测树冠区域，根据冠层最大横截面高度与冠长比率，计算获得树冠结构参数。

通过设置高程阈值，从经过植被掩膜后的图像对建筑物进行提取，经过分区统计和几何计算，得到单体建筑物的高度、面积、体积等信息。由于匈牙利巴洛克的建筑物往往有尖顶，每个单体建筑物的不同部位并不在同一高度，为便于模型分析，将每个单体建筑物的高度设置为该单体建筑物的平均高度。

2. 城市空间垂直分层抽样

研究采用一系列高度间隔为 0.5m 的二维平面对城市立体空间进行分层抽样，这些切割面与树冠和建筑物相交形成平面切片。同一建筑体的切片是与投影面积等大的多边形，而同一树冠的切片较为复杂，是不同大小的圆形，可以根据下式计算不同高度层的树冠抽样面积，即

$$S_h = \pi a^2 \left[1 - \frac{(h - h_c)^2}{c^2} \right], \quad h = 0, 0.5, 1, 1.5, \cdots \tag{5.20}$$

其中，S_h 为高度 h 处的树冠切片面积；a 为树冠半径；c 为冠高半长；h_c 为树冠最大横截面积离地高度。

如图 5.41 所示为相关结构参数几何关系示意图。经过城市空间垂直分层抽样，可获得建筑物和树冠在不同高度面上的抽样面积。

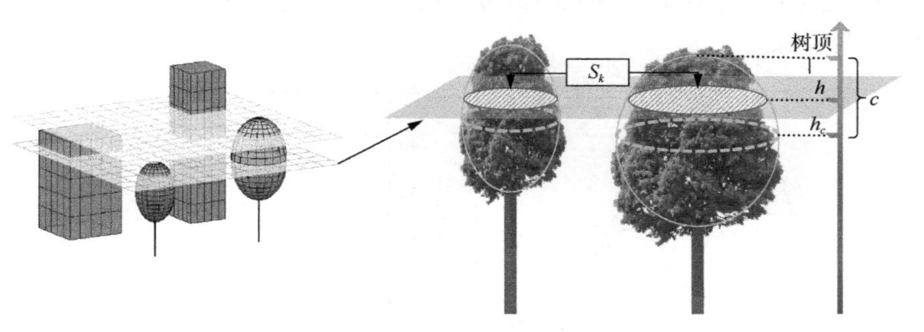

图 5.41　相关结构参数几何关系示意图

3. 垂直特征分析方法

本节以不同抽样高度的建筑物截面面积之和与树冠截面面积之和表示配置数量，并以垂直高度方向二者面积的数量关系表示分布差异。相关研究表明，城市

住房建设与绿化配置在配比面积上是个此消彼长的过程，且二者的相对数量关系是研究城市绿度空间分布的重要指标。鉴于建设用地与绿化配置之间的平衡发展日益受到重视，本节以二者数量平衡为临界点，将树冠截面面积之和小于建筑物截面面积之和的高度层划分为相对匮乏层，树冠截面面积之和大于建筑物截面面积之和的高度层划分为相对饱和层。相对匮乏层可能存在于城市的全部高度，也可能仅存在于个别高度范围，说明此高度范围内绿度空间的配置数量相对于其他高度面更少。相对饱和层说明此高度位置的绿度空间与建筑空间配置比例相当，绿度空间数量较其他高度位置更充足。

根据研究区建筑物使用的目的，选取具有代表性的典型样区，即居民区和商业区，从配置数量和结构的角度对比分析绿度空间和建筑空间的垂直分布特征差异，以及不同功能区内相对饱和层、相对匮乏层在垂直空间上的分布特点。为探究建筑空间结构与相对匮乏层分布的相关性，根据建筑群的高低疏密程度，进一步将住宅区和商业区划分为高建筑高密度区、高建筑低密度区、低建筑高密度区和低建筑低密度区，通过统计不同建筑特征区内位于相对匮乏层的建筑单元的数量和比例，从建筑结构方面分析造成相对匮乏层的主要来源，并从改善城市垂直绿化配置的角度给出布局优化建议。

5.2.3 实验结果

1. 绿度空间与建筑空间垂直分布特征

分别统计绿度空间和建筑空间在连续抽样高度上的截面面积之和，获得绿度空间和建筑空间垂直配置曲线(图 5.42)。图 5.42(a)对比显示了住宅区和商业区绿度空间配置数量的计算结果。图 5.42(b)对比显示了住宅区和商业区建筑空间配置数量的计算结果。

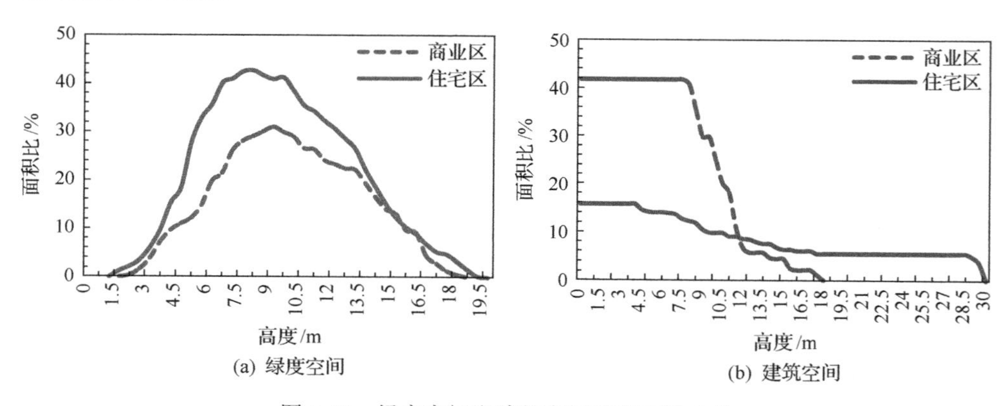

(a) 绿度空间　　(b) 建筑空间

图 5.42　绿度空间和建筑空间垂直配置曲线

由此可知，绿度空间曲线呈现先升高后降低的抛物线形态，这是由椭球形树冠生长形状所致。从图 5.42(a)可见，商业区与住宅区的绿度空间集中分布在 1.5～19.5m，且面积峰值均出现在 8m 高度位置附近，离散程度近似，说明商业区与住宅区的垂直配置结构相似。住宅区的绿度空间曲线在峰值处的面积比为 0.42，高于商业区的绿度空间曲线在峰值处的面积比 0.3，说明住宅区的绿度空间在配置数量上更占优势。

建筑空间曲线呈现出阶段式递减的基本形态。由图 5.42(b)可知，商业区建筑空间高度可达 18.28m(6 层楼高度)，低于住宅区的 30.05m(10 层楼高度)；统计各高度区间的线下面积占比可知，商业区有近 94.6%的建筑空间低于 12m(4 层楼高度)，而住宅区仅有 64.6%的建筑空间低于 12m，说明商业区以低建筑物分布为主，住宅区以高建筑物分布为主。对比 0m 高度处的建筑物面积比(即建筑物基底面积总和与各区总面积的比例)可知，商业区建筑密度为 41.5%，住宅区建筑密度仅为 16.8%，说明商业区的建筑物较住宅区更为密集。综上所述，商业区是城市中心较高强度开发的区域，具体表现为建筑物密度大且多为低层建筑；住宅区是以居住为主的低强度开发区域，存在一定数量的高层建筑，但密度相对商业区低。

2. 不同功能区垂直空间配置对比

建筑物与绿度空间在配置结构和配置数量上的差异将产生不同形态的配置曲线组合，从而产生不同功能区相对饱和层、相对匮乏层在垂直空间上的不同分布特点。如图 5.43 所示为不同功能区垂直空间配置结果。

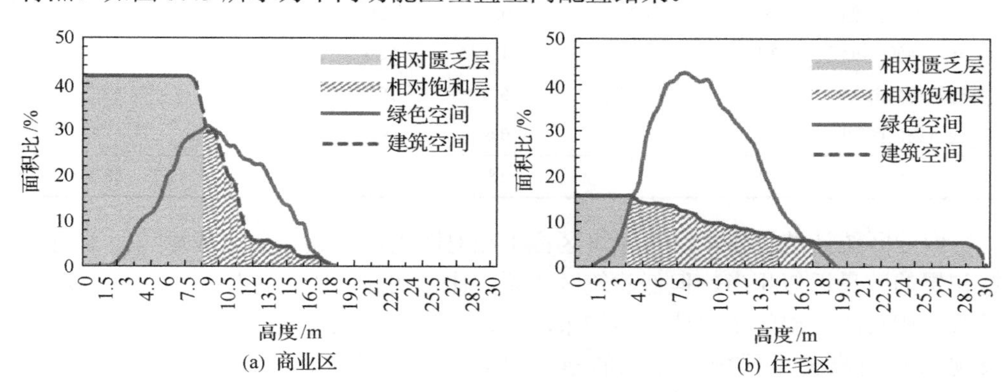

图 5.43　不同功能区垂直空间配置结果

由此可见，商业区的相对饱和层集中分布在 8.89～19.16m，而 8.89m 及以下的建筑空间(1～3 层建筑层)全部位于相对匮乏层，说明商业区低建筑层高度范围内的绿度空间配置数量较少。原因有两点。首先，商业区建筑密度较大，导致用于绿化配置的开阔空地面积有限，所以绿度空间在配置数量上处于较低水平。其次，由建筑空间与绿度空间的垂直分布结构错位所致。通过统计线下面积占比可知，商业区 0～8.89m 有 83.5%的建筑空间分布，但仅有 27.7%的绿度空间位于此高度范围。综上，绿度空间配置数量不足与垂直配置结构单一两类因素，共同作用导致商业区整体绿化在垂直方向上的配置不均。

住宅区的相对匮乏层集中分布在近地面建筑层(高度≤3.93m，即 1 层建筑层)和高空建筑层(高度≥17m，6 层及以上建筑层)。相比商业区，住宅区的低空匮乏层所占比例更低的原因主要来自住宅区的低密度建筑结构，说明合理的建筑数量和建筑密度能在一定程度上降低低空范围内相对匮乏层出现的概率。由于住宅区拥有更大的平均建筑高度，大量的高空建筑层因缺乏同高度的绿度空间配置，导致高空绿度匮乏现象。高空匮乏层出现的原因主要是受到绿化配置自身生长条件的限制，当地面绿化条件无法满足高空需求时，需考虑增设高空绿化配置。

3. 相对匮乏层与建筑结构的关系

为进一步分析建筑群高度和密度对相对匮乏层分布造成的影响，基于建筑特征区的划分，分别统计不同建筑特征区位于相对匮乏层、相对饱和层的建筑空间占比。位于不同高度层和建筑特征区的建筑空间占比统计结果如表 5.10 所示。

表 5.10　位于不同高度层和建筑特征区的建筑空间占比统计

特征区类型	商业区			住宅区		
	总计/%	相对匮乏层/%	相对饱和层/%	总计/%	相对匮乏层/%	相对饱和层/%
高建筑物高密度区	25.4	14.8	10.6	13	3.4	9.6
高建筑物低密度区	3.1	1.9	1.2	62.3	28.7	33.6
低建筑物高密度区	63.4	57.8	5.6	18.8	6.6	12.2
低建筑物低密度区	8.1	7.5	0.6	5.9	2.5	3.4
总计	100	82	18	100	41.2	58.8

商业区统计结果显示，高建筑区位于相对匮乏层的建筑单元数量与位于相对饱和层的数量近似相当，但低建筑区匮乏层比例明显高于饱和层，说明低建筑群是构成相对匮乏层的主要建筑结构来源。进一步对比低建筑区内的不同密度区，发现低建筑高密度区内 91.2%的建筑单元位于匮乏层，其比重占整体数量的 57.8%，说明低建筑、高密度的建筑结构是造成商业区相对匮乏层分布的主导因素。

综上，给出如下优化途径。

①从绿度空间配置结构入手，提升低空多层次复合绿化配置比例，改善因垂直配置结构单一导致的低空绿色匮乏问题。

②从绿度空间配置数量入手，增加区内整体绿化配置数量，通过平衡绿度空间与建筑空间的配置数量关系，提升商业区相对饱和层的比重。

③从建筑空间配置结构入手，降低商业区开发强度，提供更多开敞空间用于

绿化设施建设。

住宅区统计结果显示，四种特征区内位于相对饱和层的建筑单元数量均在不同程度上大于对应区内位于相对匮乏层的建筑单元数量。对比匮乏层单元数量占各自特征区内总单元数量的比例，可以得到匮乏层单元数量占比排序，即高建筑高密度区＜低建筑高密度区＜低建筑低密度区＜高建筑低密度区，说明匮乏层在低密度建筑区的分布比例较高，表明稀疏建筑空间是构成相对匮乏层的主要分布结构来源。进一步对比低密度空间高、低建筑结构的匮乏层数量可以发现，高建筑结构更容易导致匮乏层产生，说明忽视高空绿化配置是造成住宅区绿度空间匮乏的主要原因。对于住宅区，应充分利用低建筑密度产生的空余开敞空间，优先开展立体绿化、垂直绿化等补偿性绿化方式。在满足建筑高层绿度需求的同时，达到绿度空间配置在垂直结构上更符合建筑特点的目的，从而在整体上改善住宅区的绿度匮乏程度。

5.2.4　小结

本节从垂直配置视角出发，通过描述绿度空间和建筑空间在垂直方向上的数量差异，突破了传统度量方式在认知绿度空间分布上的局限性。对城市空间做高度抽样分层可直观获得高度序列下的数量配置关系和空间布局结构差异，为绿化垂直布局定量分析提供有效输入。绿度空间与建筑空间配置曲线的多维信息展现，可全方位服务于城市绿化垂直分布特征及其与建筑物配置关系的定量分析。高度维的加入不仅可以扩充传统城市绿度度量方式，还可以有效揭示并弥补因认知不足而产生的规划盲点，为环境规划、城市绿化提供参考依据。

参 考 文 献

[1] Gupta K, Kumar P, Pathan S K. Urban neighborhood green index–a measure of green spaces in urban areas[J]. Landscape and Urban Planning, 2012, 105(3): 325-335.

[2] Lang S, Schöpfer E, Holbling D. Quantifying and qualifying urban green by integrating remote sensing, GIS, and social science method[M]//Use of landscape sciences for the assessment of environmental security. Springer, Dordrecht, 2008: 93-105.

[3] 周廷刚, 郭达志. 基于 GIS 的城市绿地景观引力场研究——以宁波市为例[J]. 生态学报, 2004, 24(6): 1157-1163.

[4] 马林兵, 曹小曙. 基于 GIS 的城市公共绿地景观可达性评价方法[J]. 中山大学学报: 自然科学版, 2006, 45(6): 111-115.

[5] 李博, 宋云, 俞孔坚. 城市公园绿地规划中的可达性指标评价方法[J]. 北京大学学报: 自然科学版, 2008, 44(4): 618-624.

[6] 纪亚洲, 李保杰. 基于 Geoprocessing 的徐州市绿地可达性研究[J]. 江苏农业科学, 2012, 40(10): 341-343.

[7] 李琳琳. 遥感图像分割中阈值的自动选取技术研究[D]. 兰州: 兰州大学, 2012.

[8] 韩青松. 基于 Otsu 算法的遥感图像阈值分割[D]. 乌鲁木齐: 新疆大学, 2011.

[9] 王珂, 顾行发, 余涛. 结合光谱相似性与相位-致模型的高分辨率遥感图像分割方法[J]. 红外与毫米波学报, 2013, (1): 73-79.

[10] Baatz M, Schäpe A. Object-oriented and multi-scale image analysis in semantic networks[C]//The 2nd International Symposium: Operationalization of Remote Sensing, 1999, 16(20): 7-13.

[11] Hui L. Method of image segmentation on high-resolution image and classification for land covers[C]// Method of Image Segmentation on High-Resolution Image and Classification for Land Covers. Fourth International Conference on Natural Computation, 2008, 5: 563-566.

[12] Baatz M, Benz U, Dehghani S. eCognition professional user guide 4[J]. Definiens Imaging, Munich, 2004, 22(3): 14-27.

[13] 王敏, 骆惠, 黄心汉. 一种新的自动多阈值图像分割方法[J]. 信号处理, 2000, 16(1): 90-94.

[14] Wegner S, Oswald H, Wust P. Segmentierung mit der wasserscheiden transformation[J]. Spektrum der Wissenschaft, 1997, 6: 113-115.

[15] Vincent L, Soille P. Watersheds in digital spaces: an efficient algorithm based on immersion simulations[J]. IEEE Transactions on Pattern Analysis and Machine Intelligence, 1991, (6): 583-598.

[16] 李小江, 孟庆岩, 王春梅. 一种面向对象的像元级遥感图像分类方法[J]. 地球信息科学学报, 2013, 15(5): 744-751.

[17] Li X, Meng Q, Gu X. A hybrid method combining pixel-based and object-oriented methods and its application in Hungary using Chinese HJ-1 satellite images[J]. International Journal of Remote Sensing, 2013, 34(13): 4655-4668.

[18] Hill P R, Canagarajah C N, Bull D R. Image segmentation using a texture gradient based watershed transform[J]. IEEE Transactions on Image Processing, 2003, 12(12): 1618-1633.

[19] Xiao P, Feng X, Li H. Multispectral remotely sensed imagery segmentation based on first fundamental form[C]// Joint Urban Remote Sensing Event, 2009: 1-5.

[20] Liu Y, Meng Q, Zhang J. An effective building neighborhood green index model for measuring urban green space[J]. International Journal of Digital Earth, 2016, 9(4): 387-409.

[21] 刘玉琴. 基于建筑物尺度的城市绿度空间高分辨率遥感研究[D]. 福建: 福建师范大学, 2014.

[22] 吴俊, 孟庆岩, 占玉林. 一种基于移动窗口的城市绿度遥感度量方法[J]. 地球信息科学学报, 2016, 18(4): 544-552.

[23] Ruangrit V, Sokhi B S. Remote sensing and GIS for urban green space analysis–a case study of Jaipur city, Rajasthan, India[J]. Journal of Institute of Town Planners India, 2004, 1(2): 55-67.

[24] Hofmann P, Strobl J, Nazarkulova A. Mapping green spaces in Bishkek-how reliable can spatial analysis be[J]. Remote Sensing, 2011, 3(6): 1088-1103.

[25] Moeller M S, Blaschke T. A new index for the differentiation of vegetation fractions in urban neighborhoods based on satellite imagery[C]// ASPRS Annual Conference, 2006: 933-939.

[26] Schöpfer E, Lang S, Blaschke T. A green index incorporating remote sensing and citizen's perception of green space[J]. International Archives of Photogramm, Remote Sensing and Spatial Information Sciences, 2005, 37(5): 1-6.

[27] Li X, Meng Q, Li W. An explorative study on the proximity of buildings to green spaces in urban areas using remotely sensed imagery[J]. Annals of GIS, 2014, 20(3): 193-203.

[28] 孟庆岩, 孙云晓, 张佳晖. 基于多源遥感的建筑区绿化垂直分布特征与空间配置分析——以匈牙利塞克什白堡市为例[J]. 遥感技术与应用, 2018, 33(2): 370-376.

第 6 章　城市绿度空间多尺度感知模型构建技术

城市绿度空间感知度量的尺度不同于常规分辨率的内涵，主要指观测的视角和维度。本章针对我国城市绿度空间遥感感知研究的不足，从建筑物、楼层和街道三个尺度开展城市绿度空间感知模型研究，既强化研究的系统性，更为城市人居和出行环境评估提供一种操作性强的定量化技术手段，为科学评价绿度景观的城市宜居度贡献率提供参考和支撑。

本章从建筑物、建筑楼层和街道尺度分别构建城市绿度空间感知模型，形成较完整的城市绿度感知定量度量技术体系，其中建筑物尺度感知模型用于度量独立建筑物对绿度的感知，建筑楼层尺度感知模型用于度量居民位于某一楼层时对绿度的感知，街道尺度感知模型用于度量居民位于街道任意位置时对绿度的感知。

6.1　建筑物尺度城市绿度空间感知模型构建

建筑物是人类生产生活的主要场所，同时也是城市居民与城市环境邻接的载体，因此研究建筑物与城市绿度的空间关系，可衡量城市中不同区域居民邻接绿度空间的概率。

6.1.1　研究现状

国外对城市绿度进行了大量研究，主要包括城市绿地的生态经济及健康效益研究、城市植被遥感分类方法研究、城市绿度空间指标研究，以及综合城市其他要素的生态环境评价研究等。Ridder 等[1]以欧洲城市为研究对象，建立了一套欧洲城市绿地效益评价模型。Pauleit 等[2]以英国城市为例，通过高精度遥感影像获取土地利用变化情况，建立了一套城市温度模型、水文模型及生物多样性模型，研究绿地变化带来的生态效应变化。

遥感技术被广泛用于城市绿度制图中，NDVI 通过对植被在近红外和红色波段反射值的运算能很好地指示植被。Ouma 等[3]结合光谱和空间信息对 Quickbird 图像进行分类，提取城市绿地，结果表明该方法能显著提高城市植被提取精度。Hofmann 等[4]利用 GeoEye-1 影像使用面向对象的方法获得吉尔吉斯斯坦比什凯克市的植被图。Hecht 等[5]利用航空 LiDAR 数据估算城市绿度空间的体积，并分析了树木的季节性落叶会对估算精度产生的影响。

国内学者在城市绿度感知与度量方面也做了一些探索。胡志斌等[6]利用 GIS 系统建立城市绿地可达性模型，以人口密度、道路分布、土地利用及绿地面积作为模型参数，建立城市绿地景观可达性评价模型，评价绿度景观格局与生态服务。纪亚洲等[7]基于 Geoprocessing 地理处理方法，将江苏省徐州市区城市航片数据解译为用地类型，并结合城市人口密度和城市绿地的空间关系和阻力模型，研究绿地可达性。毛齐正等[8]研究了城市绿度生态评价并总结城市绿地评价主要方法，指出目前城市绿地生态评价主要从绿地结构、绿地生态功能、绿地生态服务、绿地生态风险、绿地生态健康和绿地可持续性等方面开展。

城市建筑物是城市居民的生活载体，具有承载人类活动的作用[9]。很多学者通过分析城市中建筑物的分布来研究精细尺度上城市人口的时空分布特征。冯甜甜等[10]利用遥感影像和 LiDAR 点云数据提取建筑物的数量、面积、体积等几何属性信息，通过分析建筑物中居民数量与这些几何属性信息间的相关关系，建立人口估算模型。张子民等[11]依据城市建筑物分析，模拟城市中人口的动态分布特征，根据居民出行规律，假设居民因受建筑物承载功能的吸引而出行，引入建筑物修正系数和建筑物吸引率两个指数来动态估算人口分布特征。因此，可通过建筑物分布特征间接指示城市居民工作和生活足迹的空间分布特征。

总体而言，大多研究集中于对城市植被数量、分布状况的度量，将城市居民作为绿度空间感知主体的研究相对较少。

6.1.2　研究方法

通过分析建筑物与城市绿度间的空间配置关系，建立单体建筑物及其周围绿度空间的邻接模型。在此基础上，构建城市绿度空间指数。

①基于多源遥感数据的城市特征信息提取，进行城市建筑物和城市绿度空间制图。本节采用融合基于像元图像分类及面向对象的图像分类方法。

②基于分类结果构建建筑物与城市绿度空间的邻接模型，在此基础上构建绿度空间指数。整个分析流程均能通过高分辨率多光谱航空影像和 LiDAR 数据获得，所有分析步骤均实现了自动化。

1. 基于多源遥感数据的城市植被和建筑物提取

具体提取方法参见第 5 章。

2. 城市绿度空间与建筑物配置关系分析与建模

(1) 建筑物与绿度分布格局

不同类型的建筑物和绿地在空间配置上复杂多样，如街道边绿地主要为行道树、街道景观草坪等，住宅区和办公区通常被人工草坪、人工林等包围，一些较高档的住宅区或办公区绿化效果会更好。如图6.1所示为两种不同建筑物和绿地配置类型。由图6.1(a)可见，该区域绿化面积很大，建筑物多被绿地包围。图6.1(b)为实景图，该区域为居民住宅区别墅，建筑物被绿地包围，建筑物低矮，绿地面积很大，居民能更好地邻接绿度空间，生活环境优美。图6.1(c)和图6.1(d)为办公区或条件一般的住宅区。该区域建筑物周边几乎没有植被覆盖，被大量不透水面包围。因此，生活在该区域的居民距离绿地远，邻接绿地概率小，生活环境较差。在现实生活中，图6.1(a)和图6.1(b)区域常位于富人聚集区或郊区，房价高昂，生活环境质量较高；图6.1(c)和图6.1(d)中的建筑物则往往位于市区中心办公区域或集中型的公寓住宅，生活拥挤，环境质量较差。

图6.1　两种不同建筑物和绿地配置类型

(2)城市建筑物和绿地邻接概率模型

城市中建筑物和绿地交错分布，相互包围。如图6.2所示为绿地和建筑物的空间配置二维分布示意图。对于每座单体建筑物，其周围由绿地、建筑物、裸地、道路等地物包围。本节基于城市绿度空间度量模型建立城市绿地和建筑物邻接概率模型。

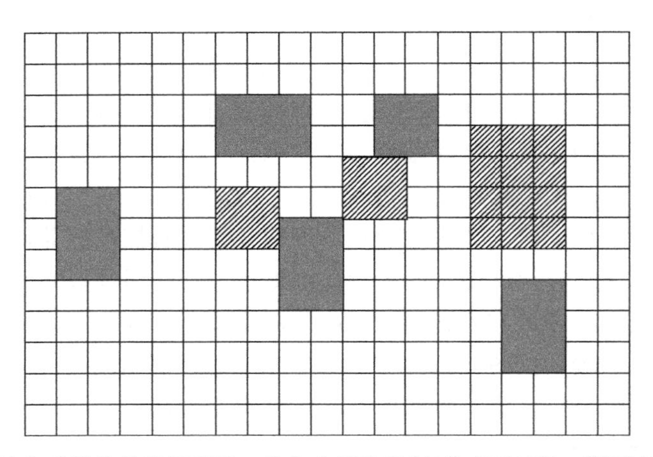

图 6.2　绿地和建筑物的空间配置二维分布示意图(灰色表示植被，阴影表示建筑物)

如图 6.3 所示为建筑物和绿地空间关系示意图。

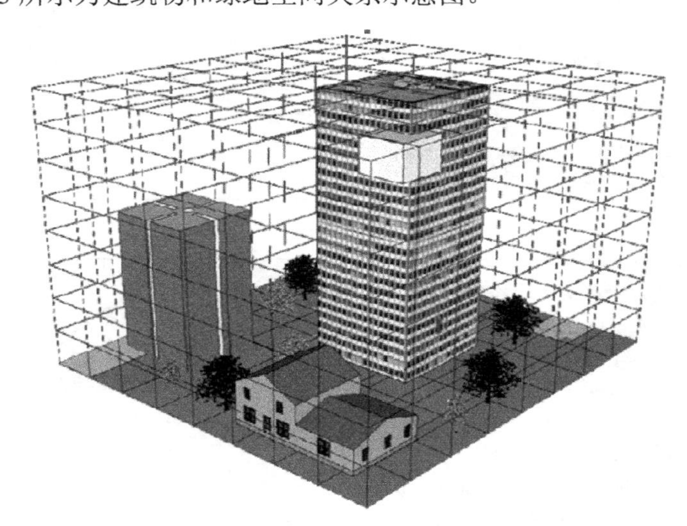

图 6.3　建筑物和绿地空间关系示意图

不同高度的建筑物与绿度空间邻接的程度会随建筑物高度的变化而变化。一般来说，建筑物越高，与绿度空间邻接的程度越小。不同高度的植被，其生态效益亦不同。此外，在三维尺度下，建筑物与植被间的距离也会受建筑物高度、植被高度，以及不同高度建筑物和植被空间配置关系的影响。如图 6.4 所示为植被和建筑物的邻接模型。

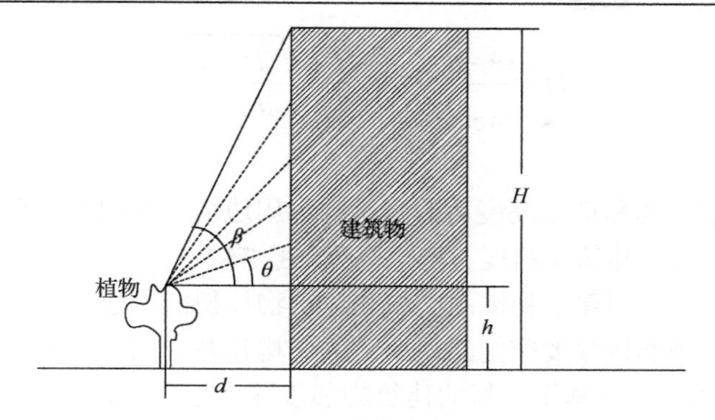

图 6.4　植被和建筑物的邻接模型

植被和建筑物间的归一化距离为

$$D=\frac{\int_0^{\beta}\frac{d}{\cos\theta}\mathrm{d}\theta}{\beta} \tag{6.1}$$

其中

$$\beta=\arctan\frac{H-h}{d} \tag{6.2}$$

式中，H 为建筑物高度；h 为植被高度；d 为植被和房屋的水平距离。

式(6.1)可进一步简化为

$$D=\frac{d}{\beta}\int_0^{\beta}\frac{1}{\cos\theta}\mathrm{d}\theta \tag{6.3}$$

于是

$$D=\frac{d}{2\beta}\ln\frac{1+\sin\beta}{1-\sin\beta} \tag{6.4}$$

将式(6.2)代入式(6.4)可得下式，即

$$D=\frac{d}{\arctan\frac{H-h}{d}}\ln\frac{H-h+\sqrt{(H-h)^2+d^2}}{d} \tag{6.5}$$

对于草地，h=0，于是式(6.5)可以简化为

$$D = \frac{d}{\arctan \frac{H}{d}} \ln \frac{H + \sqrt{H^2 + d^2}}{d} \tag{6.6}$$

D 为考虑建筑物和植被高度后的建筑物与周边植被间的修正距离，受建筑物和植被的平面距离、建筑物高度、植被高度的影响。

在三维层面，使用建筑物侧面面积和建筑物体积能较建筑物周长和占地面积更好地描述建筑物邻接绿度空间的概率，因此构建基于侧面积的建筑物邻接绿度指数记为(BA_BAGI)和基于体积的建筑物邻接绿度指数记为(vBAGI)，即

$$\mathrm{BA\_BAGI}_i = \frac{\sum_j \mathrm{par}_{ij}}{\mathrm{B\_area}_i}, \quad D_{ij} < 20\mathrm{m} \tag{6.7}$$

$$\mathrm{vBAGI}_i = \frac{\sum_j \mathrm{par}_{ij}}{\mathrm{Vol}_i}, \quad D_{ij} < 20\mathrm{m} \tag{6.8}$$

其中，D_{ij} 为建筑物 i 和周边植被像元的修正距离，j 的范围为 1～m，m 为缓冲区内植被像元的个数；par_{ij} 为第 i 个建筑物的缓冲区内植被的生理生态参数；$\mathrm{B\_area}_i$ 为第 i 个建筑物的除顶层以外的侧面面积；Vol_i 为第 i 个建筑物的体积，i 的范围为 1～n，n 为研究区建筑物的个数。

城市建筑物和绿地邻接概率模型能很好地描述城市建筑物邻接城市绿度空间的概率空间分布特征，可用于评价城市绿化效果及其空间分布特征。从二维和三维模型框架可见，对于某栋建筑物，其几何属性已经固定，因此决定 BAGIs 指数大小的就是缓冲区内植被生理生态参数和缓冲区内植被面积。建筑物和植被高度，以及建筑物和周边植被的水平距离都会影响缓冲区大小，进而影响缓冲区的植被面积。建筑物越高，其与植被的距离就越大，缓冲区就越小，对应的 BAGIs 指数就越小，这与实际情况吻合。

3. 建筑物尺度绿度指数

在单体建筑物尺度，度量绿度空间能更直接地评价居民邻接城市绿度空间的程度，反映居民享受绿度空间生态效益的大小。相对格网法，该方法更具实际意义。

(1) 基于面积的绿度度量

建筑物和绿地邻接程度的度量方法很多。基于面积的方法是一种较为简单有效的方法。该方法是计算建筑物周围绿地面积与建筑物的几何属性之比，如绿地面积与建筑物面积之比，与建筑物周长、建筑物侧面积、建筑物体积之比等。根

据建筑物和绿地邻接概率模型，可以构建基于绿地面积的绿度空间指数，即基于侧面面积的三维绿度空间指数和基于体积的三维绿度空间指数。其计算公式为

$$\mathrm{BA\_BAGI}_i = \frac{\mathrm{area}_i}{\mathrm{B\_area}_i}, \quad D_{ij} < 20\mathrm{m} \tag{6.9}$$

$$\mathrm{vBAGI}_i = \frac{\mathrm{area}_i}{\mathrm{Vol}_i}, \quad D_{ij} < 20\mathrm{m} \tag{6.10}$$

其中，D_{ij} 为建筑物 i 和周边植被像元的修正距离，j 的范围为 1～m，m 为缓冲区植被像元的个数；area_i 为第 i 个建筑物的邻接绿地面积；$\mathrm{B\_area}_i$ 为第 i 个建筑物除顶层外的侧面面积；Vol_i 为第 i 个建筑物的体积，i 的范围为 1～n，n 为研究区建筑物的个数。

BA_BAGI 指数通过计算建筑物邻接绿地面积与建筑物侧面面积之比指示建筑物邻接绿度空间的程度。BA_BAGI 指数越大，说明建筑物邻接绿度空间的程度越大。vBAGI 指数通过计算邻接绿地面积与建筑物体积的比值指示建筑物邻接绿度空间的程度。建筑物体积在一定程度上能说明建筑物所能承载居民生活和活动的能力大小，因此通过 vBAGI 能够指示建筑物中居民邻接绿度空间程度的大小。

(2) 基于生物物理参数的度量

植被指数通过植被在不同波段上的反射率指示植被信息。NDVI 和 RVI 是应用最广的两种植被指数。其计算公式为

$$\mathrm{NDVI} = \frac{\mathrm{NIR} - \mathrm{RED}}{\mathrm{NIR} + \mathrm{RED}} \tag{6.11}$$

$$\mathrm{RVI} = \frac{\mathrm{NIR}}{\mathrm{RED}} \tag{6.12}$$

考虑地物的三维结构，可进一步构建基于侧面积的绿度空间指数和基于体积的绿度空间指数，计算公式为

$$\mathrm{BA\_BAGI}_{\mathrm{NDVI}} = \frac{\sum_j \mathrm{NDVI}_{ij}}{\mathrm{B\_area}_i}, \quad D_{ij} < 20\mathrm{m} \tag{6.13}$$

$$\mathrm{BA\_BAGI}_{\mathrm{RVI}} = \frac{\sum_j \mathrm{RVI}_{ij}}{\mathrm{B\_area}_i}, \quad D_{ij} < 20\mathrm{m} \tag{6.14}$$

$$\mathrm{vBAGI}_{\mathrm{NDVI}}=\frac{\sum\limits_{j}\mathrm{NDVI}_{ij}}{\mathrm{Vol}_i},\quad D_{ij}<20\mathrm{m}\tag{6.15}$$

$$\mathrm{vBAGI}_{\mathrm{RVI}}=\frac{\sum\limits_{j}\mathrm{RVI}_{ij}}{\mathrm{Vol}_i},\quad D_{ij}<20\mathrm{m}\tag{6.16}$$

其中，D_{ij} 为建筑物 i 与周边植被像元的修正距离；NDVI_{ij} 和 RVI_{ij} 分别为第 i 个建筑物的邻接绿地像元 j 的 NDVI 和 RVI，j 的范围为 1～m，m 为建筑物周边缓冲区绿地像元的个数；$\mathrm{B\_area}_i$ 为第 i 个建筑物的除顶层以外的侧面面积；Vol_i 为第 i 个建筑物的体积，i 的范围为 1～n，n 为研究区建筑物的个数。

叶面积指数和植被指数有很多相似之处，两者均能指示植被的生理生态状况。植被生态效益的发挥与植被生理生态过程密切相关。植被生理生态过程主要通过叶片来实现。因此，通过度量叶面积可以评价植被生态效益。为计算方便，将草地、灌木和乔木的叶面积指数分别设定为 1、3 和 6，则

$$\mathrm{BA\_BAGI}_{\mathrm{LAI}}=\frac{\sum\limits_{\mathrm{g}}\mathrm{area}_{\mathrm{g}}+3\sum\limits_{\mathrm{s}}\mathrm{area}_{\mathrm{s}}+6\sum\limits_{\mathrm{a}}\mathrm{area}_{\mathrm{a}}}{\mathrm{B\_area}_i}\tag{6.17}$$

$$\mathrm{vBAGI}_{\mathrm{LAI}}=\frac{\sum\limits_{\mathrm{g}}\mathrm{area}_{\mathrm{g}}+3\sum\limits_{\mathrm{s}}\mathrm{area}_{\mathrm{s}}+6\sum\limits_{\mathrm{a}}\mathrm{area}_{\mathrm{a}}}{\mathrm{Vol}_i}\tag{6.18}$$

其中，$\mathrm{area}_{\mathrm{g}}$ 为草地面积；$\mathrm{area}_{\mathrm{s}}$ 为低矮灌木面积；$\mathrm{area}_{\mathrm{a}}$ 为高大乔木面积；$\mathrm{B\_area}_i$ 为第 i 个建筑物的除顶层以外的侧面面积；Vol_i 为第 i 个建筑物的体积，i 的范围为 1～n，n 为研究区建筑物数量。

6.1.3 实验结果

1. 植被和建筑物提取结果

如图 6.5 所示为研究区域 NDVI 图像。如图 6.6 所示为 NDVI 的直方图与 Otsu 算法最佳阈值，最佳阈值大小为 0.25。根据最佳阈值，采用阈值法对 NDVI 图像进行阈值运算，可得到植被分布图。如图 6.7 所示为使用最佳阈值得到的植被分布图。在整个研究区按照随机原则，均匀选取检验样本进行精度检验，发现植被分类精度大于 90%。

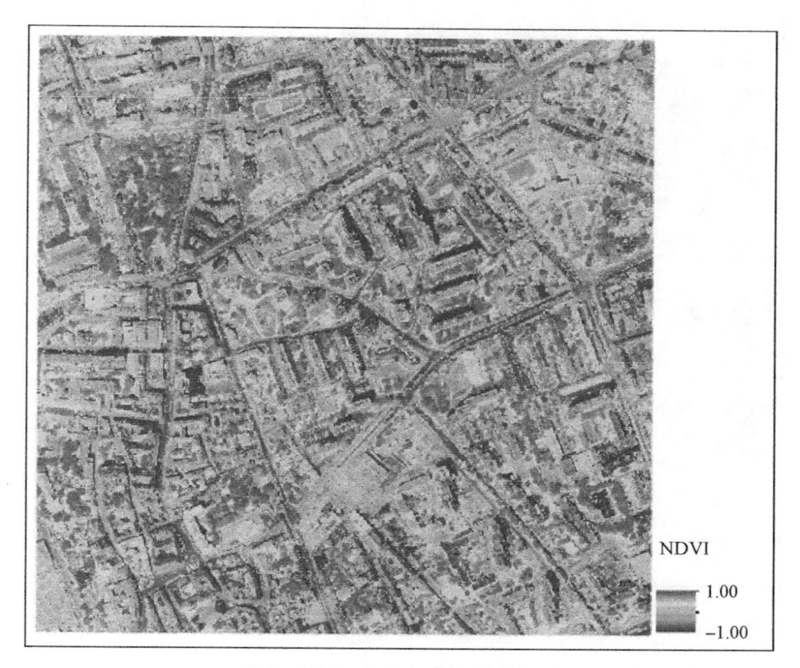

图 6.5　研究区域 NDVI 图像

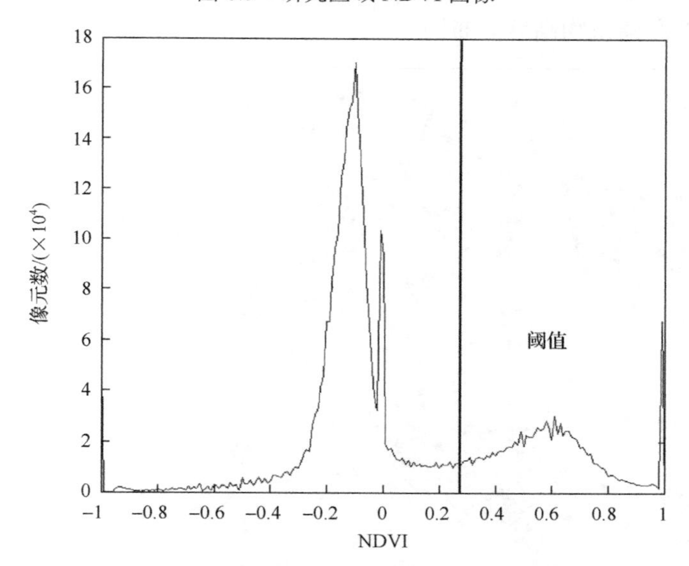

图 6.6　NDVI 的直方图与 Otsu 算法最佳阈值

图 6.7　植被分布图

如图 6.8 和图 6.9 所示为研究区绿地和建筑物分布图。如图 6.10 和图 6.11 所示为植被高度和建筑物高度分布图。

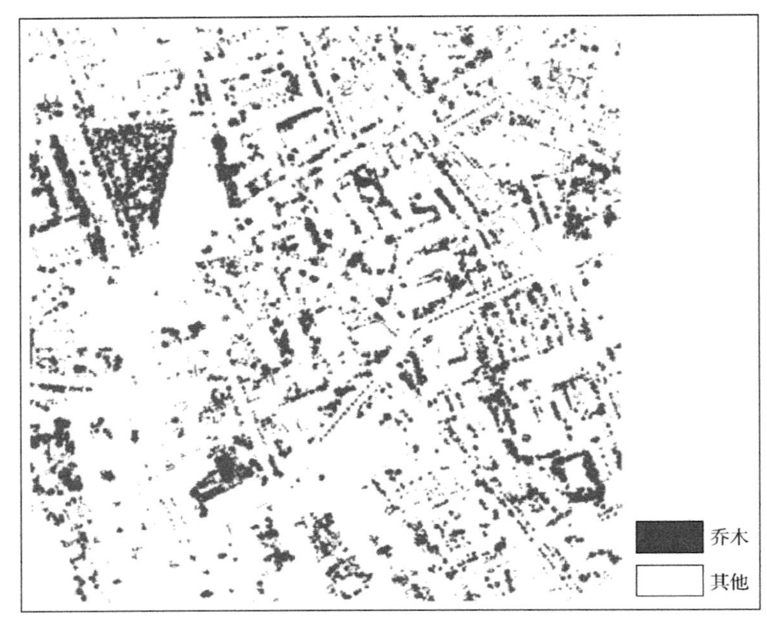

(a) 乔木

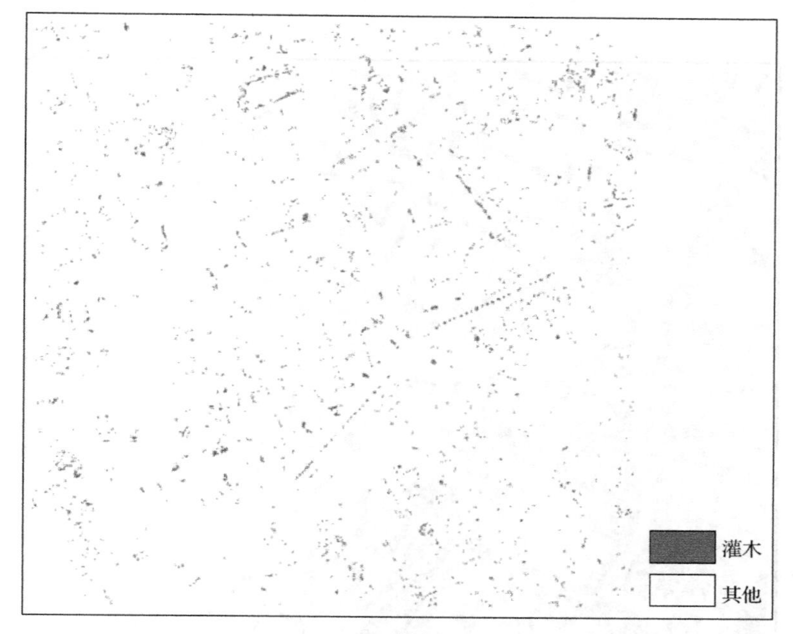

(b) 灌木

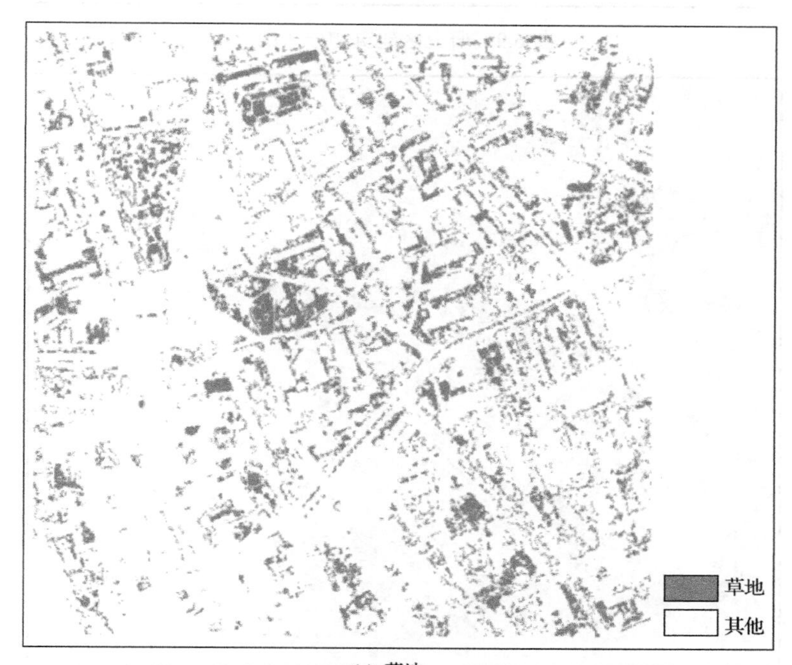

(c) 草地

图 6.8　研究区绿地分布图

图 6.9　研究区建筑物分布图

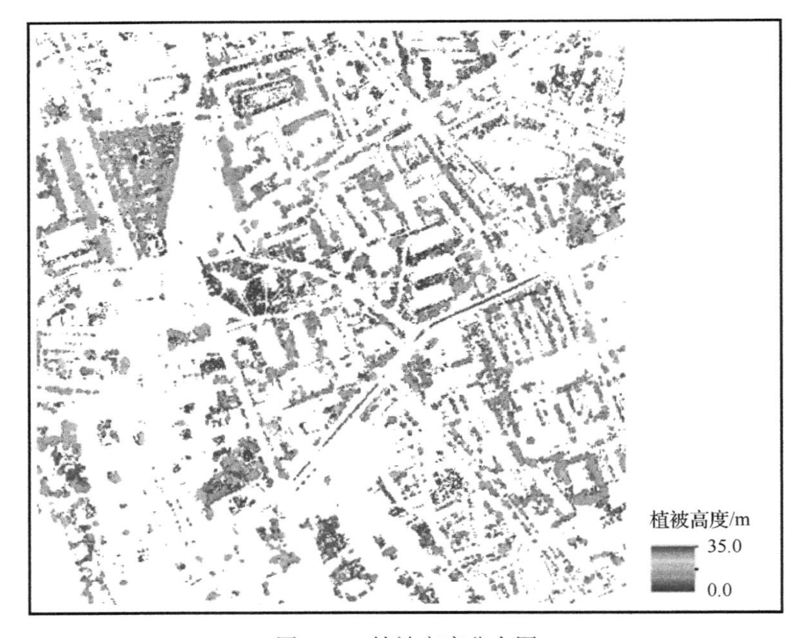

图 6.10　植被高度分布图

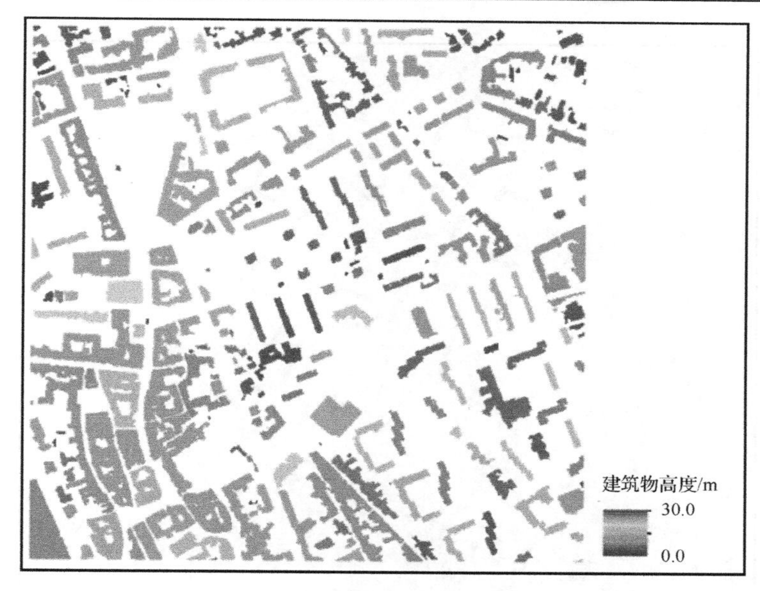

图 6.11　建筑物高度分布图

2. 三维建筑物尺度绿度度量

真实地物具备三维特征，基于二维面积和周长的绿度空间指数不足以描述真实城市绿度空间。从三维角度度量绿度空间指数更能客观地描述城市中绿度空间的分布，及与城市居民的邻接程度。如图 6.12 和图 6.13 分别为基于侧面积和体积度量的 BAGI 分布图。

(a) BA_BAGI

(b) BA_BAGI_{RVI}

(c) BA_BAGI_{LAI}

图 6.12　基于侧面积度量的 BAGI 分布图

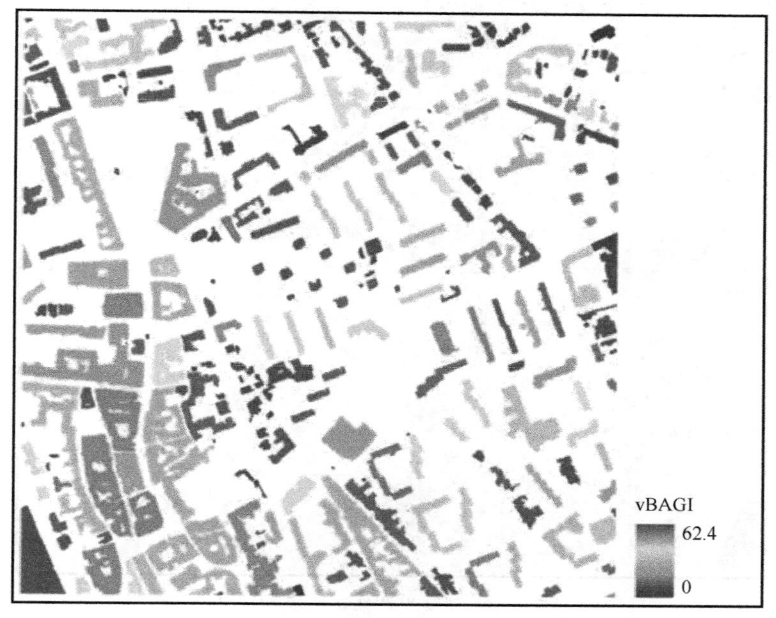

(a) vBAGI

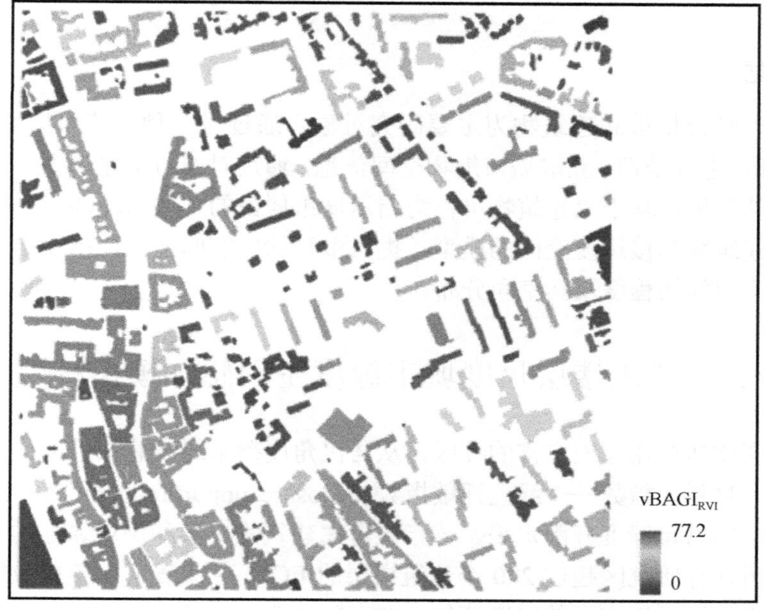

(b) $vBAGI_{RVI}$

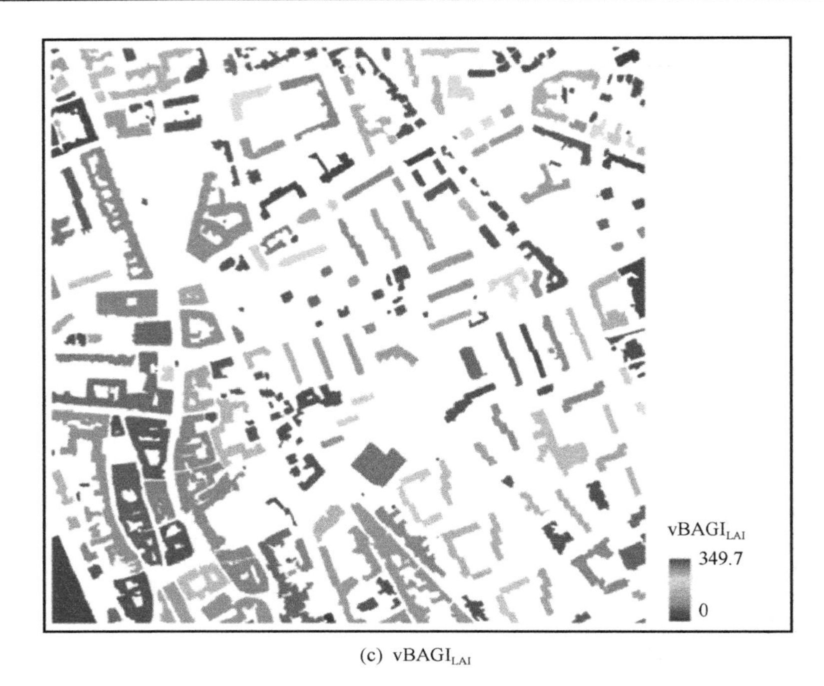

(c) vBAGI$_{LAI}$

图 6.13　基于体积度量的 BAGI 分布图

6.1.4　小结

本节以城市植被和建筑物为主要研究对象，通过对多种遥感数据源(LiDAR 和航空影像)进行处理，获取城市地物空间信息。通过对城市中建筑物与绿度空间配置模式的分析，基于“建筑物可作为指示城市居民的主要活动场所”的假设，通过构建建筑物邻接绿度空间的模型，提出多种绿度空间指数，用于指示城市居民邻接绿度空间的程度及其空间分布。

6.2　建筑楼层尺度城市绿度空间感知模型构建

人们喜欢居住在绿地丰富的社区，从居民角度衡量绿度感知量便格外重要。本节提出一种新的指数——绿色开敞指数(exposure opportunity index，EOI)，评估不同楼层的城市绿度开敞水平。该指数考虑建筑物楼层和周边绿地的三维空间关系，分析计算研究区超过 200 个建筑楼层的 EOI。结果表明，该指数能够评估居民在室内生活环境方面的绿度感知，并有望成为城市园林规划和住宅舒适度评估的有效工具。

6.2.1　研究现状

持续的人口增长和城镇化对环境质量和人居条件带来越来越大的挑战[12-14]。其中一个显著的特点是大量住宅吞噬了城市相当数量的绿度空间[15]。到 2050 年，预计有近 66%的世界人口生活在城市地区，然而人们对社区整体宜居性的下降都很担忧[16]。绿度空间在提高社区美观度和宜居幸福感方面的关键作用早已得到认可[17,18]，但快速的城镇化进程却使人们从户外自然场景中隔离[19]。因此，有必要探索城市居民如何感知绿度空间。

人们接触自然往往通过到接触自然公共环境或透过窗户观看附近植被的方式[20]。虽然公园是最易接触的自然环境[21]，但对于远离公园或市中心工作生活的人而言，较难将其作为日常生活的一部分。邻域树(即行道树和社区植被)在增强人们与自然的日常接触方面起着不可替代的作用[22]。研究表明，通过获取窗外的视觉风景可以增加居民对所在生活区域的满意度，并减轻压力、提高生产力[20,23,24]。与偶尔去公园的游客不同，从长远角度看，频繁光顾公园的居民可以从视觉或被动接触附近的自然中受益[25,26]。考虑大多数城市居民生活在多层建筑中，窗户或阳台是其享受自然的唯一机会[27]，因此研究不同楼层的人们对绿度空间的感知量很有意义。

目前，仍缺少准确度量室内居民感知绿度的景观描述模型。遥感数据已广泛用于度量绿度空间的空间布局[4,28]。基于植被指数的方法已被用于调查城市植被[29-32]，但大多没有考虑垂直维度，这往往低估了绿度感知水平。有人尝试描述更准确的城市绿度空间，例如将城市植被划分为高结构化植被(即树木和树篱)和低结构化植被(即草坪和花园)，以进一步区分“绿色感觉”[33]。为此，在测量邻近绿地状况时引入叶面积指数[34]。然而，由离散像元表示简化的城市绿度空间结构不能反映生活在不同楼层的人们与绿度空间的垂直空间关系。因此，有必要对真实的绿度空间结构进行建模，确定其在三维空间中的相对位置。

一些研究在评估城市居住环境时考虑居民区的分布[35,36]。Gupta 等[37]通过计算建筑密度和结构高度，间接表示 20m×20m 网格水平的居住人口，并结合城市植被的分布特征，评估绿度质量。但均一格网法不足以反映建筑物尺度居民分布的空间多变性。因此，前面提出 BNGI，并被证明有效。

目前仍缺少城市绿度感知定量度量模型。以往描述居民对绿色空间的感知主要停留在主观层面上[38]。常通过自填式问卷来评估，如透过办公空间窗口欣赏自然风景元素的时间百分比[39]。由于时间消耗不同，它限制了研究结果的普适性，且不同受访者对结果的反馈是主观的。Li 等[40]采用基于 Google 街景图像客观评估街道尺度城市绿度感知的可视化方法，获取人们在地面上看到的行道树轮廓视图。人们透过窗户感知邻域水平的绿度同样需要可视化方法，但其过程更复杂。

当人靠近窗户时，他具有全方位开阔的视角来感知绿度。如果坐在距窗户足够远的位置，其视野范围就仅限于窗框的一个正方形区域。考虑各种情况将十分复杂，可视评估或许不是评估绿度感知水平的最佳方法，因此通过检验靠近窗口的绿度空间数量来简化该问题。本节对绿度空间的定义仅限树冠，因为树是窗口视场中主要的可见特征。假设住宅区邻域中的树木越多，树木距窗户的距离越近，人们对绿度的感知程度就越强，将绿度空间开敞水平转换为楼层尺度的可测参量。

综上所述，针对目前评估住宅环境的绿色开敞程度方面的问题，人们提出层级城市景观模型，包括城市特征的 3D 建模和基于 LiDAR 数据、高分辨率影像的空间分层策略。在绿度空间的定量感知方面，通过对每个建筑物楼层进行空间分析，人们提出 EOI 作为解决方案。

6.2.2 研究方法

1. 层级城市景观模型

层级城市景观由城市特征中垂直向上的横截面组成，将这些三维物体进行切割处理，并投影到地面和几个平行平面上，可以获取三维物体在不同层面位置的层级视图。图 6.14(a)为如何对景观进行分层的示意图。图 6.14(b)和图 6.14(c)分别给出了(a)图两个分层的冠层圆形横截面及建筑物矩形横截面示意图。

建立层级城市景观模型需要提取城市的三维特征结构，然后在采样高度对该空间进行分层。对全部现有的树木和建筑物进行定位和建模很重要，因为这限定了基本的景观组成和后续步骤的配置模式。此外，分层平面应在合适的高度确定，以便提供具有与人在不同楼层相同的视觉平面。

三维结构信息，如冠层高度模型和建筑结构，可以从 LiDAR 数据和航空影像中提取。

2. 空间分层策略

(1)空间采样

窗口为人们提供了接触绿度空间的机会，并使人们感觉被自然“环抱”。根据窗户位置在相应高度生成对应的平行平面。考虑窗户位于建筑物的一侧且在每层的中间高度位置，通过对空间进行垂直分层，设定平均层高为 3m，空间采样公式为

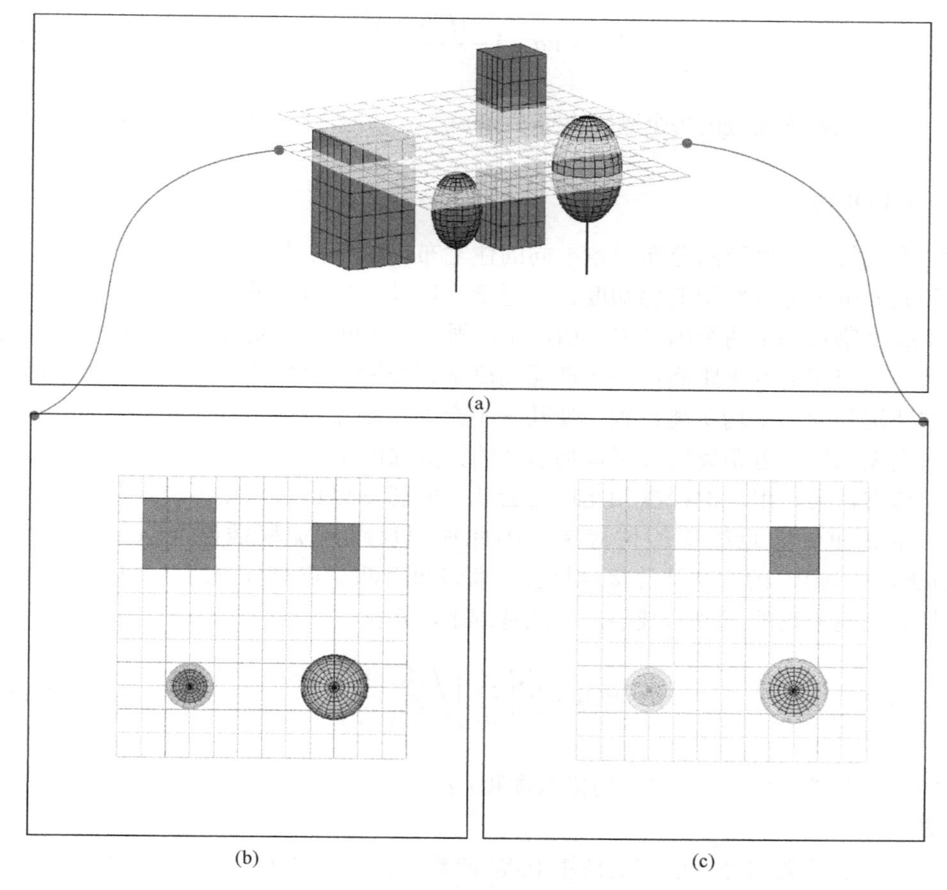

图 6.14　层级城市景观的示意图

$$h_i = i \times 3 - 1.5\ , \quad i=2, 3, \cdots, n \tag{6.19}$$

其中，i 为楼层数；h_i 为第 i 层的采样平面高度；n 为建筑物的总楼层数。

(2) 层级景观计算

层级景观由城市地物与间隔的切割平面的交叉点形成。立方体建筑物被分层后显示为一系列重叠的矩形，具有相同的面积和形状。因此，每个建筑物最高处的横截面可以通过将建筑物高度四舍五入到最接近的采样高度确定，而最低处的横截面取自每个建筑物的第一层层级城市景观。在最高和最低横截面之间，垂直横截面不连续地分布于每层。

然而，树冠的形状往往是不规则的，并且不像建筑物那样从地面升起。由于逐渐升高的冠层景观与其在空间布局中特定的几何结构和位置关联，因此可以基于简化的几何模型和已知的结构参数来计算这些定量关系，即

$$S_{h_i} = \pi a^2 \left[1 - \frac{(h_i - \overline{h_c})^2}{c^2}\right] \tag{6.20}$$

式中，S_{h_i} 为高度 h_i 处的每个冠层的横截面面积；a 为冠径；c 为冠长；$\overline{h_c}$ 为平均冠高。

3. EOI 构建

不均匀的绿度空间分布导致不同的住宅布局，并促进各种邻域感觉生成。许多研究分析了绿度空间的感知度、接近度，以及绿量间的正相关性。因此，楼层尺度绿度感知基于两个因子来评估，即在固定的 30m 范围缓冲区内，楼层位置与周围绿度空间的水平距离；在各楼层高度下每个冠层的横截面积。缓冲半径根据相邻建筑物间的平均距离设置，使其既不会太窄涵盖不住必要的绿度空间，也不会太宽无法排除近距离内被建筑物阻挡的无效绿度空间。

通常认为，附近的绿度相比远处会让人的感受更真切。在距离函数中，分配更大的权重给靠近楼层的树冠层，因此使用反距离加权插值(inverse distance weighted，IDW)的方法计算接触机会。假设每个测量点对预测值具有局部影响，并且影响随距离的缩短而减小，在此基础上，定义 EOI 为

$$\mathrm{EOI} = \sum_{i=1}^{n}\left(\frac{A_i}{d_i}\right) \Bigg/ \sum_{i=1}^{n}\left(\frac{1}{d_i}\right) \tag{6.21}$$

其中，A_i 为缓冲区第 i 个冠层的横截面积；d_i 为第 i 个冠层和给定楼层之间的欧氏距离。

对高层景观的每一层重复使用 IDW 函数，计算值越大，绿色开敞越高。

6.2.3　实验结果

使用式(6.21)计算得到研究区 EOI 频率分布直方图，如图 6.15(a)所示，约 37.8%

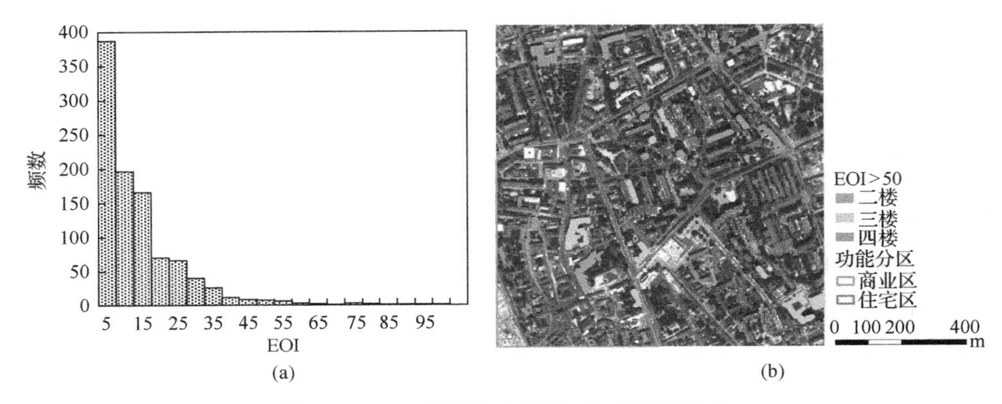

图 6.15　EOI 频率分布直方图及其空间分布

的楼层低于平均开敞水平。EOI大于50的楼层在图6.15(b)中突出显示。图中标出的21个地点绝大多数位于三层和住宅区，表明这些地点的居民更有可能接触到充足的绿度空间。

为进一步说明，详细展示三个采样楼层(图6.16)。当层级景观升高到7.5m时(图6.16(a))，90.9%的住宅区三层将暴露于一定数量的临近绿度空间，而商业区只有72%。有近一半的指数值高于50的三层主要分布在住宅区建筑物。这表明，三层的住宅建筑往往比商业建筑拥有更好的绿色环境。层级景观高度的持续增加可能导致高楼层附近绿度空间稀疏和不均匀分布，即存在较少的高树。这解释了图6.16(b)中五楼绿度空间不足。大约有20%生活在五楼的人很难感知周围绿度，其中40.7%的EOI指数值仍低于15。居住在七楼以上高层建筑中的人被树木环绕的机会减少了75%(图6.16(c))。这意味着，在七楼居民眼中，透过窗户看到的风景感觉不那么“绿”了。

透过随机楼层的窗口共拍摄340张照片，用来评估EOI的准确性，照片展现城市景观的垂直分层效果与所提出方法的效果类似。在人眼高度拍摄东西南北四个方向的照片，以此代表每个楼层的平均开敞程度。这里使用Adobe Photoshop Elements的魔术棒工具从这些照片中选择绿色叶冠，人工排除具有像草、灌木或其他绿色非植被物体的特征。考虑EOI由靠近窗户冠层的横截面积计算得到，在照片中绘制一条穿过中心的水平线，并计算所提取的绿色区域和中心线的相交

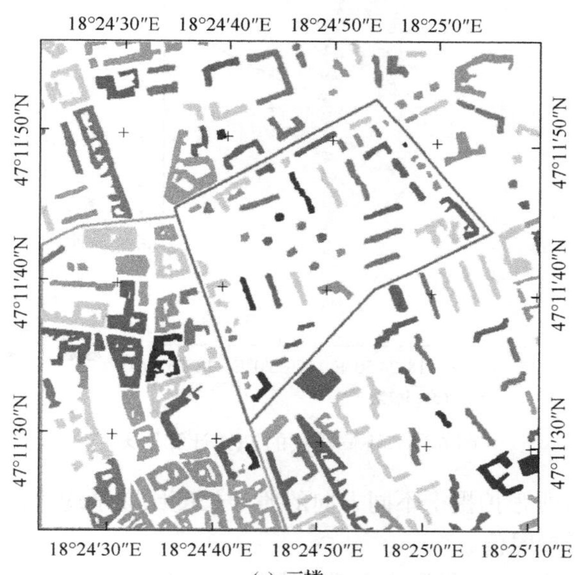

(a) 三楼

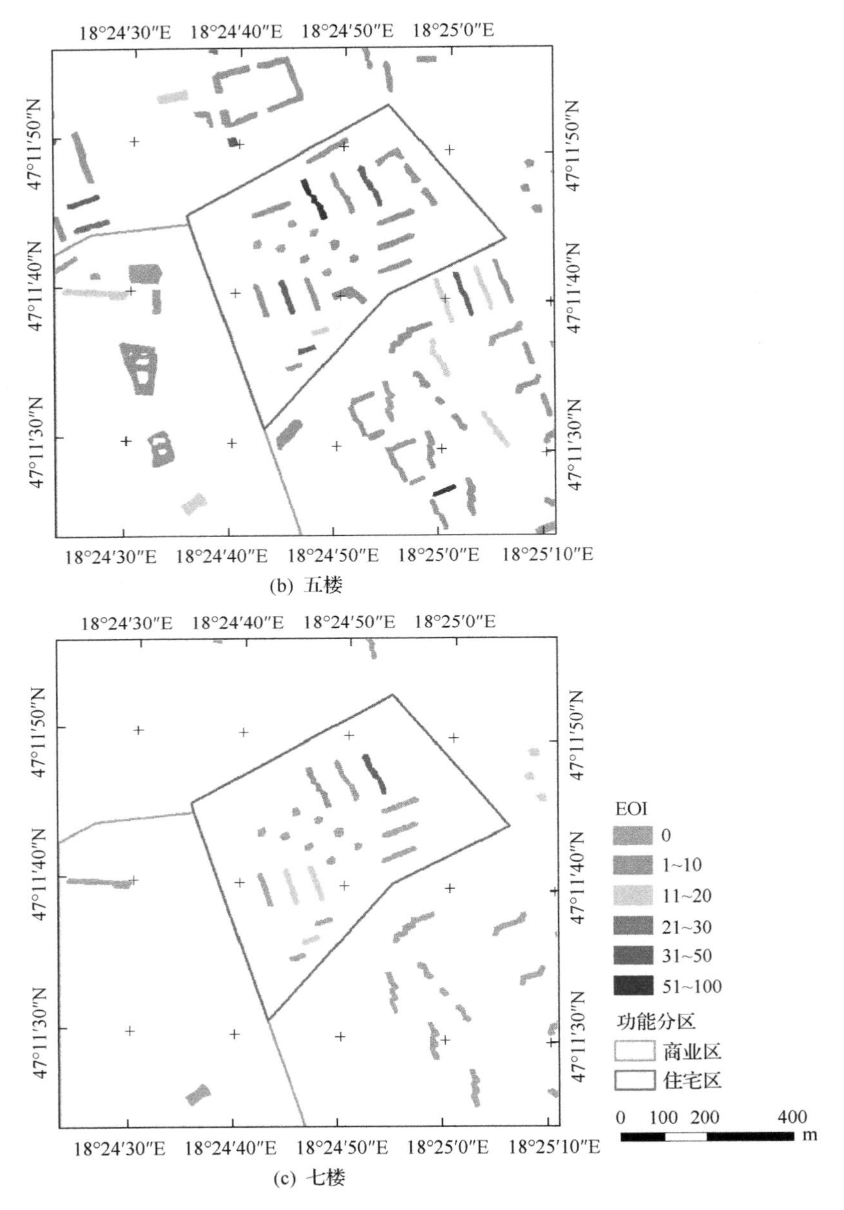

(b) 五楼

(c) 七楼

图 6.16　不同楼层的 EOI 计算结果

部分(图 6.17)。对四张拍摄于不同方向的照片长度比取平均值，以便给出每一楼层的绿色开敞水平参照值。

散点图用于分析 EOI 指数在预测直接生活环境中周边绿度空间的有效性。由图 6.18 可见，EOI 指数的计算值与从照片中提取的参照值正相关，因为绿色区域比例较高的窗口场景拥有更高开敞水平的可能性更高。拟合模型的相关系数(R^2)分别为 0.78、0.84 和 0.90，这在一定程度上验证了方法的可靠性和结果的准确性。

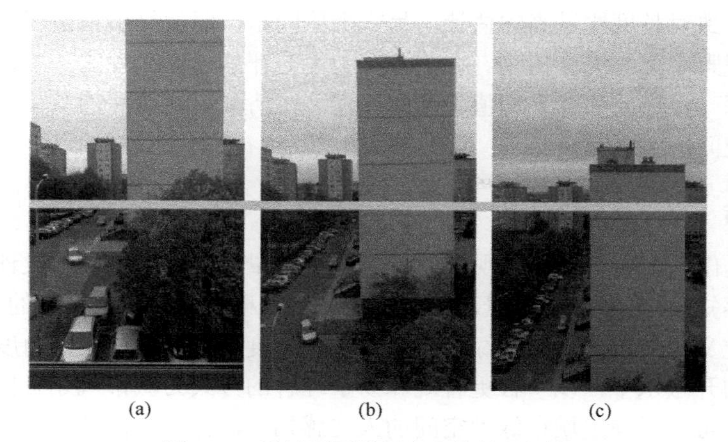

(a)　　(b)　　(c)

图 6.17　透过不同楼层窗户的景观视图

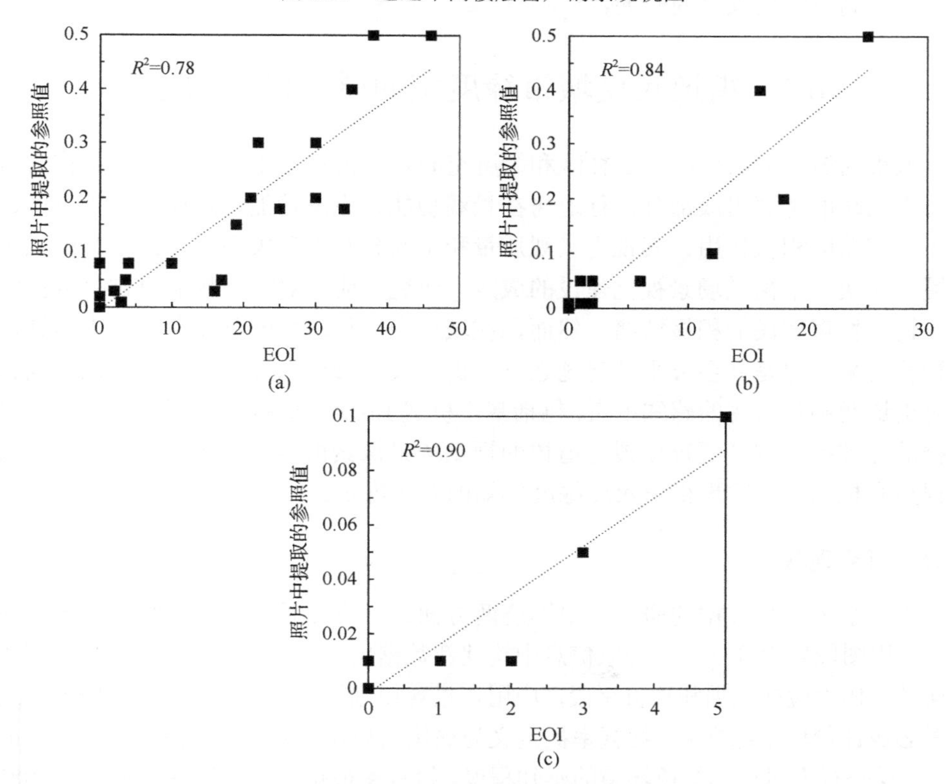

图 6.18　EOI 计算值的散点图与样本楼层照片中提取的参照值对比

EOI与照片调查结果的数值差异很容易解释。其中一个原因为EOI是基于30m缓冲区计算的，只有落入缓冲区的绿度空间才属于精确计算。在缓冲区外，没有被相邻建筑物阻挡的可视范围内的树木也可以从照片中识别出。因此，这部分绿色区域会导致对长度比过高的估计。另一个原因是，即使每层拍摄四张照片，在某些窗口视野中可能没有植物。在此，我们不是评估公寓尺度的开敞程度，而是选择计算每一楼层的估计平均值。因此，在某些情况下，照片的反馈信息会低估周边绿度空间的实际数量。

6.2.4　小结

本节提出基于层级城市景观模型的 EOI，度量绿度的开敞程度及评估不同楼层的绿度感知水平。层级城市景观详细说明了建筑楼层与城市绿度间的空间关系，这有助于定义与城市居民感知绿度相关的重要维度。该指数从居民角度描述绿度空间不同的开敞水平，以一种更客观和易于理解的方式为城市规划者提供信息支撑。该指数可用于确定城市绿度空间的人文感知量，评估室内环境的自然接触程度，引导高空绿化项目的开展。

6.3　街道尺度城市绿度空间感知模型构建

城市街道在多数情况下是社区和绿度空间发生密集作用的公共空间。作为城市生态系统的重要组成部分，行道树在景观功能、生态功能、意向功能等方面起着不可或缺的积极作用。其视觉景观质量和空间分布不仅关系着居民出行的生态环境，还决定了街道场景视觉建设的成败。研究表明，对行道树的日常目视接触可以提升城市居民的积极情绪。然而，在城市中，行道树的分布存在很大差异，某种程度来讲也是社会公平性问题之一。街道尺度城市绿度感知模型是以行人视角对街道两侧行道树的感知度量，包括基于机载 LiDAR 数据的绿视量和基于街景数据的绿视率。本节通过模拟行道树的视觉场景探索街道步行体验，将绿视率与绿视量有机结合，实现街道尺度绿度感知的有效度量。

6.3.1　研究现状

当前基于街景数据的研究主要围绕两方面：一方面是突出街景数据的图像属性，使用图像处理算法，从提取信息中构建新数据层；另一方面是突出街景数据照片属性，作为检视依据和评价手段，应用在景观规划等领域。仅有少部分研究借助街景影像评价城市绿视率。绿视率被定义为绿化面积在行人正常视野面积中所占的比例，反映行人对周围绿色环境的感知程度。绿视率最初由日本学者青木阳于 1987 年提出，为衡量公共绿化的视觉效果提供了一种新视角。绿视率被定义为绿化面积在行人正常视野面积中所占的比例，反映行人对周围绿色环境的视觉感知程度[41]。

城市居住区绿视率调查以往以实地拍摄照片为主。Yang 等[38]使用彩色图片，利用目视解译得到行道树竖立面形态，并计算该面积占背景总面积的比例作为绿视率。但是，人工选点限制了采样量，难以大范围开展。Li 等[40]从采样点布设、数据源采集视角和植被信息提取三方面对 Yang 的方法做了改进，实现植被信息提取。Berland 等[42]利用谷歌街景数据对美国三个州主要城市的行道树物种进行了虚拟调查。Richards 等[28]利用谷歌街景数据研究新加坡主城区的行道树对天空光和太阳辐射的影响。Li 等[43]利用谷歌街景数据计算了波士顿市区的天空视角因子(sky view factor，SVF)，探索行道树对于城市环境的影响。Seiferling 等[44]将计算机视觉算法应用到基于谷歌街景的行道树提取中，提高了城市树木覆盖率估算精度。Branson 等[45]利用谷歌的公共航空和街景图像，基于卷积神经网络技术实现了行道树检测和物种识别的自动化。Li 等[46]利用谷歌街景计算城市建筑物和行道树对 SVF 的遮蔽影响，分析了城市不同社会经济群体居住区的遮蔽差异。

街景数据能最大限度地反映行人视野感知范围，基于街景数据的绿视率计算能使用最少的花费达到较好的效果。但是，街景图像基于像素提取植被，容易与道路指示牌等绿色非植被地物发生混淆，出现过度提取现象。因此，本节使用在 2.2.4 节中提出的一种结合光谱信息、纹理信息和空间关系的街景图像分类方法，以匈牙利塞克什白堡市为研究区，在实现行道树信息高精度提取的基础上，构建行道树绿视率计算模型。

绿量是指单位面积上绿色植物茎叶所占据的空间体积，突破了以往城市绿地研究多从二维平面结构分析其分布与面积的局限性。准确描述人感知行道树绿视面积的难点在于对视野范围内树冠真实场景的三维构建。LiDAR 技术作为一种快速捕捉地物形态的高精度立体扫描技术为空间探测提供了新的视角和研究方向，目前已被广泛用于城市植被高精度分类、高度维信息提取、植被覆盖度和森林生态参量估算等领域[47]。

为挖掘机载 LiDAR 数据在行道树树冠结构信息提取和行人视觉场景三维建模方面的应用潜力，为城市环境质量的视觉评价提供理论与方法手段，本节提出一种绿视量指数，即计算街道某位置处行人视角下所能捕获到的行道树绿视面积总和，用于指示街道场景下行道树绿色面积的可视化程度及空间分布差异。

6.3.2 研究方法

1. 基于街景数据的行道树绿视率计算模型

(1) 谷歌街景图像获取

谷歌街景车搭载的成像传感器和全球定位系统(global positioning system，GPS)

可以提供城市不同位置的街道级影像。实验区街景图像通过谷歌地图提供的Google Street View Image API服务以统一资源定位系统(uniform resource locator，URL)的形式调用。API指定的可设置参数主要包括谷歌街景拍摄位置点坐标(location)、图片大小(size)、水平视角(heading)、水平方向范围(field of view，FOV)，垂直视角(pitch)。本节研究区为塞克什白堡市实验区，使用的街景数据拍摄日期为2011年7月。

矢量街道由航空影像的人工数字化创建。本区道路总长18624m。为表示不同位置的周边绿度可视化程度，沿着道路以平均50m的间隔随机生成360个采样点(图6.19)。这些点有助于确定参与可视化场景建模的行道树。

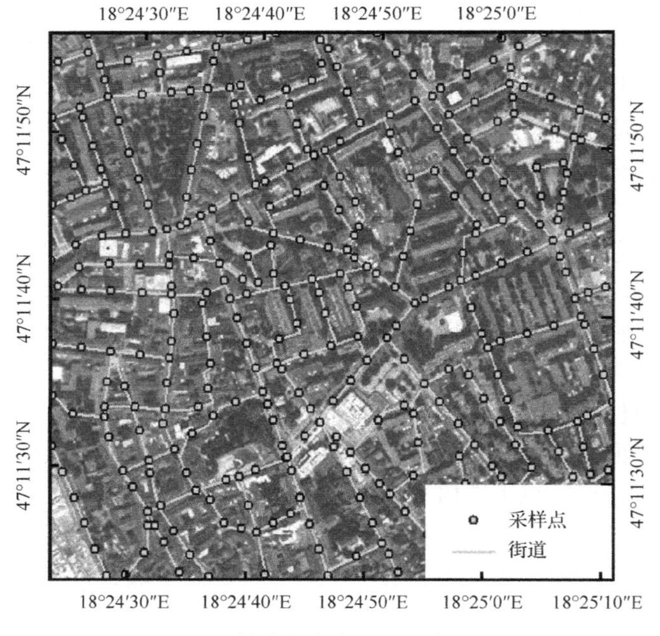

图6.19 样本点在街道地图中的分布

为探究街景镜头焦距和拍摄朝向对行道树绿视率计算结果的影响，我们在采集街景图像时设定四种不同的镜头参数。不同街景镜头参数设置介绍如表6.1所示。在街道场景下，行人拥有水平360°的环视范围，因此heading参数设置(图6.20)需要保证水平视角的全覆盖抽样。pitch参数指摄像机相对于街景车辆的俯仰角度，为确保不同高度的行道树均可被街景数据表达，将pitch参数设定为水平视角及以上范围(pitch≥0°)。FOV参数决定单幅街景数据在垂直和水平向上的取景范围，FOV值越大，单幅街景数据上的信息量就会越大。本节综合考虑地面复杂情况(垂直向)和采样点间距(水平向)，特选定两种FOV视场角(60°和120°)。pitch和FOV参数设置如图6.21所示。为保证不同采样点拍摄的照片上的绿视率计算结果是可比较的，同一参数下的镜头设置(heading、pitch 和 FOV)应为固定值。

表 6.1　不同街景镜头参数设置介绍

参数	图片大小/像素	heading/(°)	FOV/(°)	pitch/(°)
1	300×200	0、90、180、270	60	0
2	300×200	0、90、180、270	60	0、45
3	300×200	0、90、180、270	120	0、45
4	300×200	0、60、120、180、240、300	60	0、45

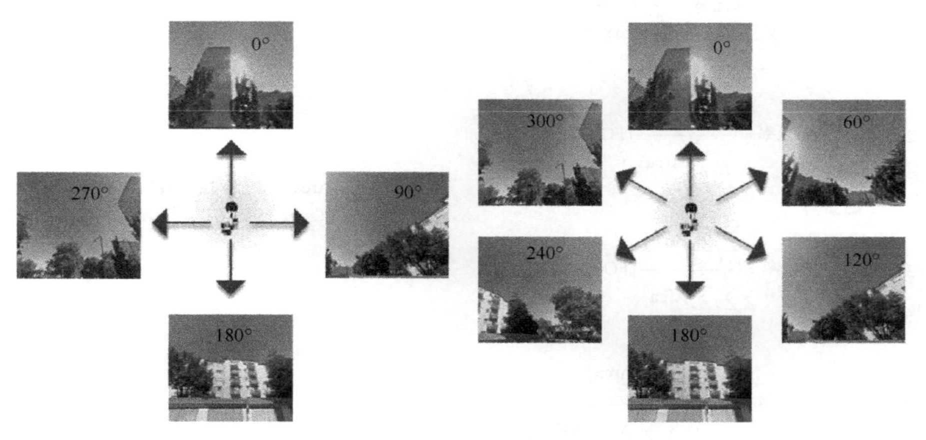

图 6.20　heading 参数设置

图 6.21　pitch 和 FOV 参数设置

(2) 行道树信息提取

本节使用动态阈值标记分水岭分割算法进行街景图像分割，并基于影像对象的颜色、形状、纹理、空间位置关系、上下关系等特征，实现街景图像的监督分类。

(3) 行道树绿视率计算模型

在图像分类结果的基础上，我们通过统计每幅街景分类结果中代表行道树的像素个数占全图像素总数的比例获得绿视率。各个采样点位置处的绿视率为 N 个方向单幅绿视率的算数平均值。四种镜头参数设置的绿视率计算公式如表 6.2 所示。

表 6.2 四种镜头参数设置的绿视率计算公式

参数	绿视率计算公式	公式说明
1	$绿视率=\frac{\sum_{i=1}^{4}\text{Area}_g}{\sum_{i=1}^{4}\text{Area}_t}$	Area_g 表示绿色像素数量 Area_t 表示全幅影像的像素总数，即 6×10^4
2	$绿视率=\frac{\sum_{i=1}^{4}\sum_{j=1}^{2}\text{Area}_g}{\sum_{i=1}^{4}\sum_{j=1}^{2}\text{Area}_t}(\text{FOV}=60°)$	
3	$绿视率=\frac{\sum_{i=1}^{4}\sum_{j=1}^{2}\text{Area}_g}{\sum_{i=1}^{4}\sum_{j=1}^{2}\text{Area}_t}(\text{FOV}=120°)$	
4	$绿视率=\frac{\sum_{i=1}^{6}\sum_{j=1}^{2}\text{Area}_g}{\sum_{i=1}^{6}\sum_{j=1}^{2}\text{Area}_t}$	

2. 基于机载 LiDAR 数据的行道树绿视量计算模型

基于 LiDAR 数据的行道树绿视量的计算流程如下。

①基于机载 LiDAR 数据，辅以航空影像，提取树冠三维结构参数，包括树高、树顶点位置、冠高、冠径、冠长等，还原可视绿色面积主体——行道树树冠的真实形态。

②提取建筑物的三维信息作为视域分析的视线障碍物，并应用视域分析法确定目视可及的行道树位置。

③基于对行人的目视姿态估计及其与行道树的位置关系，计算行人视角下的行道树绿视量。

街道尺度绿视量指数计算流程如图 6.22 所示。

(1) 行道树级计算

行道树的视觉场景建模需要对树冠特征进行精确的 3D 几何测量。单株树的结构参数提取通过以下步骤完成。

①产生树冠高度模型。将基于阈值的半自动过程方法结合基于像元分类和面向对象的分割方法应用于航空影像，从背景中分离出表示植被的像元。通过植被

掩膜的方法，从树冠高程减去地面高程生成树冠高度模型。假设树冠直径和深度为随大多数树木的增高而增加。为隔离树梢，采用基于树冠高度模型的随机采样点检验高度-直径关系。

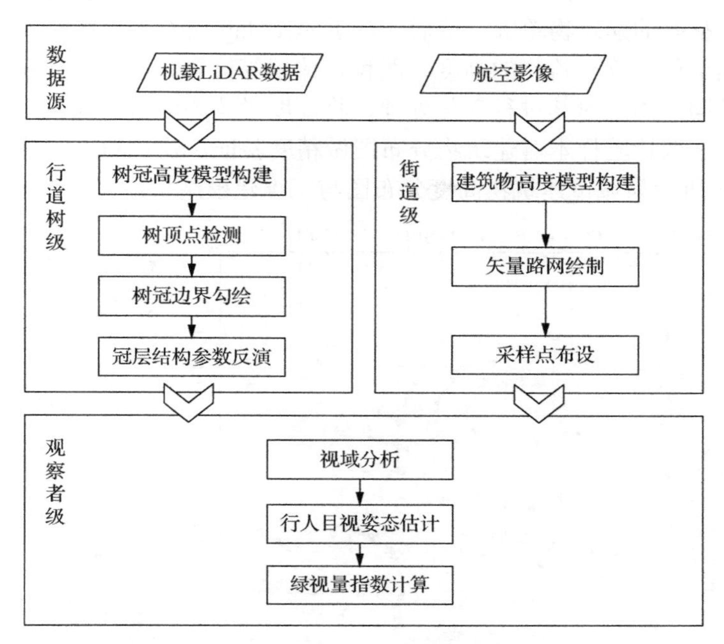

图 6.22　街道尺度绿视量指数计算流程图

②使用局部最大值的滤波算法定位树梢并估计单棵树的高度。对于树冠半径的计算，应用标记控制的分水岭分割描绘其边界。假设冠部区域近似于圆形，则冠部半径可通过圆面积公式来确定。

③通过对沿冠层边界的点取高度平均值，并从树顶高度减去平均冠高度，得到冠深度。

(2) 街道级计算

矢量街道及样本点分布如图 6.19 所示。

(3) 观察者级计算

行道树的配置数量决定人们感知城市绿度的机会，但可见的行道树数量将直接影响行人的绿视量。对于等量的行道树配置，行人视线会因建筑物的遮挡而受阻，建筑物体积越大、数量越多、邻接分布越密集，对于行道树绿视量的影响就越大。与此同时，建筑物对视线的阻碍程度也会随观察者位置的迁移而变化，空间分布相近的建筑物对于不同观察位置的视线阻挡不同，行道树的可视程度也随之改变。

鉴于行人在道路上的视野范围易受周边地形的影响，而决定行道树是否可见的首要视线遮挡物是其邻域分布的建筑物。基于数字高度模型与植被掩膜图像，构建建筑物高度模型，并提取建筑物的平均高度、投影面积和体积等参数。

首先，基于植被掩膜后的二值图像，从数字高度模型中提取建筑物，得到粗略的建筑物提取结果。因为粗略提取的结果中存在大量的椒盐斑点(这些斑点显然不是建筑物)，所以建筑物的轮廓不清，因此采用中值滤波消除边界的锯齿现象，得到边缘整齐的建筑物轮廓。然后，基于 ArcMap 进行分区统计和几何处理等运算，得到单体独立建筑物的高度、面积、体积等信息。由于单体建筑物不同部位的高度不同，因此对其进行简化处理，将高度设置为该单体建筑物的平均高度。均匀随机选取检验样本对建筑物分布图做精度验证，建筑物提取精度为 95.8%。如图 6.23 所示为城市建筑物高度分布图与三维建模结果。

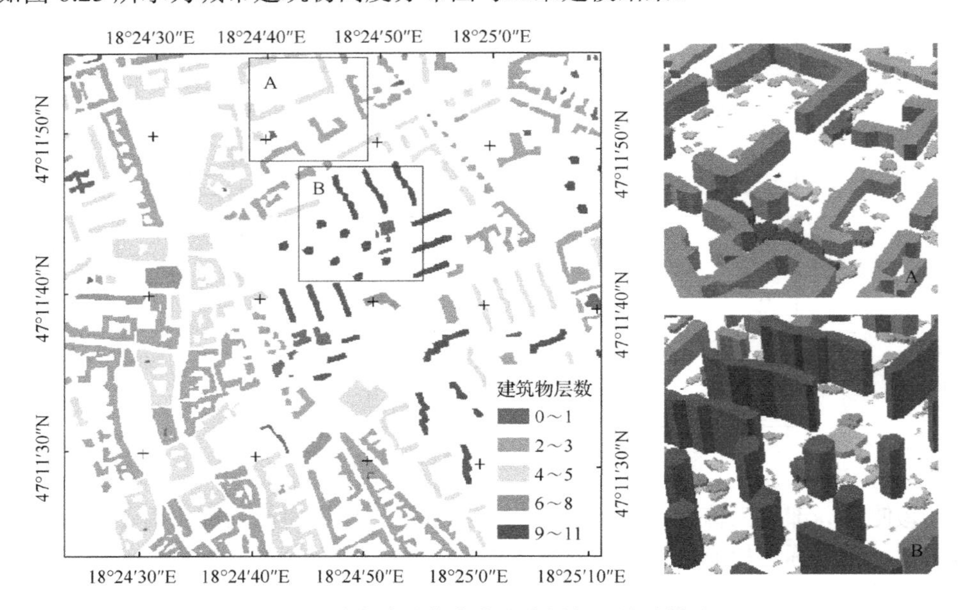

图 6.23　城市建筑物高度分布图与三维建模结果

应用视域分析法分析行道树对观察点的可见性，通过比较行道树与建筑物在观察点视线连线处的高度关系，建立已知观察点与树冠多点间的可视性关系。构建视域分析模型的输入参数，包括采样点分布图、树冠高度模型和建筑物高度模型。对每个观察点，构造其与邻域树顶点的视线，根据输入的树冠高度模型和建筑物高度模型，比较行道树与建筑物在观察点视线连线处的高度关系，判断视线的连通情况，建立已知观察点与树冠多点间的可视性关系，最终标记各观察点对应的未被遮挡的行道树。视域分析借助 ArcGIS 中的可见性分析工具实现。

行道树绿视量的计算基于对冠层椭球体形态的还原，通过对采样点与可见行道树的空间位置关系做几何运算，实现由椭球体冠层至椭圆面绿视量的视觉场景转换[48,49]。如图 6.24 所示为观察者与行道树的空间几何关系示意图。行道树绿视量的计算公式为

$$S = k\pi a\sqrt{\frac{a^2b^2}{a^2\cos^2\theta + b^2\sin^2\theta}} \tag{6.22}$$

$$\theta = \arctan\frac{h_t - b - h_i}{d} \tag{6.23}$$

$$k = \frac{1}{90^\circ}\arctan\left(\frac{a}{\sqrt{(h_t - b - h)^2 + d^2}}\right) \tag{6.24}$$

其中，S 为单棵行道树在行人视角下冠层的侧视面积；a、b 和 h_t 分别为冠径、冠高半长和树顶高度，由树冠的三维结构决定；θ 为视线和水平线间的夹角，即仰角；h_i 为视线的高程，设视线均高 1.7m；d 为观察者和行道树间的水平距离，基于航空影像提取获得；k 为缩放系数，由于视角大小决定物体在视网膜上成像的大小，根据水平视角的冠径长度与视点到观察点距离的长度关系，对计算面积做缩放处理，取值范围为 0～1，表示距离远近对绿视量造成的影响。

通过计算采样点目视可见范围内的全部行道树的绿视量之和，可以获得该位置最终绿视量计算结果。

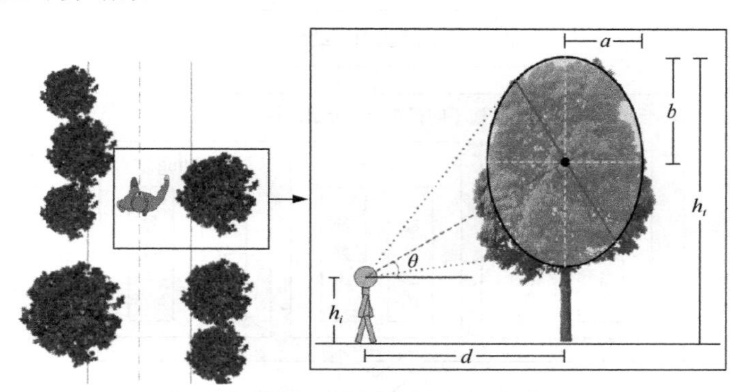

图 6.24　观察者与行道树的空间几何关系示意图

3. 街道尺度行道树绿视面积计算模型检验

(1) 基于街景的行道树绿视率计算模型检验

研究区内各路段的行道树分布情况参差不齐，有些路段内的行道树较高且分布密集，有些路段内的行道树较高且分布稀疏，有些路段内的行道树低矮且分布密集，有些路段内的行道树低矮且分布稀疏。针对不同行道树分布情况，我们无法直接看出绿视率计算模型是否能真实反映该区域绿化水平的立体视觉效果及其分布特征，同时也不能判断四种镜头参数设置在还原行道树绿色可视面积上的优劣性。

因此，根据区域内行道树的高低疏密特征将街道划分为四种路段类型(图 6.25)，通过系统分析基于不同镜头参数所得计算结果的误差情况及其在不同路段的发生概率，从而实现绿视率计算模型的检验。

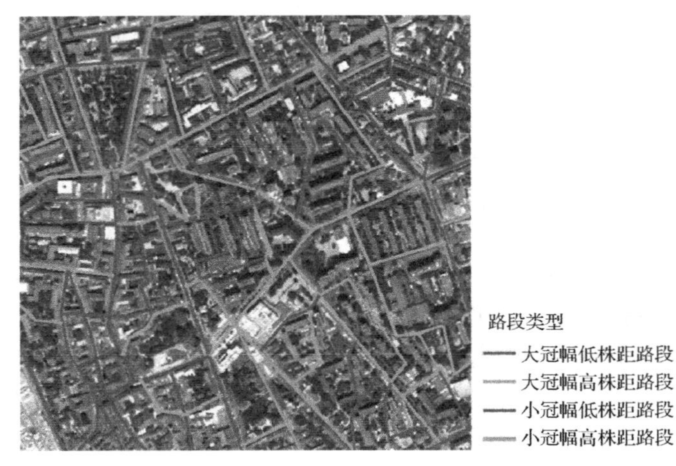

图 6.25　街道路段类型划分

绿视率计算模型检验技术路线如图 6.26 所示。

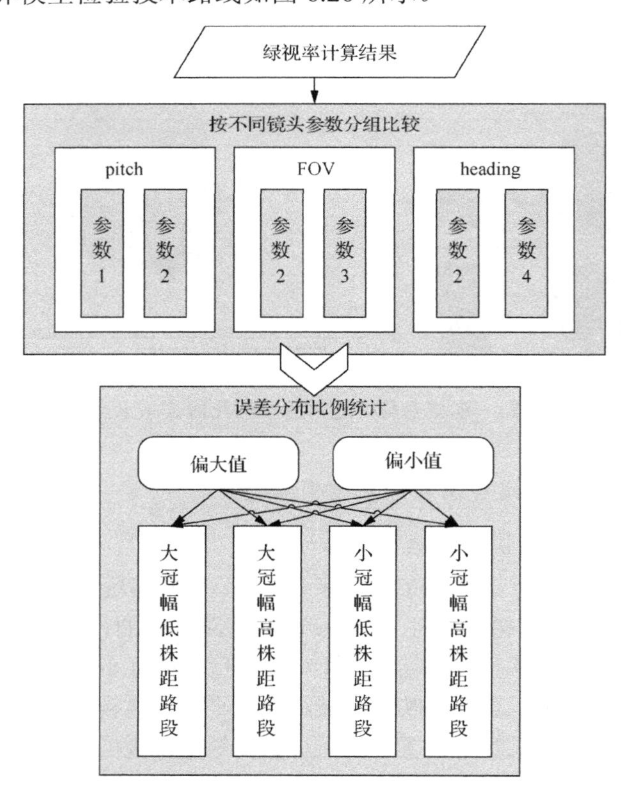

图 6.26　绿视率计算模型检验技术路线

(2) 基于机载 LiDAR 数据的行道树绿视量计算模型检验

通过分析每个特征路段行道树绿视量指数的分布特征能更好地理解行人在行进过程中享受街道绿化的视觉生态效益大小及其在不同路段上的差异，但仍存在异常的空间不匹配现象。例如，一些采样点邻域内分布的行道树较高且分布密集，但其位置处的绿视量仍维持在较低水平。针对不同路段的行道树分布情况，仅凭人工目视比对无法直接看出城市街道不同位置的行道树绿度可视面积差异，也不能判断新方法相较于传统遥感手段在还原行人视角下区域绿度立体视觉效果的优势性。

因此，本研究从行人视角下目视感知街道绿化可视面积的影响因素入手，重点探究行人视角、目视距离、视线阻碍对计算结果的影响。研究首先根据行道树的树冠形态和疏密分布程度将路段划分为四种类型，并分别定义三个描述行道树分布状况的指标，即树冠投影面积(canopy projection area，CPA)、树冠侧视面积(canopy side-view area，CSA)、行人视角树冠可视面积(canopy visible area，CVA)，以及 50m 缓冲区、100m 缓冲区、可视区域三个空间邻域范围，通过对比统计不同指数在不同路段内的平均值和标准差评价新构建的行道树绿视量计算模型的真实性。

绿视量计算模型检验技术路线如图 6.27 所示。

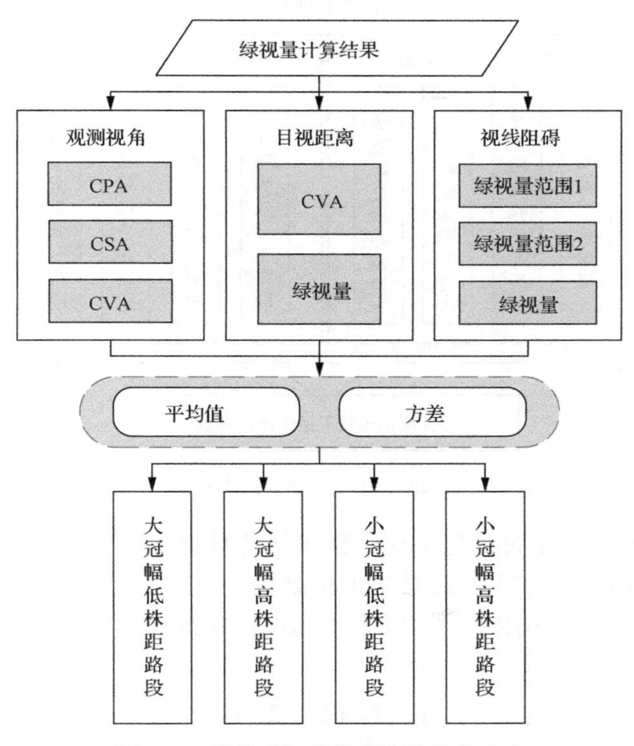

图 6.27　绿视量计算模型检验技术路线

4. 街道尺度行道树绿视面积计算模型适应性分析

行道树绿色可视面积计算模型是评价街道景观视觉质量和行人步行体验等方面的重要指标。其在不同特征路段、不同街道场景下的应用适应性，为行道树绿色可视面积计算模型的实用化和优化奠定了基础。

不同路段的行道树和建筑群在形态和空间配置上各式各样，因此建筑分布较为稀疏，且存在一定数量的高层建筑。商业区是城市中心较高强度开发的区域，以低层建筑分布为主，分布相较住宅区更为密集。鉴于街道是居民接触绿度空间的活动路径之一，建筑物与行道树配置关系的分布差异不但反映街道级绿地资源的空间分布不均，而且间接指示居民在日常生活中享受绿化所带来的生态服务功能上的不同。因此，针对描述城市行道树绿色可视面积计算模型是否在不同街道场景下具备普适性问题，比较其在不同路段类型下的统计结果，实现模型适用性的验证。

适应性分析技术路线如图 6.28 所示。

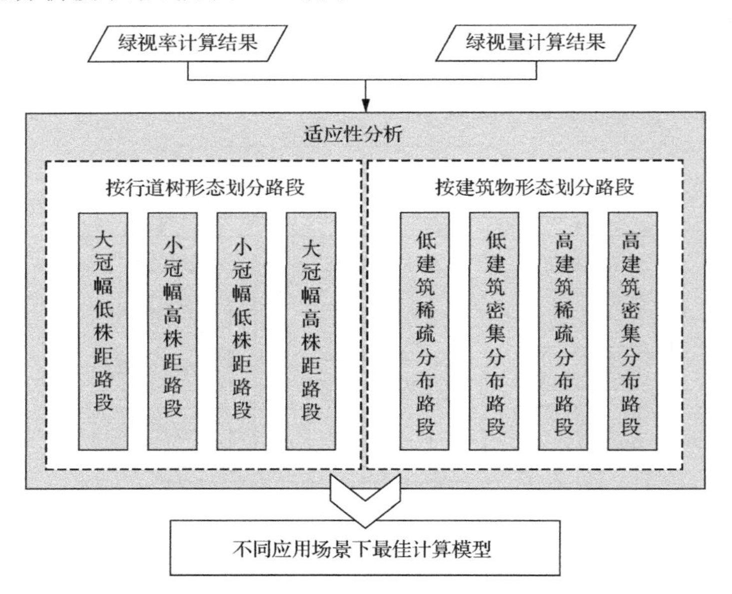

图 6.28　适应性分析技术路线

为使基于不同行道树绿色可视面积计算模型的计算结果具备可比性，我们采用空间抽样的统计方式，建立基于街景数据的绿视率结果(参数 4)和基于 LiDAR 数据的绿视量结果的回归方程公式(式(6.25))，实现绿视量向绿视率的数值转化，即

$$y = 2.449x + 2.244 \tag{6.25}$$

绿视率与绿视量结果回归方程如图 6.29 所示。

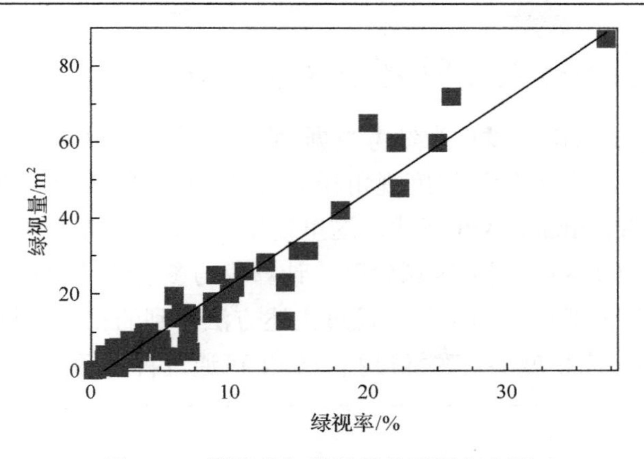

图 6.29　绿视率与绿视量结果回归方程

6.3.3　实验结果

1. 基于街景数据的行道树绿视率计算模型

图 6.30 显示了四种镜头参数设置下的研究区绿视率计算结果，其中行道树分布由航空多光谱影像以 NDVI 阈值法提取，NDVI＞0.23 的像素被划分为植被。

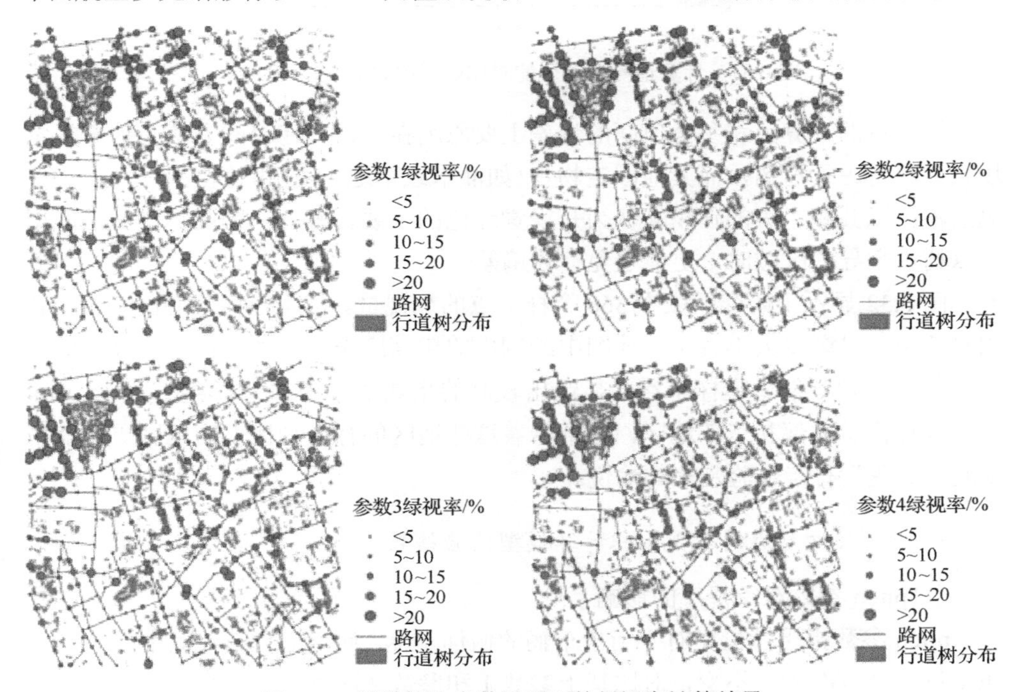

图 6.30　四种镜头参数设置下的绿视率计算结果

2. 基于机载 LiDAR 数据的行道树绿视量计算模型

Google 全景街景图可以作为参考数据，它具有水平 360°和垂直 180°的视角范围，同时可以提供人们对街道绿度视角相似的侧视图。总共 65 个随机采样点的全景图片均是由 GSV Image API 下载。这里使用了 Adobe Photoshop 软件的魔术棒工具描绘出被绿色植被占据的区域轮廓。计算值与参考值的对比散点图如图 6.31 所示，显示了全景图的提取结果与其通过上述方法得到的相应计算值之间的关系。相关系数表示相对高精度的目视绿度指数结果可通过视觉场景建模产生。

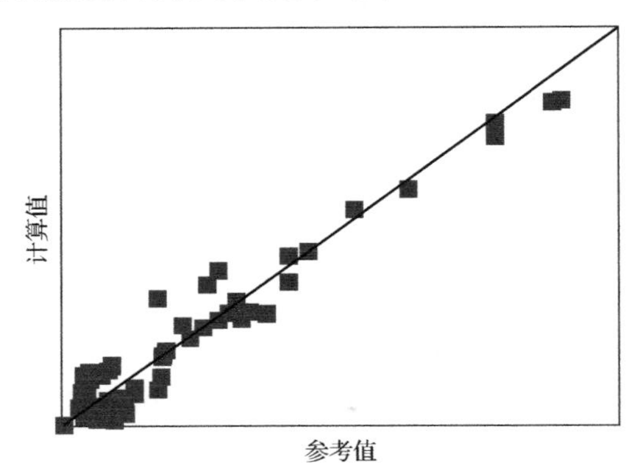

图 6.31　计算值与参考值的对比散点图(相关系数 0.91)

绿视量的计算值和参考值间的误差主要原因在于，所建议的方法在计算视觉场景时仅考虑行道树，而其他固定物体(如灌木或草地)不在讨论范围之内。由于冠层覆盖以其相当大的体积被认为是视觉绿色的主要贡献者，因此将该方法应用于以树占主导的区域时，更能避免计算偏差。

图 6.32 显示了研究区域中 360 个样本点的绿视量。样本点由实心圆表示，其相对值由符号渐变大小表示。地图中绘制出的树高度表示，如果被广布高树的密集道包围，则预期街道样本点会显现出较高的指数值。大部分指数值大于 25m^2 的样本点位于北部和东部地区，这意味着这些地区的行人相比西南地区更可能享受到“绿色”行走体验带来的愉悦。

3. 街道尺度行道树绿视面积计算模型检验结果

(1) pitch 参数对绿视率的影响

pitch 参数指摄像机相对于街景车辆的俯仰角度，研究通过控制其他镜头参数(heading、FOV)固定不变，对比基于参数 1 和参数 2 两种方法计算得到绿视率计

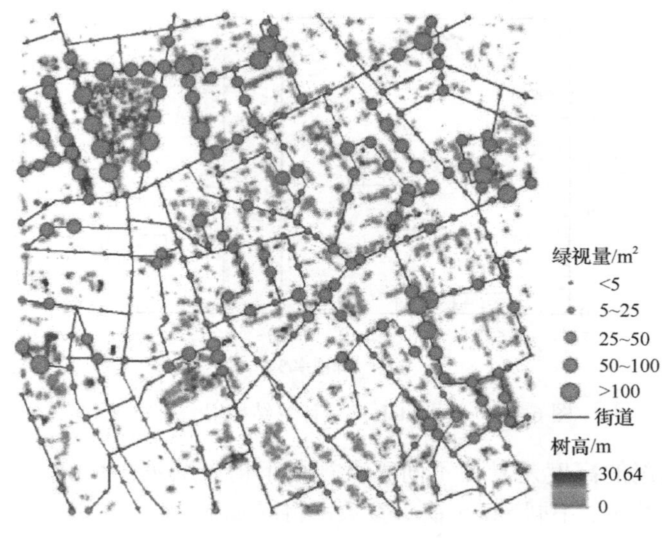

图 6.32 绿视量计算结果

算结果，从而探究 pitch 参数对绿视率计算模型的影响。两种镜头设置的区别在于参数 1 的 pitch 为 0°，即平视角度；参数 2 的 pitch 为 0°和 45°，即平视角度和仰视角度，表示基于参数 2 所得街景数据在垂直向上的成像范围更广。pitch 参数镜头设置如表 6.3 所示。

表 6.3 pitch 参数镜头设置

参数	location	size/像素	heading/(°)	FOV/(°)	pitch/(°)
1	采样点经纬度	300×200	0、90、180、270	60	0
2	采样点经纬度	300×200	0、90、180、270	60	0、45

基于不同镜头参数所得计算结果的数值差异反映 pitch 参数对于绿视率计算模型的影响，研究通过计算参数 1 和参数 2 的数值差异分布图和直方图，作为误差来源的分析输入。不同 pitch 参数计算结果误差直方图如图 6.33 所示(参数 1 计算结果减去参数 2 计算结果)。

分析比较基于两种 pitch 镜头参数的绿视率计算结果所得的数值差异分布可见，pitch 镜头参数数量的增加会造成街景数据在垂直向上的成像范围的变化，从而导致绿视率计算结果产生偏差。根据数值差异直方图统计结果，研究区内大部分采样点位置处的绿视率计算结果经 pitch 数量增加后所得数值变小(0～5.5 和>5.5)，全区 360 个采样点中仅有 108 处的参数 2 的绿视率大于参数 1 的计算结果，且误差分布主要集中于(0～5.5)和(>5.5)范围内，表明街景数据在垂直向上的成像范围变大，整体上将导致绿视率的计算结果偏小。

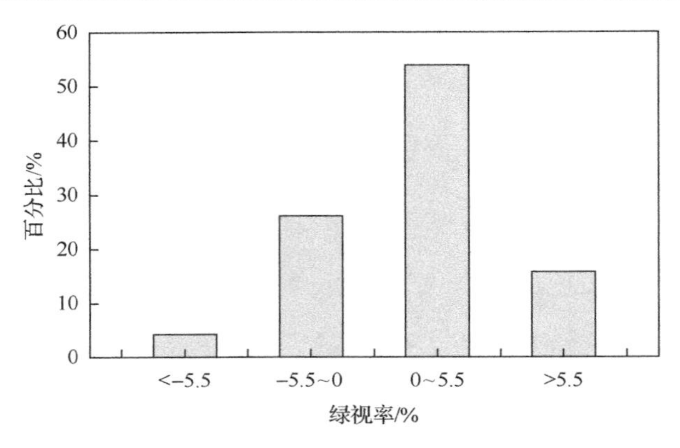

图 6.33　不同 pitch 参数计算结果误差直方图

行道树树冠的高度差异使不同垂直视角下街景数据中所获取的绿色面积不同，因此解释了基于不同 pitch 镜头参数所得绿视率计算结果的差异。图 6.34 展示了两处街道场景在不同 pitch 参数设置下的绿量分布差异。第一组街景数据展示了因 pitch 视角增大导致绿视率偏小的情况：当 pitch=0°时，根据参数 1 的计算公式，该视角位置的绿视率为 0.52；当 pitch=45°时，该视角位置的绿视率为 0.12，根据参数 2 的计算公式，对两种视角下的计算结果作加权平均后，导致最终结果偏小。第二组街景数据展示了因 pitch 视角增大造成绿视率偏大的情况，这同样是

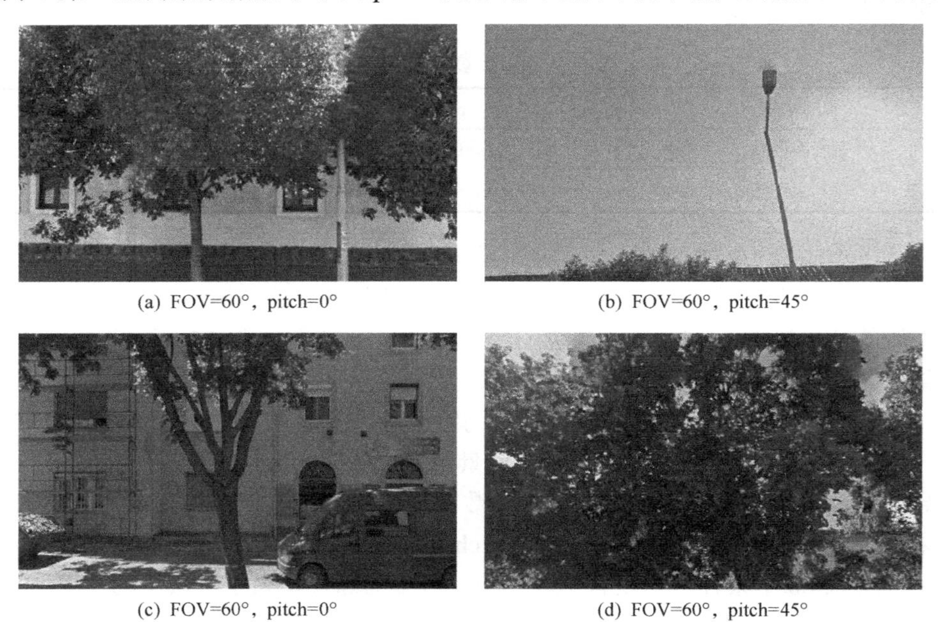

(a) FOV=60°，pitch=0°　(b) FOV=60°，pitch=45°

(c) FOV=60°，pitch=0°　(d) FOV=60°，pitch=45°

图 6.34　两处街道场景在不同 pitch 参数设置下的绿量分布差异

因为行道树树冠的高度差异。上述分析表明，pitch 参数不同会导致绿视率计算结果的差异。这是不同街道场景的行道树树冠高度分布各异所致，且单一的 pitch 采集视角无法客观、完整地还原行道树形态内部分异而产生的绿视率差异。

为进一步细化造成绿视率结果产生偏差的行道树形态，以及 pitch 镜头参数在不同街道场景特征下对绿视率的影响程度，我们将由不同 pitch 参数得到的行道树绿视率指数分别按数值大小划分为四个等级(＜–5.5、–5.5～0、0～5.5、＞5.5)，并结合前面基于行道树形态划分生成的研究区路段类型划分图(图 6.25)，比较不同误差等级的绿视率指数在不同行道树形态分布的特征路段内所占比例，从而分析存在数值差异的采样点的分布特征。pitch 参数产生的绿视率误差在四种路段类型的分布比例如表 6.4 所示。

表 6.4　pitch 参数产生的绿视率误差在四种路段类型的分布比例

区间	大冠幅低株距 (n=39)/%	大冠幅高株距 (n=77)/%	小冠幅低株距 (n=153)/%	小冠幅高株距 (n=91)/%	总计 (n=360)/%
＜–5.5	1.1	3.1	0.0	0.0	4.2
–5.5～0	6.9	13.3	2.5	3.3	26.1
0～5.5	2.8	3.1	31.4	16.7	53.9
＞5.5	0.0	1.9	8.6	5.3	15.8
总计	10.8	21.4	42.5	25.3	100.0

对比不同误差级别的绿视率指数在不同行道树形态分布的特征路段内所占比例，可以发现以下几点。

①由 pitch 参数所致的数值偏大的采样点(即误差级别位于＜–5.5 和–5.5～0 区间)集中分布于大冠幅高株距路段，大冠幅低株距路段次之。结合实地街景影像发现，由于参数 1 的 pitch 镜头参数仅获取了平视视角下的街道场景，对于绝大多数拥有大冠幅的行道树树冠，大冠幅行道树的冠长率不同于小冠幅行道树，且树高和冠高普遍高于小冠幅行道树，使得这些冠幅较大的行道树树冠部分的集中分布位置高于平视视角，所以当 pitch=0°时仅能获取到所属树冠的少部分绿量。仰视视角(pitch=45°)的缺失导致绿色面积的提取结果无法真实反映存在于道路两侧的行道树形态，造成行人视角下对周围环境绿色感知程度的低估。参数 2 的 pitch 镜头设置通过扩大垂直向上的街景成像范围，将获取更多平视视角无法获取的“高空”可视绿色面积，使大冠幅行道树路段的绿视率计算结果更符合实际。这一视角的扩充将从整体上对最终绿视率结果产生数值偏大的影响。

②pitch 参数所致的数值偏小的采样点(即误差级别位于 0～5.5 和＞5.5 区间)集中分布于小冠幅低株距路段，小冠幅高株距路段次之。结合实地街景影像检查发现，冠幅较小的行道树的平均高度大多浮动在平视视角高度附近，即树冠主体集中位于

pitch=0°的视野范围内。由于这些小冠幅的“低空”树冠被获取的机会增加，并且所占的图幅比例增大，当仅计算 pitch=0°的绿视率时，对于冠幅较小的行道树路段场景，特别是在低株距路段，计算结果普遍偏大，因此造成行人视角下的绿视率计算结果被高估。在 pitch=45°的可视区域内，“高空”树冠绿色面积的分布比例很低，经计算公式加权后，降低了原本单一 pitch 视角下的绿视率结果，且对于低株距路段的削减作用更严重。由此说明，垂直视角的扩大将对最终绿视率结果产生偏小的影响，也使小冠幅行道树路段的绿视率计算结果更符合实际。

综上所述，相较于参数 1 单一的垂直成像范围，参数 2 能更全面、完整地获取不同形态行道树的侧立面信息，并进一步反映由树冠高度、冠幅大小等因素引起的绿视率差异。

(2) FOV 参数对绿视率的影响

FOV 参数决定图像的视场角，本质上表示缩放，数字越小，缩放的级别越高。我们通过控制其他镜头参数(heading、pitch)固定不变，对比基于参数 2 和参数 3 两种方法计算得到绿视率计算结果，从而探究 FOV 参数对绿视率计算模型的影响。两种镜头设置的区别在于参数 2 的 FOV 为 60°，代表较小、受限的视野范围；参数 3 的 FOV 为允许的最大值 120°，代表单幅街景图像所能获取的最大视野范围，说明基于参数 3 所得街景数据在水平向和垂直向上的成像范围更广。FOV 参数镜头设置见表 6.5。

表 6.5　FOV 参数镜头设置

参数	location	size	heading/(°)	FOV/(°)	pitch/(°)
2	采样点经纬度	300×200	0、90、180、270	60	0、45
3	采样点经纬度	300×200	0、90、180、270	120	0、45

基于不同镜头参数得到的计算结果的数值差异反映 FOV 参数对于绿视率计算模型的影响，我们通过计算参数 2 和参数 3 的数值差异分布图和直方图，作为误差来源的分析输入。不同 FOV 参数计算结果误差直方图如图 6.35 所示(参数 2 计算结果减去参数 3 计算结果)。

比较基于两种 FOV 镜头参数的绿视率计算结果所得的数值差异分布可见，FOV 视场角的改变会造成街景数据在水平向和垂直向上成像范围的变化，从而使绿视率计算结果产生偏差。根据数值差异直方图统计结果，研究区内绝大部分采样点位置处的绿视率计算结果经 FOV 视场角的增大后所得数值变小(0～5.5 和>5.5)，全区 360 个采样点中仅有 43 处的参数 3 绿视率大于参数 2 的计算结果，且误差分布主要集中于 0～5.5 和大于 5.5 的范围内，表明街景数据成像的视场角增大会从整体上导致绿视率的计算结果偏小。

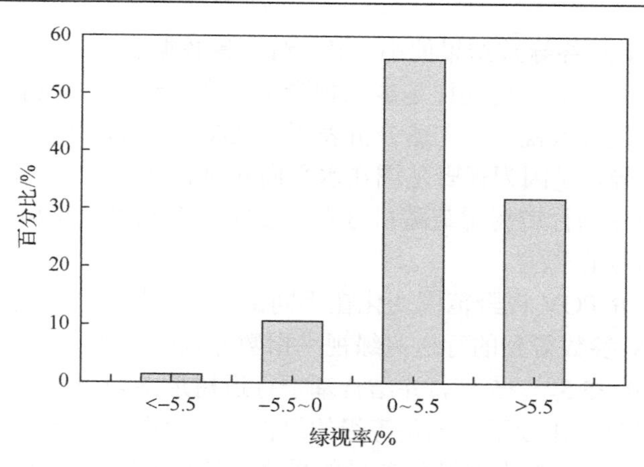

图 6.35　不同 FOV 参数计算结果误差直方图

同样的行道树形态因成像视野范围的差异使得不同视场角下的街景数据中所获取的绿色面积不同，这解释了基于不同 FOV 镜头参数所得绿视率计算结果的差异。图 6.36 展示了两处街道场景在不同 FOV 参数设置下的绿量分布差异。第一组街景数据展示了因 FOV 视场角增大导致绿视率偏小的情况：当镜头参数 pitch=0°、FOV=60°时，根据参数 2 的计算公式，该视角位置的绿视率为 0.80；当 FOV=120°时，由于视野扩大后的图幅将路面、人行道等非绿色信息包含在内，该视角位置的绿视率降低至 0.27，根据参数 2 的计算公式，对两种视角下的计算结

(a) FOV=60°，pitch=0°　(b) FOV=120°，pitch=0°

(c) FOV=60°，pitch=45°　(d) FOV=120°，pitch=45°

图 6.36　两处街道场景在不同 FOV 参数设置下的绿量分布差异

果作加权平均后，最终导致结果偏小。第二组街景数据展示了因 FOV 视场角增大造成绿视率偏大的情况。这同样是成像视野范围变化造成，使得原本未被获取的少量树冠顶部绿色进入视野。上述分析表明，FOV 参数的不同之所以会导致绿视率计算结果的差异，是因为视野范围在水平向和垂直向上的延展，且较小的 FOV 采集视场角容易受到行道树稀疏随机分布的影响，存在“只见树木不见森林”的现象，导致极端值的产生。

为进一步研究 FOV 视野范围变化在不同街道场景特征下对绿视率的影响，我们将由不同 FOV 参数得到的行道树绿视率指数分别按数值大小分为四个等级(＜–5.5、–5.5～0、0～5.5、＞5.5)，并结合基于行道树形态划分生成的研究区路段类型划分图(图 6.25)，比较不同误差等级的绿视率指数在不同行道树形态分布的特征路段内所占比例，分析存在数值差异的采样点的分布特征。FOV 参数产生的绿视率误差在四种路段类型的分布比例如表 6.6 所示。

表 6.6　FOV 参数产生的绿视率误差在四种路段类型的分布比例

区间	大冠幅低株距(n=39)/%	大冠幅高株距(n=77)/%	小冠幅低株距(n=153)/%	小冠幅高株距(n=91)/%	总计(n=360)/%
＜–5.5	0.0	0.0	1.1	0.3	1.4
–5.5～0	0.3	1.4	5.8	3.1	10.6
0～5.5	5.6	14.2	24.7	11.7	56.1
＞5.5	5.0	5.8	10.8	10.3	31.9
总计	10.8	21.4	42.5	25.3	100.0

对比不同误差级别的绿视率指数在不同行道树形态分布的特征路段内所占比例，可以发现以下几点。

①由 FOV 参数所致的数值偏大的采样点(即误差级别位于＜–5.5 和–5.5～0 区间)集中分布于小冠幅低株距路段和小冠幅高株距段。结合实地街景影像可以发现，pitch 参数的不同使 FOV 视场角的变化对绿视率的作用程度不同。造成数值偏大的主要原因是受到 pitch=45°方向上计算偏差的影响。前面提到，对于冠幅较小的行道树路段，在 pitch=45°的可视区域内，小冠幅行道树的平均高度较低导致“高空”树冠绿色面积的分布比例很低，而当视野范围有限时(FOV=60)，街景数据在大概率上获取的是行道树上方的天空，使 pitch=45°时的绿视率计算结果维持在零或较低水平。参数 3 的 FOV 镜头设置为更开阔的视野范围内，更有可能获取小视野范围内仰视视角无法采集到的低矮树冠顶端部位的可视绿色面积。因此，对于小冠幅行道树路段，视场角变化所致的绿色面积的“无中生有”现象，是造成绿视率计算结果偏大的主要原因。可见，针对行道树稀疏分布所导致的绿视率计算结果易出现极端偏低值的现象，增大街景成像的视场角将有助于避免这一误差的产生，使高株距行道树路段的绿视率计算结果更符合实际。

②FOV 参数所致的数值偏小的采样点(即误差级别位于 0～5.5 和＞5.5 区间)在四种路段上均分别存在，说明视场角增大对于各路段均有不同程度的影响。对比不同路段的实地街景影像检查发现，当行道树存在于街道两旁的绿量一定时，随着视野范围的增大，可视绿色区域占全幅图像的比例会随之降低。具体而言，当 pitch=0°时，视野内机动车路面、人行道等非绿色信息会占据一定比例的图幅；当 pitch=45°时，视野的增大使街景数据将过多的天空纳入视野。除了绿色可视面积所占图幅比例降低这一首要原因，行道树的稀疏分布也会造成绿视率数值的偏小。行道树分布的稀疏意味着相邻树冠的间距随机，对于等间距采样的观察者位置，两种距离的不匹配极易造成极端值的产生。例如，镜头恰好获取到某棵树的完整树冠或恰好落空，从而影响最终结果的可靠性。当 FOV 视场角变大时，邻域行道树的分布情况被展示在街景数据中。这有助于降低行道树随机分布所带来的极端偏差值，尤其适用于冠幅小且稀疏分布的行道树路段的绿视率计算。

综上所述，相较于参数 2 的小幅视场角成像范围，参数 3 的镜头设置对街道场景的空间采样更全面，绿量遗漏率更低，更不易受到行道树随机分布的影响，对低株距路段的绿视率度量更可靠。此外，视场角的增大表明相邻成像视角存在同一场景重复覆盖的现象，使各个方位上的绿视率数值开始接近，不同方位所得绿视率内部差异降低。这对于不同视角下对结果取平均的计算方式更有意义。

(3) heading 参数对绿视率的影响

heading 参数表示摄像机的拍摄朝向，90°、180°、270°、0°(360°)分别代表东、南、西、北四个镜头朝向方位。我们通过控制其他镜头参数(pitch、FOV)固定不变，对比基于参数 2 和参数 4 两种方法计算得到绿视率计算结果，探究 heading 参数对绿视率的影响。两种镜头设置的区别在于参数 3 的 heading 参数仅覆盖东、南、西、北四个方位，而参数 4 的 heading 参数覆盖水平朝向的六个方位，即 0°、60°、120°、180°、240°、300°，表示基于参数 4 得到的街景数据在水平方位上的采样频率更密集，场景覆盖率更大。heading 参数镜头设置如表 6.7 所示。

表 6.7　heading 参数镜头设置

参数	location	size	Heading (°)	FOV (°)	pitch (°)
2	采样点经纬度	300×200	0、90、180、270	60	0、45
4	采样点经纬度	300×200	0、60、120、180、240、300	60	0、45

基于不同镜头参数所得的计算结果的数值差异反映了 heading 参数对于绿视率计算模型的影响。我们通过计算参数 2 和参数 4 的数值差异分布图和直方图，作为误差来源的分析输入。不同 heading 参数计算结果误差直方图如图 6.37 所示(参数 2 计算结果减去参数 4 计算结果)。

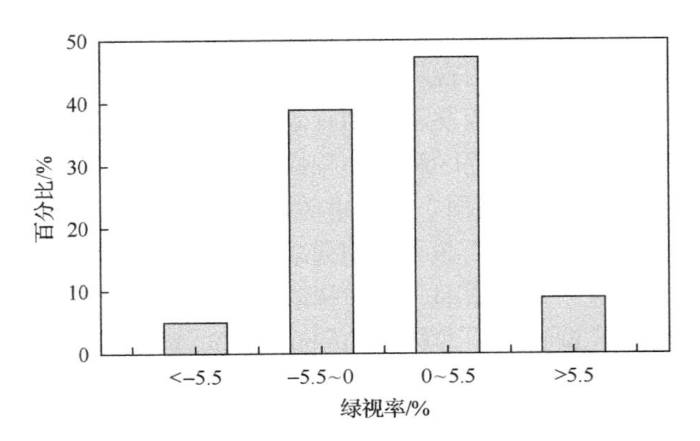

图 6.37　不同 heading 参数计算结果误差直方图

比较基于两种 heading 镜头参数的绿视率计算结果差异分布可见，数据采集过程中水平方位上采样朝向和频率的变化，不仅会影响街景数据的场景覆盖，还会因镜头朝向导致成像视角的改变，造成行道树绿色可视面积在街景数据上分布比例的变化，导致绿视率计算结果产生偏差。由数值差异直方图统计结果可见，研究区内近 86.1%采样点位置处的绿视率计算结果的变化幅度无明显差异，基本浮动在−5.5～0 和 0～5.5 区间，全区 360 个采样点中仅有 50 处的绿视率计算结果经采样频率增加后存在较大偏差。这表明街景数据在水平方位上的采样频率增加，会引起绿视率计算结果的小幅变动。

研究发现同样的行道树形态因成像视角的改变使街景数据中所获取的绿色面积不同，且这一现象与道路走向存在紧密联系。为进一步解释基于不同 heading 参数得到的绿视率计算结果的差异，图 6.38 展示了两处不同走向的街道场景在不同成像视角上的绿量分布差异。第一组街景数据展示了因成像视角的改变导致绿视率偏小的情况：参数 4 对于 heading 镜头朝向的拆分方式为用 60°和 120°方位的影像取代正东朝向拍摄的影像(heading=90°)。对于南北向道路意味着面向一侧街道的成像视角被左右两个倾斜视角取代。根据参数 2 的计算公式，heading=90°时的绿视率为 0.83；当采取多视角成像后，原本应占据全图幅的行道树绿量使比例减小，使得该位置处的绿视率降低至 0.32。第二组街景数据展示了因成像视角的改变造成绿视率偏大的情况，对于东西向道路意味着行进时的前视视角被反映道路两旁信息的倾斜视角取代。前视视角展示的多为路面信息和一些位于远处的行道树绿量，而经视角转换后的街景数据更多反映分布于道路两侧的邻域行道树，使其呈现的绿量所占图幅比例远高于前视视角。根据参数 4 的计算公式，两种斜视视角下的计算结果作加权平均后，导致最终结果偏大。

图 6.38　两处不同走向的街道场景在不同成像视角上的绿量分布差异

为深入研究 heading 镜头参数在不同街道场景特征下对绿视率的影响程度，我们将由不同 heading 参数得到的行道树绿视率指数分别按数值大小划分为四个等级（<–5.5、–5.5～0、0～5.5、>5.5），并结合基于行道树形态划分生成的研究区路段分类图，比较不同误差等级的绿视率指数在不同行道树形态分布的特征路段内所占比例，从而分析存在数值差异的采样点的分布特征。heading 参数产生的绿视率误差在四种路段类型的分布比例如表 6.8 所示。

表 6.8　heading 参数产生的绿视率误差在四种路段类型的分布比例

区间	大冠幅低株距 (n=39)/%	大冠幅高株距 (n=77)/%	小冠幅低株距 (n=153)/%	小冠幅高株距 (n=91)/%	总计 (n=360)/%
＜–5.5	0.0	2.5	0.3	2.2	5.0
–5.5～0	4.2	10.6	11.9	12.2	38.9
0～5.5	5.8	6.1	26.9	8.3	47.2
＞5.5	0.8	2.2	3.3	2.5	8.9
总计	10.8	21.4	42.5	25.3	100.0

对比不同误差级别的绿视率指数在不同行道树形态分布的特征路段内所占比例，可以发现以下几点。

①改变 heading 参数所导致的数值偏大的采样点(即误差级别位于＜–5.5 和–5.5～0 区间)集中分布于小冠幅高株距路段，大冠幅高株距段次之。结合实地街景影像发现，pitch 参数的不同造成 heading 参数对绿视率的作用程度不同，其中造成小冠幅行道树路段偏大的主要数据源来自 pitch=0°视角。前面提到，街景数据在水平方位上采集频率的变化会使镜头朝向发生偏移，进而导致成像视角的改变。对于小冠幅高株距路段，当镜头以正向视角分别拍摄街道两侧场景时，绿视率水平往往较低，将正向视角拆分为倾斜视角成像时，会使位于道路沿线处的邻域行道树被镜头获取，加之行道树的多重排列分布，最终导致绿视率计算结果的增大。造成大冠幅高株距路段采样点绿视率偏大的主要数据源来自 pitch=45°视角，分析原因是参数 4 以高频的采样方式，更有可能获取到低采样频率下遗漏的大冠幅行道树的绿量。因此，对于大冠幅高株距路段，采样频率变化导致的绿色面积所占图幅比重的提升，是造成绿视率计算结果偏大的主要原因。由此说明，多视角的绿视率计算模型不仅能更好地突出行人不同视角下的视觉感受差异，提升计算高株距行道树路段绿视率时模型的内部稳定性，同时还能很大程度上避免行道树绿色可视面积的遗漏，对随机分布的高空树冠获取能力更强，使大冠幅高株距路段的绿视率计算结果更准确。

②改变 heading 参数导致的数值偏小的采样点(即误差级别位于 0～5.5 和＞5.5 区间)集中分布于小冠幅低株距路段，大冠幅低株距路段次之。结合实地街景影像检查发现，对于行道树密集分布路段，当街景镜头以正向视角拍摄街道两旁景像时，绿视率水平往往较高，而采样频率增大造成的非正向采样视角的

增多将降低远处树冠部分的图幅比，经多方向加权平均后，导致计算结果偏小，且对于小冠幅行道树路段的削减作用更严重。由此说明，采样频率的增大更能有效区分密集分布下因冠幅大小不同产生的内部差异，使绿视率的计算结果更符合实际。

综上所述，相较于参数 2 的低频抽样方式，参数 4 的镜头设置对街道场景的空间采样更为全面，有效绿色面积的遗漏率更低，同时还能进一步反映出由分布疏密程度、冠幅大小等因素引起的绿视率差异。具体表现为：提升高株距行道树路段绿视率计算结果的稳定性；以更有效的方式区分密集路段下不同冠幅所产生的绿视率差异；避免数据采集过程遗漏“高空绿量”的概率事件。

(4) 观测视角与绿视量

行人在行进过程中对街道绿化的感知视角不同于传统遥感影像的航拍视角，因此传统的度量观测手段无法直接应用于评价由目视接触方式产生的绿化生态效益，从行人的视觉直观感受出发开展街道景观视觉质量定量研究是本研究的意义所在。为进一步验证绿视量计算模型在还原行人视角下街道绿化水平立体视觉效果上的优势，研究根据观测视角的不同，选取俯视视角、侧视视角和行人视角，统计并比较基于这三种观测视角的计算指标在不同路段内的平均值和标准差。

如表 6.9 所示为不同观测视角的检验指标说明。

表 6.9　不同观测视角的检验指标说明

指标类型	行人视角			目视距离		视线阻碍		
	俯视视角	侧视视角	行人视角	无	水平视角归一化	50 米缓冲区	100 米缓冲区	可视域范围
CPA	√			√				√
CSA		√		√				√
CVA			√	√				√

CPA 指标和 CSA 指标的计算是根据基于 LiDAR 数据的树冠三维结构信息提取方法实现。根据 CPA 指标的定义，利用已获得的冠层结构参数，计算单株立木的 CPA，获得位于各个采样点可视域范围内的行道树 CPA 总和。CSA 指标的计算是利用已获得的冠层结构参数，计算单株立木的树冠侧面面积，获得位于各采样点可视域范围内的行道树树冠侧面面积总和。CSA 指标是指未经水平视角归一化的绿视量计算结果。该指标的计算是利用已获得的冠层结构参数，以及观察者与行道树的空间位置关系，计算行人视角下的 CVA，获得位于各采样点可视域范围内的行道树 CVA 总和。

如表 6.10 所示为不同观测视角的检验指标在不同路段内的统计结果。

表 6.10 不同观测视角的检验指标在不同路段内的统计结果

路段类别	统计值	CPA/m^2	CSA/m^2	CVA/m^2
大冠幅低株距（n=39）	均值	139.3	204.8	186.5
	标准差	40.9	48.1	44.6
大冠幅高株距（n=77）	均值	101.0	151.9	112.9
	标准差	33.6	37.6	35.4
小冠幅低株距（n=153）	均值	73.1	127.9	80.6
	标准差	32.1	39.2	36.2
小冠幅高株距（n=91）	均值	41.8	57.7	46.4
	标准差	21.8	24.2	18.1

此处所提出的绿视量计算方法与传统度量指数的最大区别在于：传统手段通常将城市植被处理成平面斑块，而新方法基于视觉场景分析，度量行人侧视角下行道树的可视面积。

比较分析三种观测视角下的计算指标在不同路段内的统计结果可以发现，三种指标反映出的城市行道树绿视量分布格局较为一致，高值主要分布在一些绿化数量较高的道路类型，如大冠幅低株距路段；低值主要分布在植被覆盖较少且稀疏的道路位置，如小冠幅高株距路段。这说明，观察点附近存在的行道树绝对数量越多、分布面积越大，行人在视觉上获取行道树的机会随之增加。

对比 CPA 和 CSA 指标在不同路段内的均值统计结果可以发现，基于俯视视角所得的 CPA 指标数值偏低，而基于侧视视角所得的 CSA 指标数值偏高。正是由于这种视角差异，造成研究区存在一些拥有高绿视量的观察点周围树冠分布面积较低的现象，说明绿化分布面积较高并不意味着行人能以目视接触的方式感知更多的绿度景观。同时，CPA 和 CSA 指标在反映侧视视角下的行道树冠幅差异的能力上有所不同。对于冠幅较大的行道树路段，CPA 和 CSA 指标在均值上的差异更大。分析原因是不同树种的冠径和冠高比例非固定量，从而导致相同树冠面积因冠高不同，使侧视视角下绿色可视面积呈现差异。上述结果表明，仅依靠植被二维分布信息不足以反映行人感知街道绿化的真实程度，容易造成行道树绿色可视面积的严重低估。

CVA 与 CSA 的指标差异在于，CVA 进一步考虑行人仰视姿态对于行道树绿色可视面积的影响，即行人与树冠的高度差异导致树冠的下边缘部分更容易被行人的视线捕捉。具体表现为，CVA 指标在不同路段内的统计结果均不同程度低于 CSA 指标。说明 CVA 指标能最大限度地还原行道树树冠在行人视野中的真实场景，且在不考虑距离因素的影响下，绿视量计算模型的观测视角更能获取行人在侧视视角下的绿色面积可视程度差异。

(5) 目视距离与绿视量

城市绿地总体数量的多少并不意味着居民日常生活中的亲绿需求得到满足，即城市绿地资源的空间分布不均会对行人视角下所能真实获取的绿化数量产生影响。行人在行进过程中对街道绿化的感知主要采用目视接触方式，而行道树分布不均会使相同的行道树绿量因距离远近产生不同的目视效果。为进一步验证绿视量计算模型在还原行人视角下街道绿化水平立体视觉效果上的优势性，研究根据计算模型是否考虑距离因素，对比并统计无距离修正的 CVA 指标与经水平视角归一化后的绿视量计算结果在不同路段内的平均值和标准差。

表 6.11 给出了不同目视距离的检验指标说明。表 6.12 给出了不同目视距离的检验指标在不同路段内的统计结果。

表 6.11　不同目视距离的检验指标说明

指标类型	行人视角			目视距离		视线阻碍		
	俯视视角	侧视视角	行人视角	无	水平视角归一化	50m 缓冲区	100m 缓冲区	可视域范围
CVA			√	√				√
绿视量			√		√			√

表 6.12　不同目视距离的检验指标在不同路段内的统计结果

路段类别	统计值	CVA/ m^2	绿视量/m^2
大冠幅低株距 (n=39)	均值	186.5	54.5
	标准差	44.6	20.2
大冠幅高株距 (n=77)	均值	112.9	39.4
	标准差	35.4	17.5
小冠幅低株距 (n=153)	均值	80.6	31.6
	标准差	36.2	18.4
小冠幅高株距 (n=91)	均值	46.4	8.6
	标准差	18.1	6.9

对比 CVA 指标和绿视量在不同路段内的均值统计结果可见，基于视角归一化后的绿视量计算结果远低于 CVA 指标，这是由于绿视量计算模型不仅考虑行道树的分布面积和数量、行人仰视视角，还将行人观察点与行道树的相对位置等因素纳入模型构建中。行道树距离观察点越远，反映在人眼成像效果上会产生“近大远小”的透视感，说明行道树侧视面积越大，且距离行人越近，对绿色可视面积效果的影响就越显著。对于绿化分布数量相似的道路，其空间分布及与行人的相对位置关系将会直接影响行人对街道绿化状况的视觉感知。绿视量计算模型充分

利用机载 LiDAR 数据在还原地物三维场景上的优势，最大程度模拟了道路两侧的行道树绿度景观在行人视野中所占的面积，使其不仅具备区分街道级行道树分布数量的能力，还能真实反映行道树分布不均对绿视量造成的影响，更客观地还原目视效果差异。

(6) 视线阻碍与绿视量

行道树距离观察点越远，不仅会因“透视收缩”现象对行人视角下的绿化可视面积造成影响，行人与行道树间的视线遮挡概率也会随之增加。为进一步验证绿视量计算模型在还原行人视角下街道绿化水平立体视觉效果上的真实性和优势性，研究根据视线阻碍几率的不同，选取三种观测范围：50m 缓冲区、100m 缓冲区和可视域范围，统计并比较基于这三种观测范围下的计算指标在不同路段内的平均值和标准差。

表 6.13 给出了不同视线阻碍程度的检验指标说明。表 6.14 给出了不同观测视角的检验指标在不同路段内的统计结果。

表 6.13　不同视线阻碍程度的检验指标说明

指标类型	行人视角			目视距离		视线阻碍		
	俯视视角	侧视视角	行人视角	无	水平视角归一化	50m 缓冲区	100m 缓冲区	可视域范围
绿视量(50m)			√		√	√		
绿视量(100m)			√		√		√	
绿视量			√		√			√

表 6.14　不同观测视角的检验指标在不同路段内的统计结果

路段类别	统计值	绿视量(50m)/m²	绿视量(100m)/m²	绿视量/m²
大冠幅低株距 (n=39)	均值	38.1	58.7	54.5
	标准差	8.6	25.6	20.2
大冠幅高株距 (n=77)	均值	26.7	57.3	39.4
	标准差	6.4	23.9	17.5
小冠幅低株距 (n=153)	均值	18.3	37.2	31.6
	标准差	6.0	18.6	18.4
小冠幅高株距 (n=91)	均值	8.9	28.5	8.6
	标准差	2.9	12.7	6.9

对比绿视量指标在三种观测范围下的均值和方差统计结果可见，50m 缓冲区范围的绿视量计算结果在各个路段类型均低于目视可视范围下的绿视量，但各路段间的数值差异比较明显，说明较小的缓冲范围可以反映出观察点处邻域区域的行道树

分布情况。而 100m 缓冲区范围的绿视量计算结果普遍高于目视可视范围的绿视量，且各路段间的数值差异已无法反映出真实的行道树分布情况，说明观测范围的不合理扩大，会导致计算结果无法代表街道场景行人视角下的绿化水平。

在检查研究区内绿视量值较低的观察点时，发现一些观察点周围有一定数量的行道树分布，对照建筑物分布图，显示这些位置大多被建筑群所包围，说明尽管行道树分布数量充足，但如果受建筑物遮挡而未出现在行人视野中，仍会导致绿视量维持在较低水平。这也解释了统计表中，不同观测范围下的绿视量指标存在数值差异。

上述分析表明，由于行人视野范围容易受到道路两旁建筑物的约束，因此除了行人视角的转换，建筑物对行人视线的遮挡是造成绿视量与行道树分布内部差异性的另一因素。此处提绿视量计算模型在视域分析阶段剔除不可见行道树，比构建缓冲区的传统方法更为合理。

4. 街道尺度行道树绿视面积计算模型适应性分析结果

(1) 按行道树形态划分路段的适应性分析结果

基于 LiDAR 数据的树冠三维结构信息提取结果，按行道树的冠幅大小与分布疏密特征，将研究区内的街道划分为四种路段类型，可以得到四种路段类型的分布图，并分别统计两种模型指数在不同特征路段的分布特征，如表 6.15 所示。

表 6.15　两种模型指数在不同特征路段的分布特征(按行道树形态划分路段)

指数类别	大冠幅低株距 (n=39) /%		大冠幅高株距 (n=77) /%		小冠幅低株距 (n=153) /%		小冠幅高株距 (n=91) /%	
	绿视量	绿视率	绿视量	绿视率	绿视量	绿视率	绿视量	绿视率
[0,0.05]	13.4	17.7	38.3	20.5	24.2	22.7	66.3	58.9
(0.05,0.15]	40.1	40.2	47.1	53.5	49.0	48.0	30.8	39.1
(0.15,0.25]	38.2	36.8	21.3	23.8	25.0	28.0	2.9	2.0
(0.25,1]	8.3	5.3	3.3	2.2	1.8	1.3	0.0	0.0

通过计算比较四种路段类型下两种计算指数的数值分布区间发现，基于机载 LiDAR 数据的绿视量指数具有与基于街景数据的绿视率指数一样的空间分布趋势，且分布比例相当，小冠幅高株距路段的行道树绿色可视面积最低，低于研究区整体水平，而大冠幅低株距路段的取值区间最高，说明行走在该路段的行人更易享受到街道绿化所带来的视觉生态效益。

分析结果表明，行道树绿色面积的可视程度与其数量和分布密度存在一定相关性，当观察点附近存在的行道树绝对数量越多、分布面积越大时，行人在视觉上获取行道树的机会随之增加，说明利用两种数据源得到的评价结果能很好地区分由树冠的形态和分布差异对绿色可视面积的影响，并从整体上客观反映行人目视接触街道绿度景观的公平性。

不同路段类型下两种指数间的分布比例差异表明，它们在服务不同街道场景绿色可视面积计算时存在模型适应性上的区别。对比两者在极端情况下的表现可知，绿视量指数较绿视率偏高，这是由于基于几何还原的树冠提取比基于图像分类的结果更规整，因此对可见行道树的识别完整率更高。株距高说明，行道树的分布稀疏且随机，对比高株距路段不同冠幅的统计结果，发现绿视量指数在中等绿视等级(对应的绿视率区间为 0.05～0.25)的分布比例更低，且分布趋势向极值处延伸，说明绿视率指数更能表征不同树冠形态和目视距离对绿色可视面积计算的影响，突出结果的内部差异性，可分性更优。对比两种计算模型在存在大冠幅行道树分布的路段上的统计结果可见，由于受到街景镜头视角的限制，对于近景位置处的高空树冠未能被完整获取，使对应的绿视等级被严重低估。

综上可知，基于图像分类法的绿视率计算模型在评价大冠幅高株距路段的行道树绿色可视面积计算上具有一定优势性；基于三维建模法的绿视量计算模型在大冠幅低株距路段、小冠幅低株距路段、小冠幅高株距路段上均具有良好的适应性。

(2)按建筑物形态划分路段的适应性分析结果

基于 LiDAR 数据的建筑物三维结构信息提取结果，计算得到研究区建筑物高度分布图和建筑物密度分布图，按建筑物的高度与分布疏密特征，将研究区内的街道划分为四种路段类型(高建筑密集分布路段、高建筑稀疏分布路段、低建筑密集分布路段、低建筑稀疏分布路段)，可以得到四种路段类型的分布示意图，并分别统计两种模型指数在不同特征路段的分布特征，如表 6.16 所示。

结果表明，行道树绿色面积的可视程度与建筑物的数量和分布密度存在一定的相关性，当观察点附近存在的建筑物绝对数量越多、邻街分布越密集时，对行人而言，发生因建筑物遮挡而造成视线受阻情况的概率就越大，说明利用两种数据源得到的评价结果能客观度量行人在道路场景下实际获取到的行道树绿色可视量，以及这种目视接触概率的空间分布特征。

表 6.16　两种模型指数在不同特征路段的分布特征(按建筑物形态划分路段)

指数类别	高建筑物高密度 (n=44)/%		高建筑物低密度 (n=185)/%		低建筑物高密度 (n=95)/%		低建筑物低密度 (n=37)/%	
	绿视量	绿视率	绿视量	绿视率	绿视量	绿视率	绿视量	绿视率
[0,0.05]	50.4	50.8	24.6	20.2	59.3	61.2	18.9	16.2
(0.05,0.15]	28.1	27.5	41.2	40.8	21.0	18.8	42.6	38.7
(0.15,0.25]	16.9	17.0	25.5	29.3	18.5	18.9	24.7	30.6
(0.25,1]	4.6	4.8	8.7	9.7	1.2	1.1	13.8	14.5

建筑物密集程度主要从两方面影响行道树绿色面积的可视性。

①建筑物分布密集。建筑物在道路邻域内的占地比重大，造成植被的规划面

积受限，使行道树在配置数量上处于劣势，从而降低行人获取行道树的机会。

②建筑物密集分布意味着相邻建筑物距离更近，建筑物的遮挡情况更严重，行人的视野范围更易受建筑物遮挡，导致分布在建筑物后方的行道树对绿色可视面积的贡献度低。

对比两种计算指数在不同建筑形态路段下的表现，可见建筑物的高低对绿色可视面积的影响较小。原因是行人的视线原点较低，而道路的平均宽度小，所以几乎不存在位于建筑物后方的树冠顶部高出视野延长线的情况。

研究还发现建筑物稀疏分布路段的绿视量统计结果普遍低于绿视率，通过分析实地街景影像，我们发现少数未被建筑物完全遮挡的树冠在视域分析阶段被剔除，而在街景分类结果中得以完好保留。这说明，基于三维建模法的绿视量计算方法对于不规则树冠形态的解译能力较弱，而基于图像分类法的绿视率计算模型更能准确反映出未被建筑物遮挡的、不规则的行道树绿视面积。

综上分析可知，基于街景数据的绿视率计算模型在评价建筑物稀疏分布路段的行道树绿色可视面积计算上具有一定优势性；基于机载 LiDAR 数据的绿视量计算模型在高建筑密集分布路段、低建筑密集分布路段上更具备模型适应性。

6.3.4　小结

本节立足街道景观视觉质量定量研究的不足，以行人的视觉直观感受为出发点，基于街景数据和 LiDAR 数据，对街道场景下行道树绿量的可视化程度和空间分布差异进行定量化描述，分析行道树绿视率和绿视量两种计算模型在不同特征街道的真实性和适应性。面向对象的街景数据解译方法可自动化、高精度地处理海量街景数据。另外，在明确镜头参数对绿视率计算结果的影响后，我们利用合适的街景数据可以得到更加科学、全面的绿视率计算结果。通过充分利用 LiDAR 数据对树冠结构作精细尺度建模，我们提出一种新的目视绿度指数的计算方法来评估街道绿度可视化。该方法模拟近似人眼视野范围内周围树木的真实场景。结果表明，该方法能用于区分不同地点绿度的感知量，同时给出街道绿度客观度量，是一种易于理解的感知街道绿度视觉场景的有效方法。基于街景的行道树绿视率计算模型和基于 LiDAR 的行道树绿视量计算模型可用于城市街道绿化建设规划和评价，为城市生态建设提供科学依据。

参 考 文 献

[1] Ridder K, Adamec V, Bañuelos A. An integrated methodology to assess the benefits of urban green space[J]. Science of the Total Environment, 2004, 334: 489-497.

[2] Pauleit S, Ennos R, Golding Y. Modeling the environmental impacts of urban land use and land cover change-a study in merseyside, Uk[J]. Landscape and Urban Planning, 2005, 71(2-4): 295-310.

[3] Ouma Y O, Josaphat S S, Tateishi R. Multiscale remote sensing data segmentation and post-segmentation change detection based on logical modeling: theoretical exposition and experimental results for forestland cover change analysis[J]. Computers and Geosciences, 2008, 34(7): 715-737.

[4] Hofmann P, Strobl J, Nazarkulova A. Mapping green spaces in Bishkek-how reliable can spatial analysis be[J]. Remote Sensing, 2011, 3(6): 1088-1103.

[5] Hecht R, Meinel G, Buchroithner M. Estimation of urban green volume based on last pulse Lidar data at leaf-off aerial flight times[C]//Proceedings of 1st EARSeL Workshop on Urban Remote Sensing, 2006: 2-3.

[6] 胡志斌, 何兴元, 陆庆轩. 基于GIS的绿地景观可达性研究——以沈阳市为例[J]. 沈阳建筑大学学报(自然科学版), 2005, 21(6): 671-675.

[7] 纪亚洲, 李保杰. 基于 geoprocessing 的徐州市绿地可达性研究[J]. 江苏农业科学, 2012, 40(10): 341-343.

[8] 毛齐正, 罗上华, 马克明. 城市绿地生态评价研究进展[J]. 生态学报, 2012, 32(17): 5589-5600.

[9] 李淑娟, 王黎明, 董南. 城市建筑物人口时空分布模型与实验分析——以北京东华门街道为例[J]. 地球信息科学学报, 2013, 15(1): 19-28.

[10] 冯甜甜, 龚健雅. 基于建筑物提取的精细尺度人口估算研究[J]. 遥感技术与应用, 2010, 25(3): 323-327.

[11] 张子民, 周英, 李琦. 城市局域动态人口估算方法与模拟应用[J]. 地球信息科学学报, 2010, 12(4): 503-509.

[12] Jensen R, Gatrell J, Boulton J. Using remote sensing and geographic information systems to study urban quality of life and urban forest amenities[J]. Ecology and Society, 2004, 9(5): 301-303.

[13] Zhou X, Wang Y. Spatial-temporal dynamics of urban green space in response to rapid urbanization and greening policies[J]. Landscape and Urban Planning, 2011, 100(3): 268-277.

[14] Jim C Y. Green-space preservation and allocation for sustainable greening of compact cities[J]. Cities, 2004, 21(4): 311-320.

[15] Zhou X, Rana M M P. Social benefits of urban green space: a conceptual framework of valuation and accessibility measurements[J]. Management of Environmental Quality: An International Journal, 2012, 23(2): 173-189.

[16] Samet J M, Spengler J D. Indoor environments and health: moving into the 21st century[J]. American Journal of Public Health, 2003, 93(9): 1489-1493.

[17] Tyrväinen L, Silvennoinen H, Kolehmainen O. Ecological and aesthetic values in urban forest management[J]. Urban Forestry and Urban Greening, 2003, 1(3): 135-149.

[18] Nutsford D, Pearson A L, Kingham S. An ecological study investigating the association between access to urban green space and mental health[J]. Public Health, 2013, 127(11): 1005-1011.

[19] Stilgoe J R. Gone barefoot lately[J]. American Journal of Preventive Medicine, 2001, 20(3): 243-244.

[20] Maller C, Townsend M, Pryor A. Healthy nature healthy people:'contact with nature'as an upstream health promotion intervention for populations[J]. Health Promotion International, 2006, 21(1): 45-54.

[21] Chiesura A. The role of urban parks for the sustainable city[J]. Landscape and Urban Planning, 2004, 68(1): 129-138.

[22] Bhattarai B, Ojha H R. Distributional impact of community forestry: who is benefiting from Nepal's community forests[J]. Nepal Net, 2001, 44(2): 155-167.

[23] Largo-Wight E, Chen W W, Dodd V. Healthy workplaces: the effects of nature contact at work on employee stress and health[J]. Public Health Reports, 2011, 126(Sup l): 124.

[24] Trenberth L, Dewe P, Walkey F. Leisure and its role as a strategy for coping with work stress[J]. International Journal of Stress Management, 1999, 6(2): 89-103.

[25] Kaplan R. The role of nature in the context of the workplace[J]. Landscape and Urban Planning, 1993, 26(1): 193-201.

[26] Ulrich R S. Visual landscapes and psychological well-being[J]. Landscape Research, 1979, 4(1): 17-23.

[27] Kennedy R, Buys L, Miller E. Residents' experiences of privacy and comfort in multi-storey apartment dwellings in subtropical brisbane[J]. Sustainability, 2015, 7(6): 7741-7761.

[28] Fuller R A, Gaston K J. The scaling of green space coverage in european cities[J]. Biology Letters, 2009, 5(3): 352-355.

[29] Garrity S R, Vierling L A, Smith A M S. Automatic detection of shrub location, crown area, and cover using spatial wavelet analysis and aerial photography[J]. Canadian Journal of Remote Sensing, 2008, 34(sup2): 376-384.

[30] Maas J, Verheij R A, Groenewegen P P. Green space, urbanity, and health: how strong is the relation[J]. Journal of Epidemiology and Community Health, 2006, 60(7): 587-592.

[31] Tilt J H, Unfried T M, Roca B. Using objective and subjective measures of neighborhood greenness and accessible destinations for understanding walking trips and bmi in seattle, Washington[J]. American Journal of Health Promotion, 2007, 21(4s): 371-379.

[32] Witten K, Hiscock R, Pearce J. Neighbourhood access to open spaces and the physical activity of residents: a national study[J]. Preventive Medicine, 2008, 47(3): 299-303.

[33] Schöpfer E, Lang S, Blaschke T. A green index incorporating remote sensing and citizen's perception of green space[J]. International Archives of Photogramm, Remote Sensing and Spatial Information Sciences, 2005, 37(5): 1-6.

[34] Liu Y, Meng Q, Zhang J. An effective building neighborhood green index model for measuring urban green space[J]. International Journal of Digital Earth, 2016, 9(4): 387-409.

[35] Nichol J, Wong M S. Modeling urban environmental quality in a tropical city[J]. Landscape and Urban Planning, 2005, 73(1): 49-58.

[36] Lang S, Schöpfer E, Hölbling D. Quantifying and qualifying urban green by integrating remote sensing, gis, and social science method[M]. Petrosillo I, Müler F, Jones K B, et al. Use of Landscape Sciences for the Assessment of Environmental Security. Netherland: Springer, 2008: 93-105.

[37] Lang S, Schöpfer E, Hölbling D. Urban neighborhood green index–a measure of green spaces in urban areas[J]. Landscape and Urban Planning, 2012, 105(3): 325-335.

[38] Yang J, Zhao L, Mcbride J. Can you see green? assessing the visibility of urban forests in cities[J]. Landscape and Urban Planning, 2009, 91(2): 97-104.

[39] Dravigne A, Waliczek T M, Lineberger R D. The effect of live plants and window views of green spaces on employee perceptions of job satisfaction[J]. Hort Science, 2008, 43(1): 183-187.

[40] Li X, Zhang C, Li W. Assessing street-level urban greenery using google street view and a modified green view index[J]. Urban Forestry & Urban Greening, 2015, 14(3): 675-685.

[41] 张佳晖, 孟庆岩, 孙云晓. 多源遥感数据城市行道树绿视量指数研究[J]. 地球信息科学学报, 2017, 19(6): 838-845.

[42] Berland A, Lange D A. Google street view shows promise for virtual street tree surveys[J]. Urban Forestry & Urban Greening, 2017, 21(Complete): 11-15.

[43] Li X, Ratti C, Seiferling I. Quantifying the shade provision of street trees in urban landscape: a case study in Boston, USA, using Google street view[J]. Landscape and Urban Planning, 2018, 169: 81-91.

[44] Seiferling I, Naik N, Ratti C. Green streets–quantifying and mapping urban trees with street-level imagery and computer vision[J]. Landscape & Urban Planning, 2017, 165: 93-101.

[45] Branson S, Wegner J D, Hall D. From Google maps to a fine-grained catalog of street trees[J]. ISPRS Journal of Photogrammetry & Remote Sensing, 2018, 135: 13-30.

[46] Li X, Ratti C. Mapping the spatial distribution of shade provision of street trees in Boston using Google Street View panoramas[J]. Urban Forestry & Urban Greening, 2018, 31: 109-119.

[47] Lim K, Treitz P, Wulder M. LiDAR remote sensing of forest structure[J]. Progress in Physical Geography, 2003, 27(1): 88-106.

[48] Zhang J, Meng Q, Zhang Y. Walking with green scenery: Exploring street-level greenery in terms of visual perception[C]//2016 IEEE International Geoscience and Remote Sensing Symposium, 2016: 1768-1771.

[49] 张佳晖. 基于街景和 LiDAR 的行道树绿视面积计算研究[D]. 北京: 中国科学院大学, 2017.

第 7 章　城市绿度空间遥感评价技术

在基于多光谱遥感和 LiDAR 数据获取高精度城市建筑物与植被信息的基础上，采用移动窗口度量方法分析城市建筑物和植被二维、三维空间分布特征，基于植被覆盖度和聚集度、建筑物覆盖度和聚集度建立城市绿度环境评价模型，并有效应用于城市居民区、商业区、文化区、休闲区，验证模型适应性，为城市绿度空间遥感评价提供参考。

7.1　研 究 现 状

国内外学者很早就认识到城市绿度空间的重要性，并开展了大量评价研究。早期学者和城市规划者多采用主观法评价城市绿度，包括问卷调查等。城市绿度客观评价方法多采用遥感和 GIS 空间分析技术，评价内容包含绿度景观格局、绿地生态效益等。

7.1.1　城市绿度景观格局研究现状

国内外学者在土地利用和景观生态学方面的研究多采用景观格局指数，评估建设用地和非建设用地的空间配置格局、模式和状态对生态过程、地表生物物理属性、土地覆盖变化等的影响。Mackey 等[1]通过遥感影像反演城市植被指数和地表反照率研究城市绿度景观变化与热岛空间格局的关系，发现城市绿地能大幅度减弱城市热岛效应。Oliveira 等[2]以里斯本为例论证了城市绿地对降低城市气温的效果，且可以通过改善城市绿度景观格局提高其贡献能力。Thani 等[3]分析了城市景观对温度的影响。Georgi 等[4]以希腊哈尼亚为例详细论述了城市绿地如何通过蒸腾作用影响区域小气候，从而改善城市环境。Connors 等[5]基于 2.4m 高分辨率遥感影像和 ASTER 温度产品研究了三种不同功能区环境下的城市景观特征与城市地表温度的关系，研究表明城市不透水面和城市绿地更能合理地解释温度的空间分布。Clergeau 等[6]强调在城市景观研究和城市规划中，应特别注重尺度问题。Jari 等[7]以芬兰城市为例，从生态服务功能的角度论述了城市绿地规划与保护的途径与意义。Marc 等[8]在对美国 38 个城市的热岛效应与地表生物多样性的关系研究中，发现城市不透水面对城市地表温度的影响度可以达到 70%。

7.1.2　城市绿地生态效益综合评价研究现状

基于城市绿地结构与功能的关系，各国学者开始对城市绿地进行系统研究，并开展了大量实地工作，建立了多种综合评价模型。1996 年，美国森林组织提出一种城市生态评价方法，并依托 3S 技术开发了基于 ArcView GIS 软件的 CITYgreen 功能模块，评价城市绿地的生态效益并指导城市规划。CITYgreen 综合考虑城市绿地在减少城市大气污染、吸收 CO_2、净化水质，以及截留城市径流等方面的生态效益。目前有超过 200 座城市使用 CITYgreen 进行城市环境分析与评价，取得了巨大的社会经济效益。此外，美国林业局 2006 年发展了 i-Tree 模型，在北美国家的城市森林研究中得到广泛应用。在欧洲，Ridder 等[9]以欧洲城市为研究对象，建立了一套适合欧洲地区的城市绿地效益评价模型。Pauleit 等[10]以英国城市为例，通过高精度遥感影像获取土地利用变化情况，建立了一套城市温度模型、水文模型和生物多样性模型，研究城市绿地生态效应。

国内一些学者也对城市绿地生态效益展开综合评价研究。李满春等[11]采用 GIS 技术，建立城市绿地生态效益评价与预测模型，模型考虑城市绿地覆盖率、人均绿地面积、CO_2、SO_2、Cl_2 等污染物排放量，植被种类、树龄、常年风速风向等因素。胡聃[12]从城市绿地的社会、经济、环境效益角度出发建立城市绿地综合评价指标体系，并结合 AHP 决策分析和模糊评价方法，对天津市不同类型城市绿地生态效益进行综合评价。刘新[13]基于上海绿地数据，利用因子分析法构建绿地结构信息的定量模型——绿地结构指数(greenland structute index，GSI)模型，研究 GSI 与生态效应间的定量关系，并对基于 GSI 模型的城市绿地可视化信息库的建立进行探索。王素伟等[14]基于 QuickBird 卫星影像数据，结合遥感、GIS 技术，采用计算机监督分类结合目视解译，获取重庆市北碚区城市绿地类型信息，并利用模糊评判模型对北碚城区不同类型绿地的生态效益进行评分。费鲜云等[15]在对泰安市不同城市绿地类型进行信息提取的基础上，利用多级模糊综合评判方法对泰安市公共绿地的生态功能和社会功能进行综合评判，结果显示泰安市城市绿地生态效益等级标准为良好。周廷刚等[16]利用航空遥感提取城市绿化覆盖率，在公园及单位附属绿地利用 NDVI 提取的绿地精度可达 90%以上。刘峰等[17]以 LandsatTM 为数据源，利用各种植被指数和植被类型的关系对广州市中心城市森林分类。

总体上，目前的研究多以城市绿地面积为主要参量进行城市绿地环境评价，综合考虑植被类型及高度属性，从三维空间角度综合分析城市绿地环境的研究较少。绿地评价多以绿地的生态效益、景观格局为出发点，从城市人居角度对绿度环境的评价研究较少。

7.2 研 究 方 法

在多光谱遥感和 LiDAR 数据获取高精度城市建筑物与植被信息的基础上，构建城市绿度环境遥感评价模型。总体技术路线如图 7.1 所示。

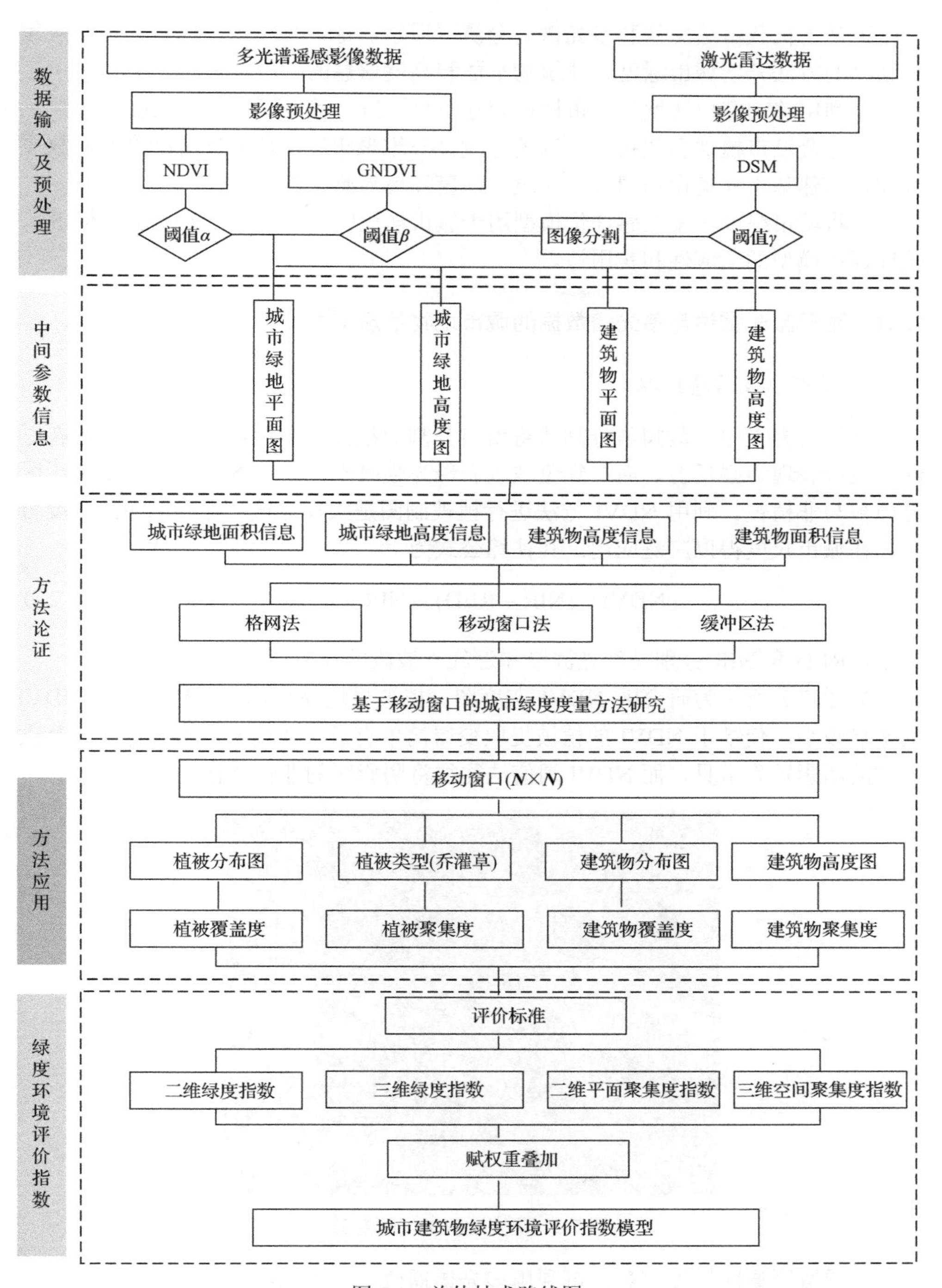

数据输入及预处理
多光谱遥感影像数据
激光雷达数据
影像预处理
影像预处理
NDVI
GNDVI
DSM
阈值α
阈值β
图像分割
阈值γ
中间参数信息
城市绿地平面图
城市绿地高度图
建筑物平面图
建筑物高度图
方法论证
城市绿地面积信息
城市绿地高度信息
建筑物高度信息
建筑物面积信息
格网法
移动窗口法
缓冲区法
基于移动窗口的城市绿度度量方法研究
方法应用
移动窗口(N×N)
植被分布图
植被类型(乔灌草)
建筑物分布图
建筑物高度图
植被覆盖度
植被聚集度
建筑物覆盖度
建筑物聚集度
绿度环境评价指数
评价标准
二维绿度指数
三维绿度指数
二维平面聚集度指数
三维空间聚集度指数
赋权重叠加
城市建筑物绿度环境评价指数模型

图 7.1　总体技术路线图

①基于机载雷达影像和多光谱高分辨率遥感影像，采用基于像元与面向对象相结合的方法开展城市绿度、建筑物平面和高度信息的提取。

②利用移动窗口法度量城市植被和建筑物二维覆盖度、三维聚集度。

③综合城市植被和建筑物二维覆盖度、三维聚集度，建立评价标准并赋权重叠加，构建基于移动窗口的城市建筑物绿度环境遥感评价模型。

④将城市绿度环境遥感评价模型用于城市居民区、商业区、文化区、休闲区，验证评价模型的适应性和实用性。

7.2.1 基于激光雷达与多光谱数据的城市地物信息提取

1. 城市植被信息提取

以往研究采用参数阈值分割法将城市分割为植被和非植被区。由于植被在近红外波段表现为强反射，而在红色波段表现为强吸收，因此 NDVI 被广泛用于区分植被与非植被。利用 NDVI 方法进行植被制图是大尺度植被遥感制图的主要方法，在城市尺度得以广泛应用。其计算公式为

$$\mathrm{NDVI} = (\mathrm{NIR} - \mathrm{RED}) / (\mathrm{NIR} + \mathrm{RED}) \tag{7.1}$$

其中，RED 和 NIR 分别是红光波段和近红外波段的反射率值。

如图 7.2 所示为研究区 NDVI 灰度图。植被显现高亮，而非植被区域 NDVI 则明显较小，使基于 NDVI 的植被提取变得简单有效。在高分辨率影像中，高大地物的阴影较为常见，而 NDVI 阈值法往往将阴影区的非植被错分为植被。

图 7.2　研究区 NDVI 灰度图

为提取阴影区植被信息，可利用多光谱遥感影像中的绿色波段与近红外波段构建 GNDVI，即

$$\mathrm{GNDVI} = (\mathrm{NIR} - \mathrm{GREEN}) / (\mathrm{NIR} + \mathrm{GREEN}) \tag{7.2}$$

如图 7.3 所示为研究区 GNDVI 灰度图。植被显现高亮，大部分非植被区域 GNDVI 相对较暗，然而部分彩色屋顶显现的亮度较高，容易被错分为植被。

图 7.3　研究区 GNDVI 灰度图

如图 7.4 所示为 GNDVI 对阴影区非植被信息的影响。图 7.4(a) 为原始影像的真彩色合成图，浅色圈内为植被在水面的阴影，深色圈内为植被在马路上的阴影图。图 7.4(b) 为相应区域的 NDVI 图，圈内的阴影 NDVI 值相对较亮，与植被的 NDVI 值相近。图 7.4(c) 为相应区域的 GNDVI 图，圈内的阴影 GNDVI 值相对较暗，与植被的 GNDVI 值有明显差异。

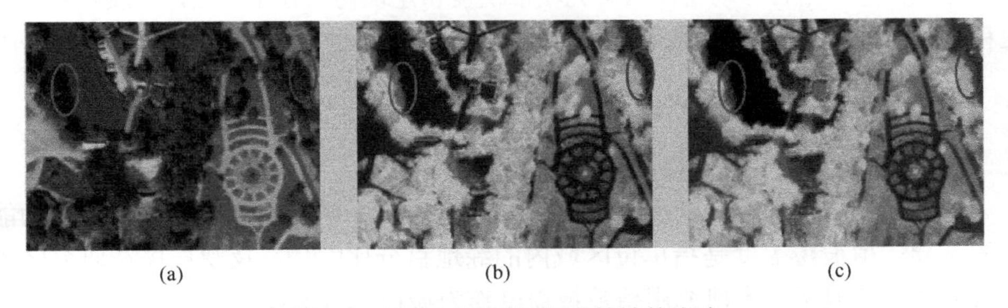

(a)　(b)　(c)

图 7.4　GNDVI 对阴影区非植被的影响

如图 7.5 所示为 GNDVI 对彩色屋顶的影响。图 7.5(a) 为原始影像的真彩色合成图，圆圈为彩色屋顶。图 7.5(b) 为相应区域的 NDVI 图，圈内的 NDVI 值较暗，与植被的 NDVI 有明显差异。图 7.5(c) 为相应区域的 GNDVI 图，圆圈内的 GNDVI 值相对较亮，与植被的 GNDVI 值相近，难以区分。

(a)　(b)　(c)

图 7.5　GNDVI 对彩色屋顶的影响

为获取高精度植被分布图，本研究充分综合 NDVI 区分植被与彩色屋顶的特性，以及 GNDVI 区分阴影区植被与非植被信息的特性，采用多参数阈值法，即 NDVI、GNDVI 分别取阈值，取二者的交集可以得到较理想的植被分布图，即

$$\begin{cases} \mathrm{NDVI} = (\mathrm{NIR} - \mathrm{RED}) / (\mathrm{NIR} + \mathrm{RED}) \geqslant \alpha \\ \mathrm{GNDVI} = (\mathrm{NIR} - \mathrm{GREEN}) / (\mathrm{NIR} + \mathrm{GREEN}) \geqslant \beta \end{cases} \tag{7.3}$$

最终确定 NDVI 的阈值 α 为 0.1，GNDVI 的阈值 β 为 0.1。

2. 城市建筑物信息提取

本章所用建筑物提取方法详见第 5 章相关内容。

7.2.2　基于移动窗口的城市地物空间特征分析

充分利用 LiDAR 数据与多光谱遥感影像获取的城市植被二维、三维和建筑物二维、三维信息，结合移动窗口法研究城市植被和建筑物的分布特征，在度量结果上更精细化，更能准确地反映城市绿度情况。城市地物空间特征分析方法如图 7.6 所示。

1. 城市植被空间特征分析

(1)城市植被覆盖度度量

城市建筑物与绿地之间配置关系的差异反映居民享受城市绿度生态服务功能上的差异。植被覆盖度是指单位区域内的绿地百分比[18,19]，反映居民在研究区内部接触植被的概率。本研究用植被覆盖度作为城市二维绿度度量结果。

本节植被覆盖度指移动窗口内植被像元的面积占移动窗口总面积的百分比。统计数据表明，绝大多数城市居民对城市绿度的期望距离在 100m 以内。这项指标也一度成为国内外进行城市绿地规划与布局决策时的理论依据[20]。因此，本节设置移动窗口边长为 50m。通过 NDVI 和 GNDVI 指数获取的城市植被二维分布图用于计算植被覆盖度，即

$$\text{植被覆盖度} = \mathrm{Area}_{\mathrm{green}} / \mathrm{Area}_{\mathrm{all}} \tag{7.4}$$

其中，$Area_{green}$ 代表移动窗口内植被的二维分布面积；$Area_{all}$ 代表移动窗口的总面积。

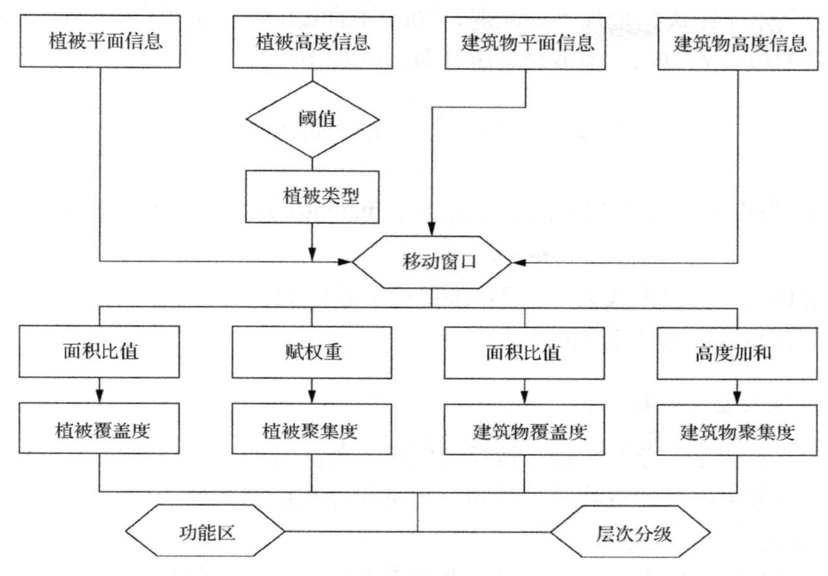

图 7.6　城市地物空间特征分析方法

(2) 城市植被聚集度度量

城市植被具有降温、增湿、降噪、净化空气等生态功能，能有效改善周围环境，提高生态环境质量。城市植被类型多以乔木、灌木、草地为主，不同植被类型的生态效益不同，对城市绿度环境贡献度亦不同。城市植被类型示意图如图 7.7 所示。

图 7.7　城市植被类型示意图

同时，城市植被的生态效益具有一定的作用范围，研究表明城市植被生态效益的发挥随水平距离的增加不断减弱，20m 外的效果不再明显[21]，因此本研究设移动窗口的边长为 20m。植被聚集度计算公式如下，即

$$\text{植被聚集度} = \sum_{i=1,j=1}^{i=n,j=n} w_k \times \text{height}(i,j) \tag{7.5}$$

其中，w_k 为不同植被类型绿度贡献权重；height(i,j) 为坐标 (i,j) 的植被高度属性值。

根据 Ong[22]的研究成果，设置草地绿度贡献能力为 0.1，灌木绿度贡献能力为 0.3，乔木绿度贡献能力为 0.6[23]。

2. 建筑物空间特征分析

城市建筑物空间分布特征直接反映城市局部区域的生活环境质量。本节采用移动窗口法分析城市建筑物的二维和三维空间分布特征。

(1) 建筑物覆盖度分析

建筑物是城市的重要组成部分，及时获取建筑物空间分布及建筑覆盖率，有助于科学评价城市居住环境状况，促进土地利用优化配置，还可为交通与通信等科学规划提供参考[24, 25]。同时，城市绿度景观破碎化度受建筑物密集度的影响较大，建筑物越密集，城市绿度景观破碎化程度越高[26]。

在以建筑物研究单元为中心的移动窗口内，建筑物越密集，城市居民感知城市绿度的概率就越低，享受城市植被生态效益就越差。因此，以目标建筑物为中心的移动窗口内的建筑物分布面积与移动窗口总面积的比值分析城市建筑物在二维平面上的分布特征，移动窗口的边长为 50m[27]。建筑物覆盖度为

$$\text{建筑物覆盖度} = \text{Area}_{\text{building}} / \text{Area}_{\text{all}} \tag{7.6}$$

其中，$\text{Area}_{\text{building}}$ 为移动窗口内建筑物的二维分布面积；Area_{all} 为移动窗口的总面积。

(2) 建筑物三维空间聚集度分析

城市建筑物对大气流场和污染物扩散的影响明显。研究表明，建筑物高度与密度通过改变附近区域日照环境来影响城市局部热环境[28]。在研究城市建筑物三维空间特征的同时，需要综合考虑建筑物高度属性，进而分析城市建筑物聚集度。

空间三维信息比二维信息能更好地反映城市建筑物的聚集程度。我们以建筑物研究单元周围 20m 范围的城市建筑物高度总和作为参考指标。具体计算公式为

$$\text{建筑物聚集度} = \sum_{i=1,j=1}^{i=n,j=n} w_p \times \text{height}(i,j) \tag{7.7}$$

其中，当坐标 (i, j) 为建筑物单元时，$w_p=1$；当坐标 (i, j) 为非建筑物单元时，$w_p=0$；height(i, j) 为坐标 (i, j) 的建筑物单元的高度属性值。

7.2.3　基于移动窗口的城市建筑物绿度环境指数模型

为准确描述城市建筑物绿度环境质量，有学者尝试建立城市植被与居民环境间的关系模型[29]。关系模型主要采用缓冲区设置与权重赋值，最终加权得到评价结果。简单的缓冲区法以建筑物为中心建立一定距离的缓冲区，将缓冲区内的城市植被面积作为建筑物绿度环境度量指标。改进的缓冲区法，例如 Schöpfer[30]以研究区每个建筑物的中心点为圆心，分别计算环绕其周围的两两间隔 10m 的所有圆环覆盖的城市植被二维面积，并对不同等级缓冲区内的植被贡献度设置权重值，得到该单体建筑物的城市植被面积，将其作为该建筑物周围城市绿度环境的定量指标。李小江通过建立缓冲区内城市植被面积、叶面积指数、RVI 等与建筑物的周长、侧面积、体积等的比值作为建筑物单元的绿度环境指标。

为详细表达城市植被与建筑物的分布关系，Gupta 等[31]以植被覆盖度、绿度邻接度、建筑物覆盖度、高建筑物覆盖度四个指标开展评价。第 5 章在基于建筑物尺度的城市绿地指数建模时，采用绿地总量、绿地辐射受益度、建筑物稀疏度、高建筑物稀疏度四个指标。植被与建筑物空间配置示意图如图 7.8 所示。城市建筑物绿度环境评价技术流程如图 7.9 所示。

本节参考第 5 章和 Gupta 建模方法，同时充分利用城市植被和建筑物的三维空间信息，基于移动窗口法对城市植被覆盖度、植被聚集度、建筑物覆盖度、建筑物聚集度进行度量，进而利用层次分析法建立评价体系，对城市建筑物绿度环境进行评价[32]。建筑物绿度环境评价模型如图 7.10 所示。

对于植被覆盖度，当移动窗口内的植被覆盖度在(0，0.20]、(0.20，0.40]、(0.40，0.60]、(0.60，1.0]时，分别表示建筑物周围人群接触城市绿度概率较低、一般、较高、很高，评价标准分别设为 0.25、0.5、0.75、1.0。

图 7.8　植被与建筑物空间配置示意图

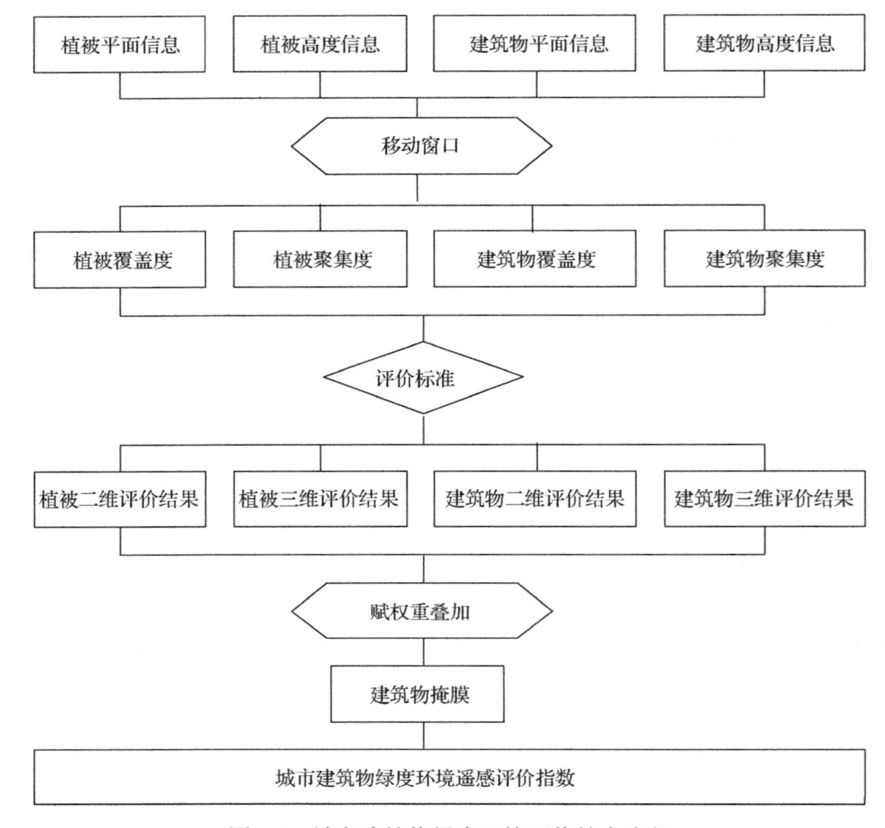

图 7.9　城市建筑物绿度环境评价技术流程

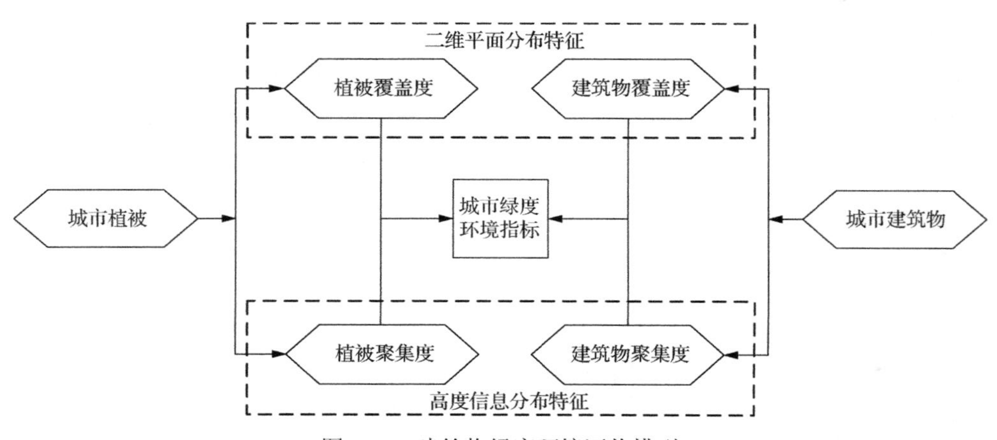

图 7.10　建筑物绿度环境评价模型

对于植被聚集度，当移动窗口内的植被聚集度在(0, 10000]、(10000, 20000]、(20000, 40000]、(40000, 70000]时，分别表示建筑物周围人群能享受城市绿度带来的生态效益较差、一般、较好、很好，评价标准分别设为 0.25、0.5、0.75、1.0。

对于建筑物覆盖度，当移动窗口内的建筑物覆盖度在[0, 0.15)、[0.15, 0.30)、[0.30, 0.45)、[0.45, 0.60)时，分别表示建筑物研究对象周围的其他建筑物分布较为分散、一般、密集、十分密集，接触城市绿度的机会分别是高、一般、较低、很低，评价标准分别设为 1.0、0.75、0.5、0.25。

对于建筑物聚集度，当移动窗口内的建筑物聚集度在[0, 20000)、[20000, 40000)、[40000, 60000)、[60000, 130000)时，表明建筑物周围的其他建筑物分布分别为开阔、适中、较密集、密集，评价标准分别设为 1.0、0.75、0.5、0.25。

植被、建筑物各影响因子评价标准如表 7.1 所示。

表 7.1　植被、建筑物各影响因子评价标准

序号	参数	领域细分	评价值(P_{ij})	评价角度
1	植被覆盖度	(0.0, 0.20]	0.25	接触绿地概率较低
		(0.20, 0.40]	0.5	接触绿地概率一般
		(0.40, 0.60]	0.75	接触绿地概率较高
		(0.60, 1.0]	1.00	接触绿地概率很高
2	植被聚集度	(0.0, 100000]	0.25	植被生态效益较差
		(10000, 20000]	0.5	植被生态效益一般
		(20000, 40000]	0.75	植被生态效益较好
		(40000, 70000]	1.0	植被生态效益很好
3	建筑物覆盖度	[0.0, 0.15)	1.0	建筑物分布相对分散
		[0.15, 0.30)	0.75	建筑物密集程度一般
		[0.30, 0.45)	0.50	建筑物分布较为密集
		[0.45, 0.60)	0.25	建筑物分布十分密集
4	建筑物聚集度	[0, 20000)	1.0	建筑物多为低矮建筑物
		[20000, 40000)	0.75	周围建筑物高度一般
		[40000, 60000)	0.50	建筑物聚集程度较高
		[60000, 130000)	0.25	建筑物聚集程度很高

城市建筑物绿度环境指数(building green environment index，BGEI)是指建筑物周围一定区域内城市植被和建筑物在二维平面与三维空间上的分布特征。结合层次分析法的分级标准可构建 BGEI，即

$$\mathrm{BGEI}=\sum_{i=1,\ j=1}^{i=n,\ j=4} w_j \times P_{ij} \tag{7.8}$$

其中，P_{ij} 为以目标建筑物为中心的移动窗口内的植被覆盖度、聚集度、建筑物覆盖度和聚集度的数值；w_j 为植被覆盖度、聚集度、建筑物覆盖度和聚集度的权重，

分别为 0.27，0.25，0.18 和 0.30；j 表示四个影响因子；i 表示 n 个建筑物研究对象。

7.3 实验结果

7.3.1 城市地物信息提取结果

1. 城市植被信息提取结果

研究确定 NDVI 阈值为 0.1，GNDVI 阈值为 0.1。基于 GNDVI 与 NDVI 可以实现研究区内城市植被高精度信息提取。研究区植被分布如图 7.11 所示。

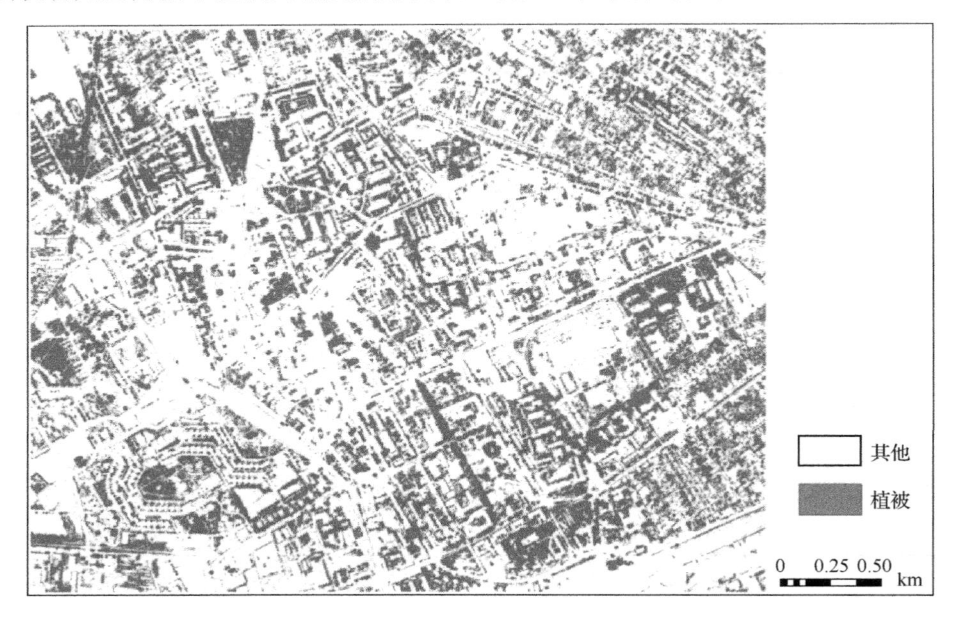

图 7.11　研究区植被分布图

为验证基于 NDVI 与 GNDVI 提取城市植被的精度，在城市植被分布图上设置方格网，在格网交叉点处随机选择 144 个格网验证点。精度验证结果如表 7.2 所示。研究采用目视判读方法判定每个样本点归属情况，以验证城市植被信息提取精度。

表 7.2　精度验证结果

提取目标	指数类型	样点总数	正确样点数	错误样点数	提取精度/%
绿地	NDVI	144	129	15	89
绿地	NDVI&GNDVI	144	131	13	91

植被信息提取验证点分布如图 7.12 所示。

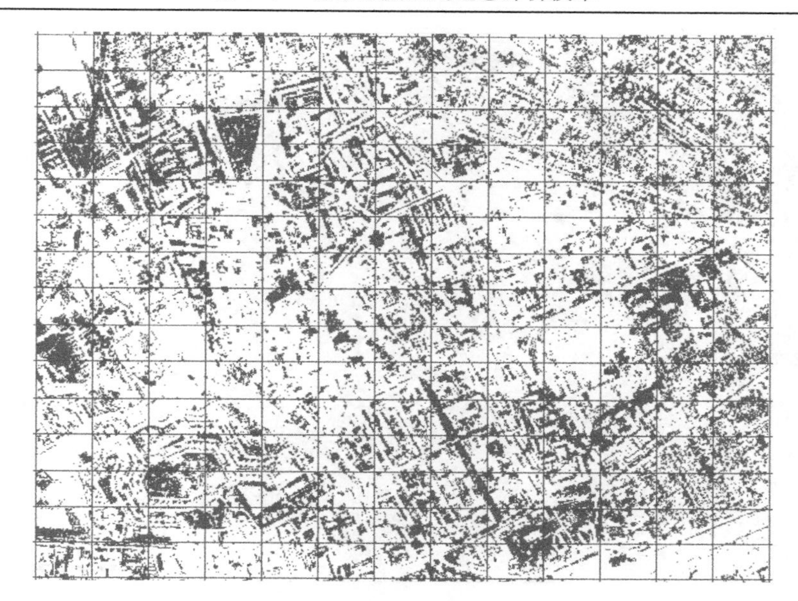

图 7.12　植被信息提取验证点分布图

进一步可得城市植被类型分布图，如图 7.13 所示。

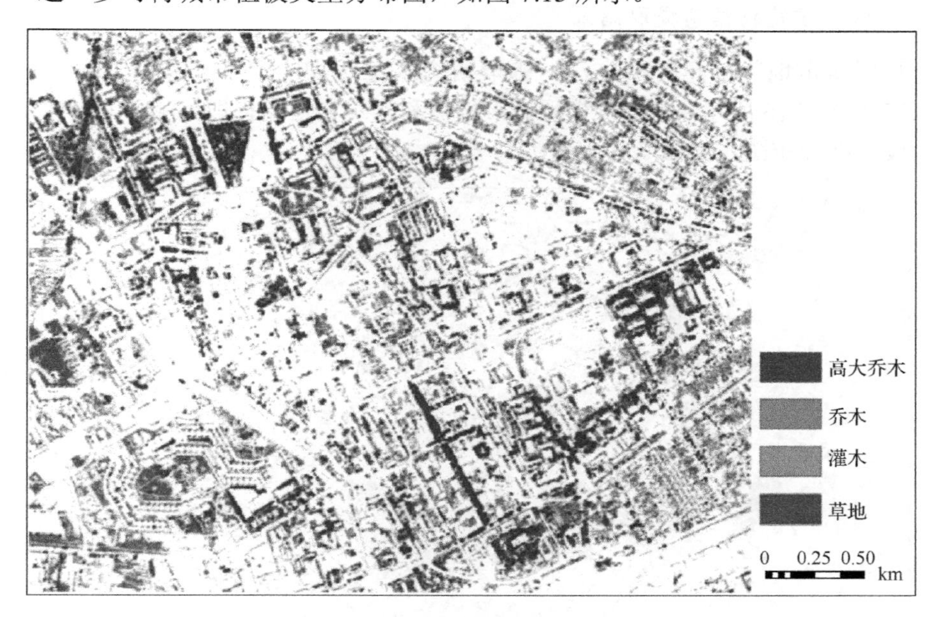

图 7.13　城市植被类型分布图

在利用多光谱数据不同波段特征提取城市植被二维平面分布图的基础上，通过 LiDAR 数据获得城市 DSM，进行掩膜处理可得研究区城市植被高度分布图，如图 7.14 所示。

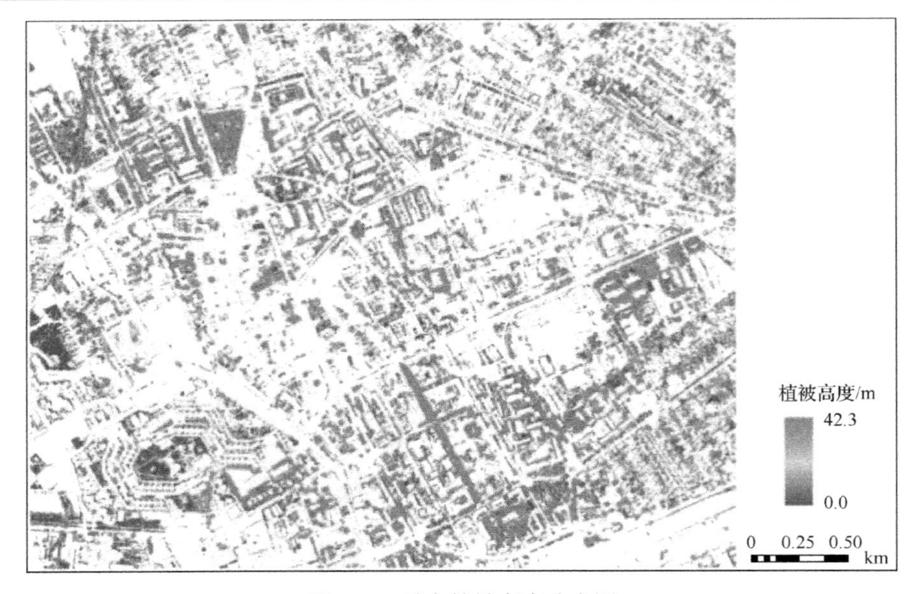

图 7.14　城市植被高度分布图

2. 城市建筑物信息提取结果

利用城市地物信息提取方法，提取研究区建筑物的二维和高度分布图，如图 7.15 和图 7.16 所示。综合研究区城市植被和建筑物信息提取结果，可得建筑物与植被二维分布图，如图 7.17 所示。

图 7.15　建筑物二维分布图

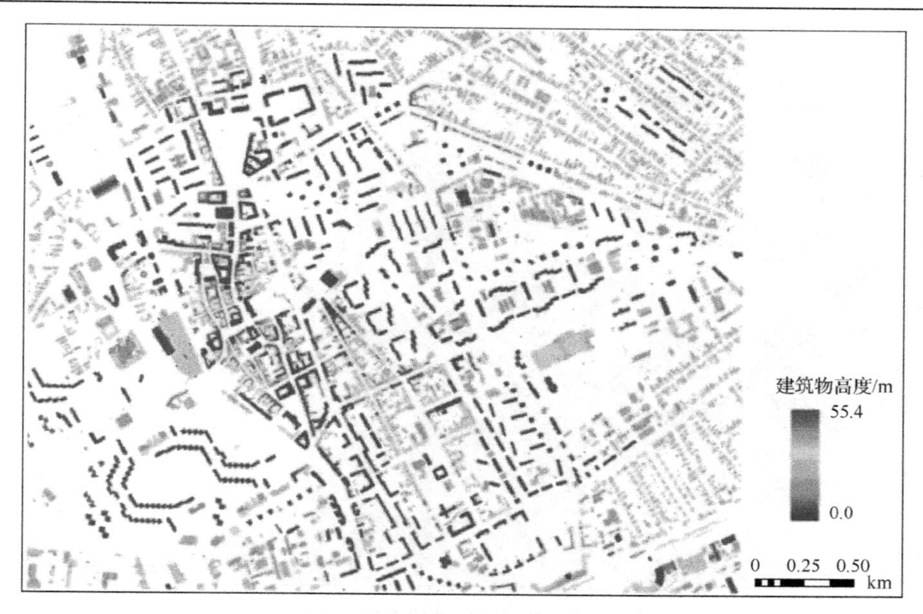

图 7.16　建筑物高度分布图

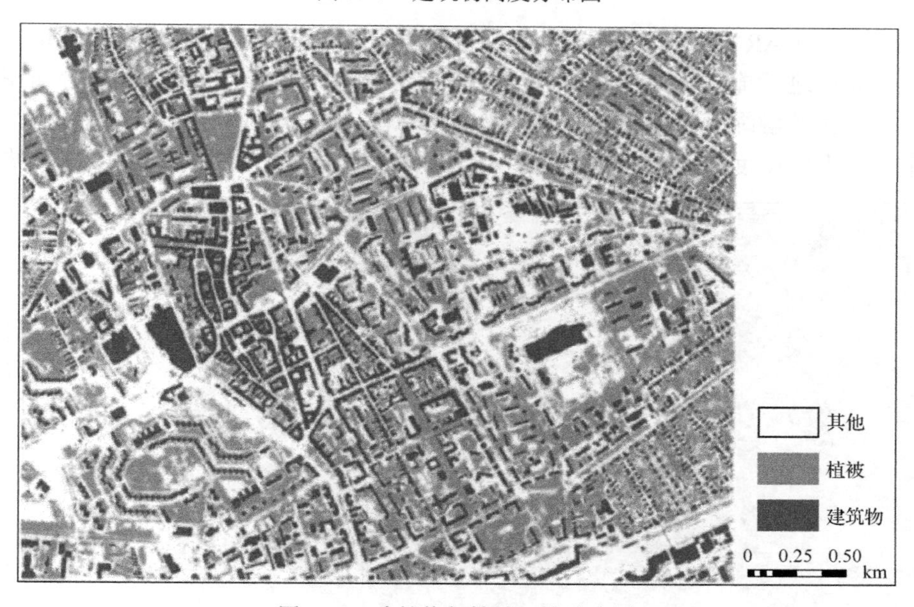

图 7.17　建筑物与植被二维分布图

7.3.2　基于移动窗口的城市地物空间特征分析结果

1. 城市植被空间特征分析结果

根据城市植被空间特征度量方法可得研究区植被覆盖度分布，如图 7.18 所示。

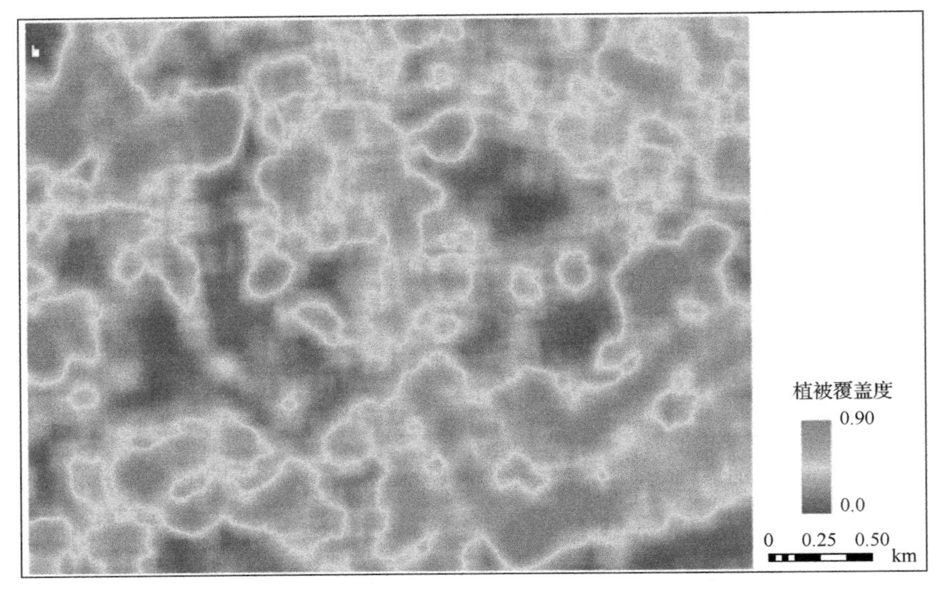

图 7.18　研究区植被覆盖度分布图

基于 LiDAR 数据与多光谱数据获取的城市建筑物二维平面信息对城市二维绿度分布图进行掩膜可得建筑物植被覆盖度分布图。建筑物植被覆盖度分布图体现城市居民接触绿度的概率，同时反映城市绿度二维分布的合理性。同理可得，城市植被聚集度度量结果(图 7.19)。由此可知，在建筑物比较密集的区域，城市

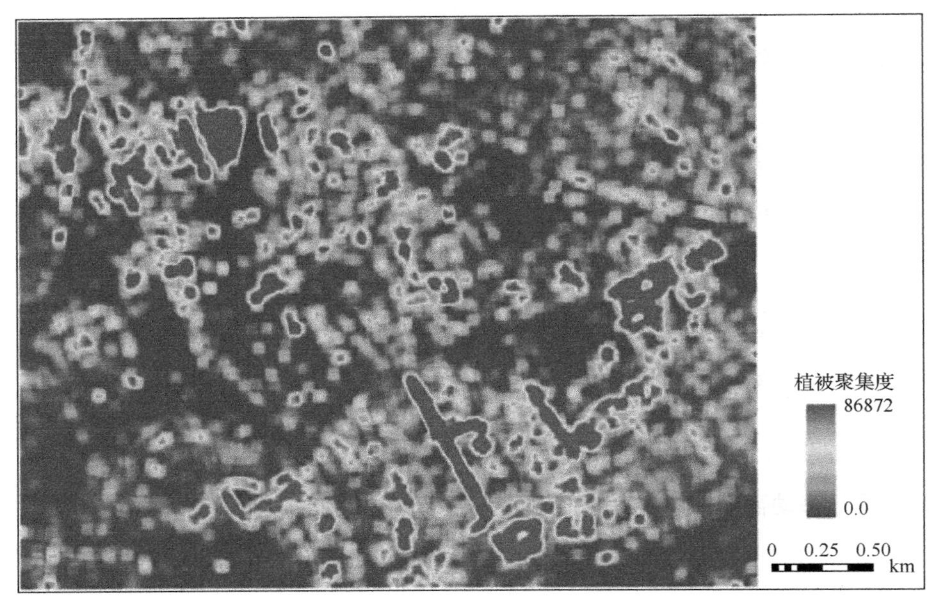

图 7.19　城市植被聚集度度量结果

居民接触城市绿度的概率较低，单体建筑物面积越大的区域，居民接触绿度的概率越低；在建筑物较为分散的区域，单位建筑面积越大的区域，居民接触城市绿度的概率越高。

掩膜得到的基于建筑物的三维绿度分布图如图7.20所示。

图7.20　基于建筑物的三维绿度分布图

基于建筑物的三维绿度分布图侧面可以体现城市绿度对建筑物对象的生态效益输出能力，同时反映城市绿度三维空间分布特征。由图7.20可知，在建筑物比较密集的区域，建筑物享受城市植被生态效益的机会较少；在建筑物比较稀疏的地方，建筑物的三维绿度受益量取决于周围地物类型的覆盖比率和植被类型。

2. 建筑物空间特征分析

基于建筑物空间特征分析方法可得研究区建筑物覆盖度分布图，如图7.21所示。

利用基于LiDAR与多光谱数据获取的城市建筑物二维平面信息，对建筑物覆盖度分布图掩模可得建筑物二维平面聚集度分布图，如图7.22所示。

同理，可得建筑物三维空间聚集度分布图和掩膜后的建筑物三维空间聚集度分布图，如图7.23和图7.24所示。

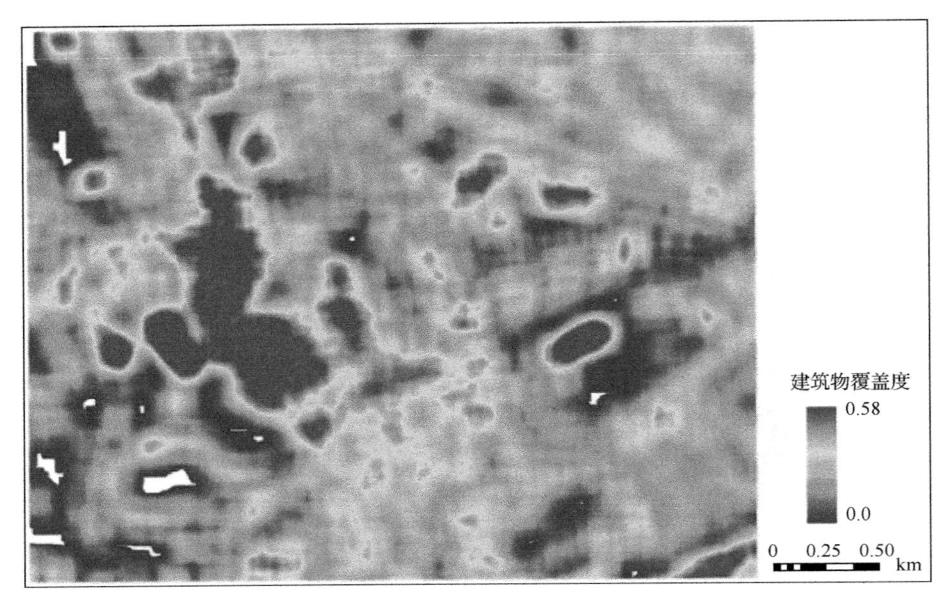

图 7.21　建筑物覆盖度分布图

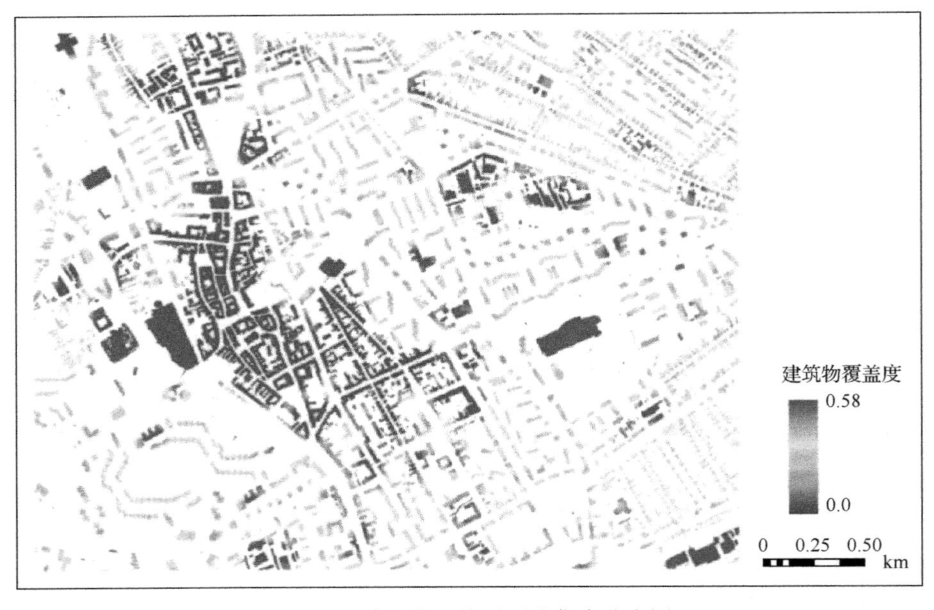

图 7.22　建筑物二维平面聚集度分布图

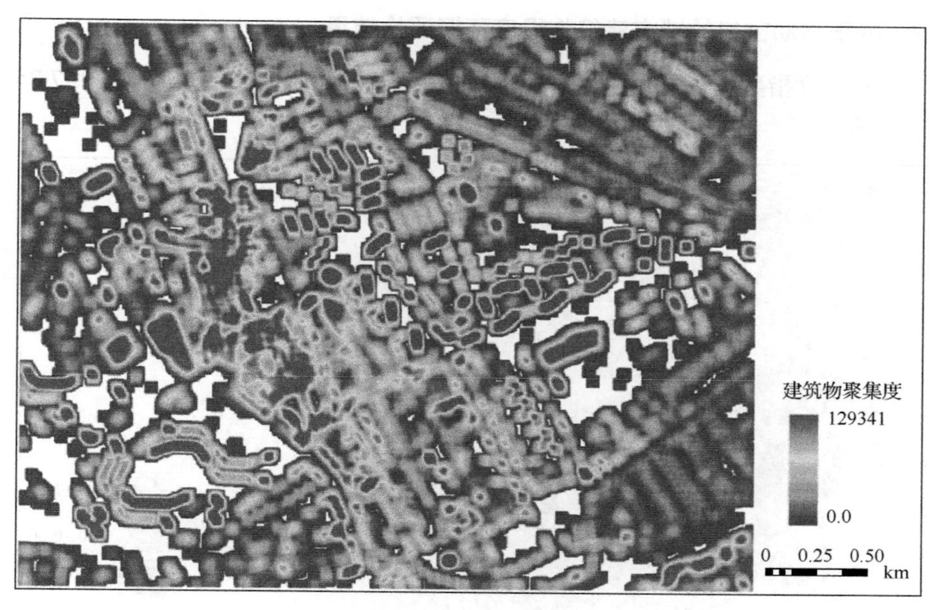

图 7.23　建筑物三维空间聚集度分布图

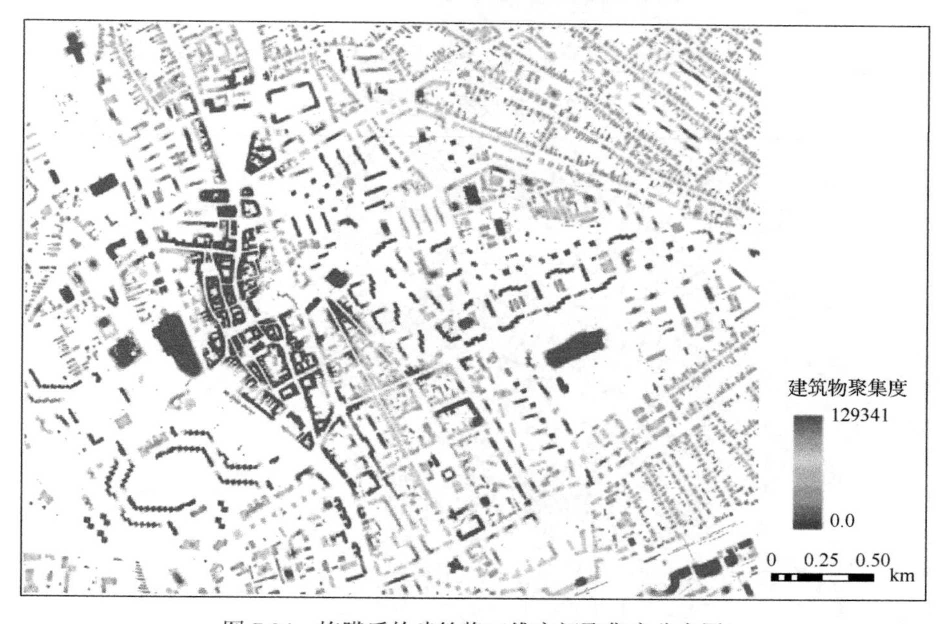

图 7.24　掩膜后的建筑物三维空间聚集度分布图

7.3.3　基于移动窗口的城市建筑物绿度环境评价结果

基于评价指数模型构建方法，可得研究区各评价指数分级图，如图 7.25～图 7.30 所示。

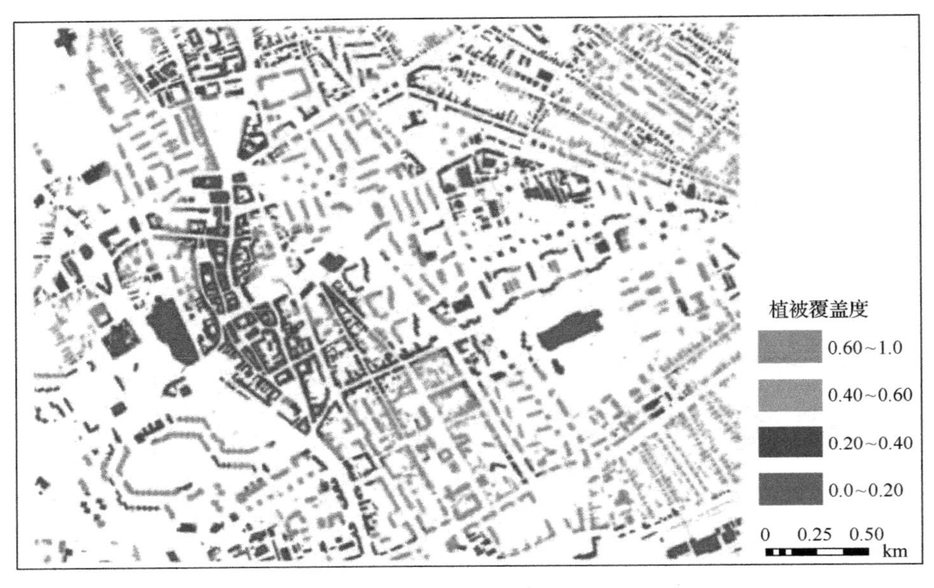

图 7.25　植被覆盖度分级图

图 7.26　植被聚集度分级图

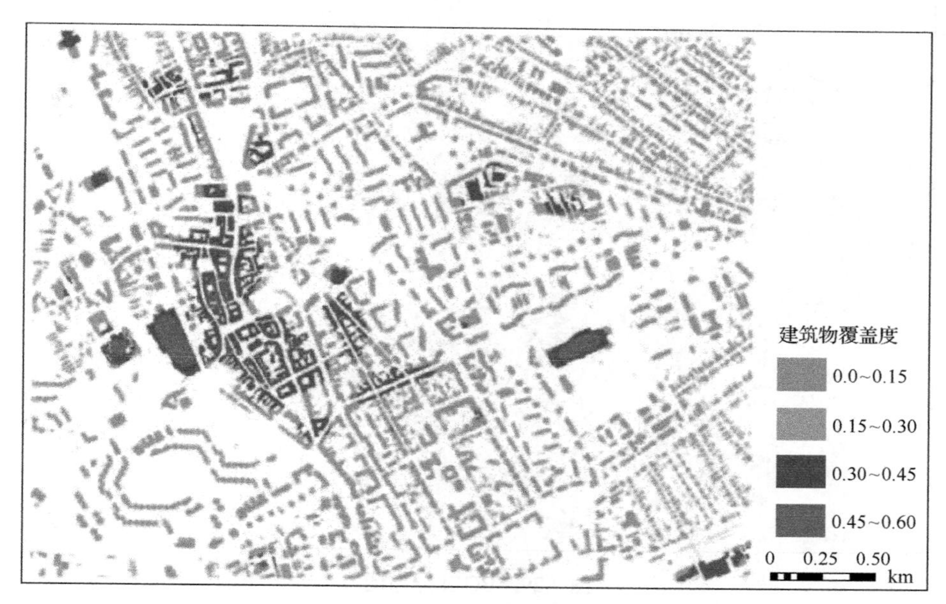

图 7.27　建筑物覆盖度分级图

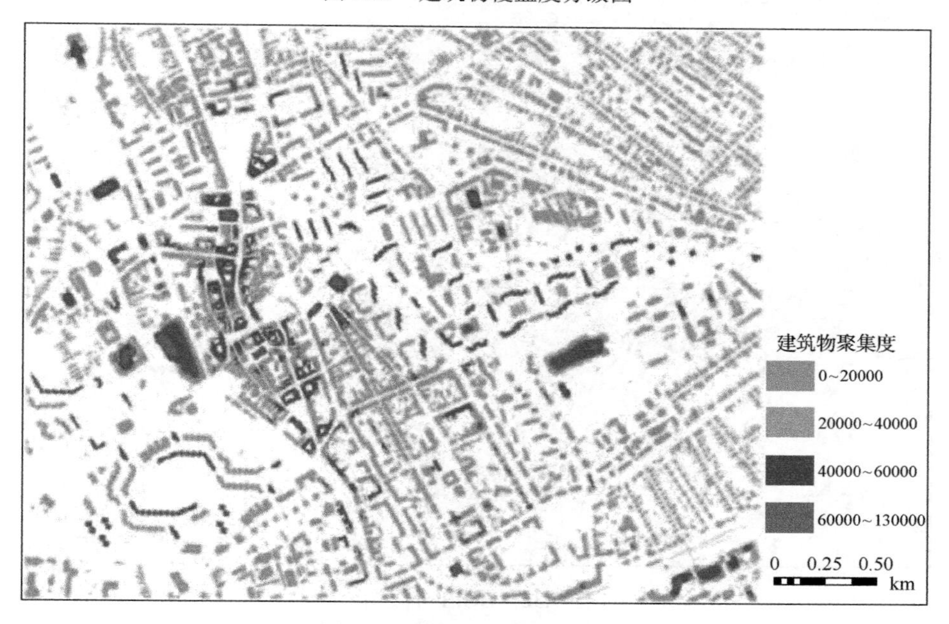

图 7.28　建筑物聚集度分级图

图 7.29　BGEI 分布图

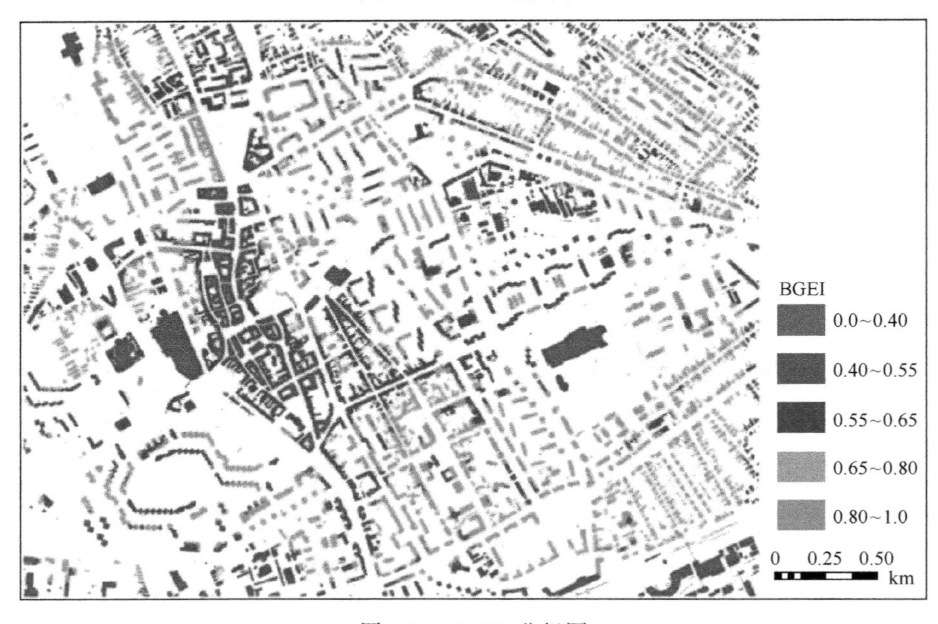

图 7.30　BGEI 分级图

根据研究区的功能特征，提取研究区内的居民区、商业区、休闲区、文化区四个典型功能区(图 7.31)，得到各功能区评价指数及统计结果，如图 7.32～图 7.34、表 7.3 和表 7.4 所示。

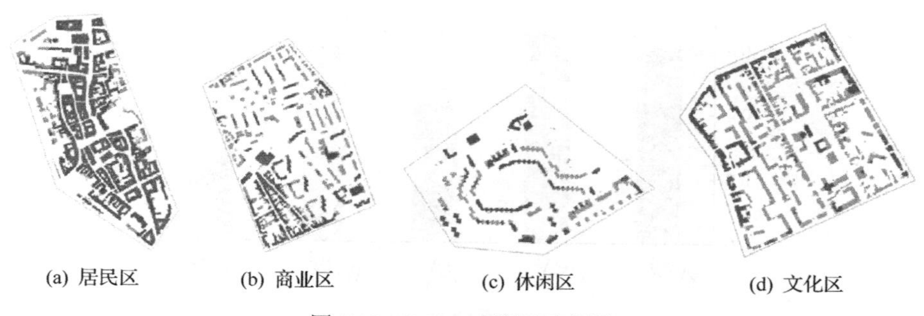

图 7.31　BGEI 功能区示意图

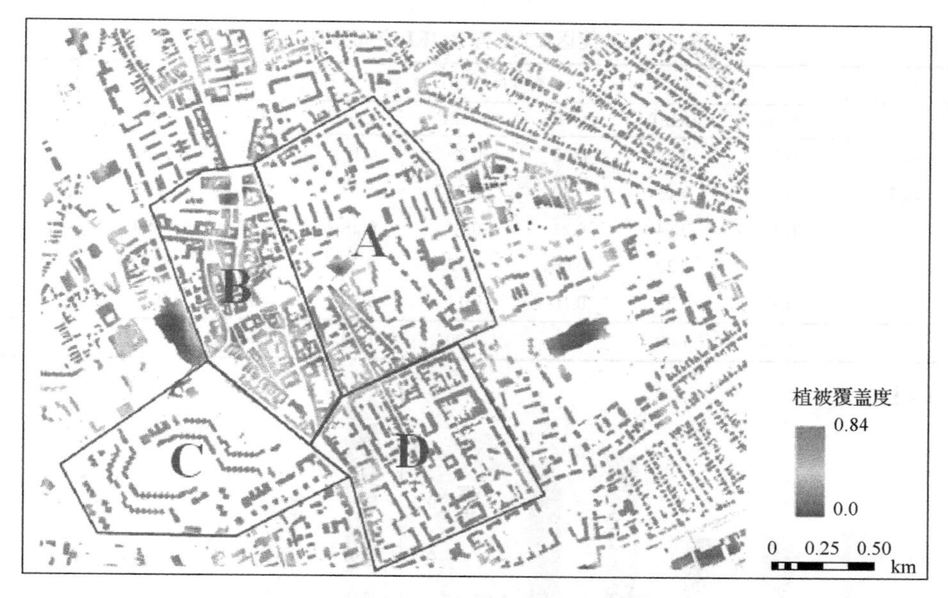

图 7.32　不同功能区建筑物二维绿度分布图

表 7.3　城市绿地指数 UGI 与 BGEI 比较

功能区类型	UGI		BGEI	
	平均值	标准差	平均值	标准差
研究区	0.34	0.13	0.59	0.24
居民区	0.37	0.14	0.66	0.19
商业区	0.27	0.11	0.43	0.31
休闲区	0.39	0.16	0.61	0.23
文化区	0.45	0.12	0.71	0.17

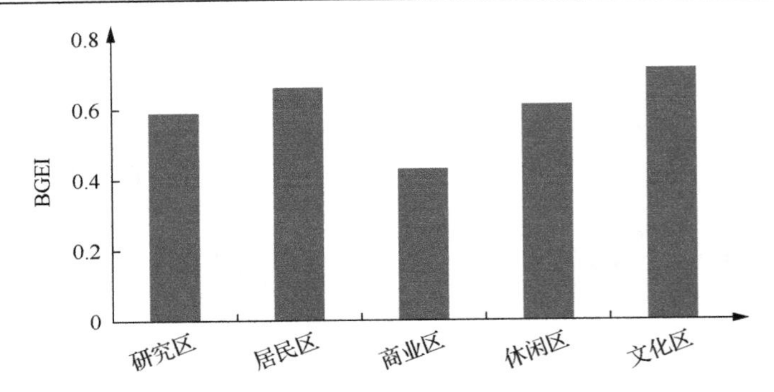

图 7.33　功能区 BGEI 对比图

表 7.4　功能区 UGI 与 BGEI 空间分布特征

绿度环境质量	居民区		商业区		休闲区		文化区	
	UGI	BGEI	UGI	BGEI	UGI	BGEI	UGI	BGEI
很差	0.15	0.17	0.33	0.39	0.17	0.05	0.02	0.04
较差	0.16	0.15	0.30	0.21	0.15	0.21	0.22	0.06
一般	0.32	0.14	0.21	0.14	0.28	0.29	0.24	0.19
较好	0.20	0.29	0.06	0.15	0.21	0.31	0.25	0.34
很好	0.17	0.25	0.10	0.11	0.19	0.14	0.27	0.37
总和	1.00	1.00	1.00	1.00	1.00	1.00	1.00	1.00

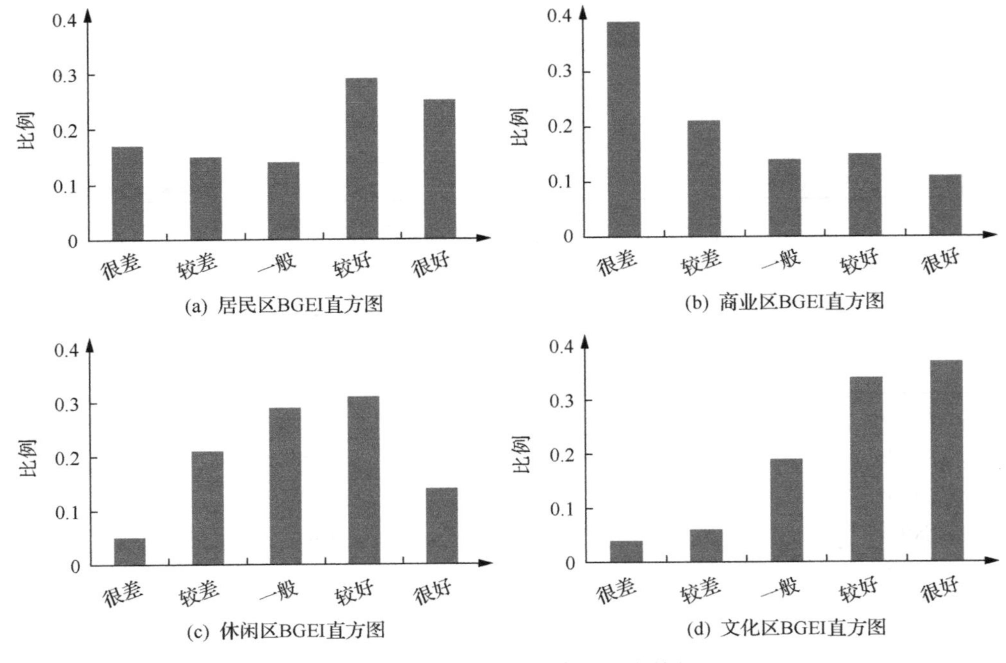

图 7.34　功能区 BGEI 空间分布特征

根据建筑物功能，通过比较BGEI和UGI可以发现新构建的BGEI具有与UGI相近的分布特征，即商业区的建筑物绿度环境最差，低于研究区整体水平，而居民区与休闲区的绿度环境差距不大，但高于研究区整体水平，可以真实反映研究区城市绿地空间分布情况。同时，BGEI标准差较大，表明利用BGEI得到的评价结果能更好地展示功能区内部绿度环境的差异。

对研究区内的BGEI指数进行分级统计，当BGEI在[0, 0.40)、[0.40, 0.55)、[0.55, 0.65)、[0.65, 0.80)、[0.80, 1.0)时，分别表示该建筑物单元周围的绿度环境很差、较差、一般、较好、很好。将BGEI与UGI分别进行等级统计分析可以发现，居民区BGEI与UGI在一般标准等级内占比差异较大。UGI指数在一般标准等级内占比较大，而BGEI指数占比较少，只有0.14，在较好和很好等级标准内的占比较高，分别为0.29和0.25。商业区BGEI指数随着标准的升高分布比例逐渐降低，在很差、较差、一般、较好和很好五个标准下的占比依次为0.39、0.21、0.14、0.15、0.11。休闲区UGI与BGEI在五个等级下的分布特征差异较大，如UGI在很差标准下的占比达0.17，而BGEI只有0.05。BGEI在一般标准和较好标准下的占比比例较大，分别为0.28和0.31。文化区BGEI体现出其建筑绿度环境普遍高于一般标准，在较好和很好标准内的比例分别为0.34和0.37，而UGI在各评价标准内的分布稍显平均。

7.4　小　　结

本章基于LiDAR和多光谱遥感影像数据获取高精度城市建筑物与植被二维和三维信息，将移动窗口法用于城市绿地和建筑物的空间配置研究中，分别构建植被覆盖度、植被聚集度、建筑物覆盖度和建筑物聚集度度量因子，最终建立城市建筑物绿度环境遥感评价模型。同UGI对比发现，BGEI更具优势和区域适用性，可在城市植被评价中推广应用[33]。

参考文献

[1] Mackey C W, Lee W, Smith R B. Remotely sensing the cooling effects of city scale efforts to reduce urban heat island[J]. Building & Environment, 2012, 49(3): 348-358.

[2] Oliveira S, Andrade T, Vaz T. The cooling effect of green spaces as a contribution to the mitigation of urban heat: a case study in Lisbon[J]. Building & Environment, 2011, 46(11): 2186-2194.

[3] Thani SKSO, Mohamad NHN, Abdullah SMS. The influence of urban landscape morphology on the temperature distribution of hot-humid urban centre[J]. Procedia-Social and Behavioral Sciences, 2013, 85: 356-367.

[4] Georgi J N, Dimitrion D. The contribution of urban green spaces to the improvement of environment in cities: a case study of Chania, Greece[J]. Building & Environment, 2010, 45(6): 1401-1414.

[5] Connors J P, Galletti C S, Chow W T L. Landscape configuration and urban heat island effects: assessing the relationship between landscape characteristics and land surface temperature in Phoenix, Arizona[J]. Landscape Ecology, 2013, 28(2): 271-283.

[6] Clergeau P, Jokimäki J, Snep R. Using hierarchical levels for urban ecology[J]. Trends in Ecology & Evolution, 2006, 21(12): 660-661.

[7] Jari N, Sanna R, Tarja S. Using the ecosystem services approach for better planning and conservation of urban green spaces: a Finland case study[J]. Biodiversity and Conservation, 2010, 19(11): 3225-3243.

[8] Marc L, Lahouari B, Ruth D. The consequences of urban land transformation on net primary productivity in the united states[J]. Remote Sensing of Environment, 2004, 89(4): 434-443.

[9] Ridder K, Adamec V, Bañuelos A. An integrated methodology to assess the benefits of urban green space[J]. Science of the Total Environment, 2004, (334/335): 489-497.

[10] Pauleit S, Ennos R, Golding Y. Modeling the environmental impacts of urban land use and land cover change-a study in Merseyside, Uk[J]. Landscape & Urban Planning, 2005, 71(2-4): 295-310.

[11] 李满春, 周丽彬, 毛亮. 基于 RS、GIS 的城市绿地生态效益评价与预测模型[J]. 中国环境监测, 2003, 19(3): 48-51.

[12] 胡聃. 城市绿地综合效益评价方法探讨——天津实例应用[J]. 城市环境与城市生态, 1994, 7(1): 18-22.

[13] 刘新. 基于 GSI 模型的上海城市绿地生态效应研究[D]. 上海: 复旦大学, 2012.

[14] 王素伟, 周廷刚, 陈雪彬. 基于 RS、GIS 的城市绿地信息获取及生态效益评价——以重庆市北碚城区为例[J]. 安徽农业科学, 2011, 39(27): 16980-16982.

[15] 费鲜芸, 张志国, 高祥伟. 基于 RS 和 GIS 的城市公共绿地功能模糊评价[J]. 测绘科学, 2010, 35(1): 154-155.

[16] 周廷刚, 郭达志, 陶康华. NCIVI 及其在城市绿化航空遥感调查中的应用——以宁波市为例[J]. 城市环境与城市生态, 2003, 16(1): 25-27.

[17] 刘峰, 张贵. 基于 RS 和 GIS 的广州市森林植被分类研究[J]. 湖南林业科技, 2004, 31(1): 15-17.

[18] Hur M, Nasar J L, Chun B. Neighborhood satisfaction, physical and perceived naturalness and openness[J]. Journal of Environmental Psychology, 2010, 30(1): 52-59.

[19] Leslie E, Sugiyama T, Ierodiaconou D. Perceived and objectively measured greenness of neighbourhoods: are they measuring the same thing[J]. Landscape & Urban Planning, 2010, 95(1): 28-33.

[20] 陈书谦. 基于网络分析法的公园绿地可达性研究[D]. 哈尔滨: 哈尔滨工业大学, 2013.

[21] 蔺银鼎, 韩学孟, 武小刚. 城市绿地空间结构对绿地生态场的影响[J]. 生态学报, 2006, 26(10): 3339-3346.

[22] Ong B L. Green plot ratio: an ecological measure for architecture and urban planning[J]. Chinese Landscape Architecture, 2003, 63(4): 197-211.

[23] 李小江. 基于多源遥感数据的城市绿度空间指数研究[D]. 北京: 中国科学院大学, 2013.

[24] 程承旗, 喻新, 郭仕德. 城市居住单元建筑拥挤度环境遥感分析—以厦门市为例[J]. 北京大学学报(自然科学版), 2005, 41(6): 875-881.

[25] 赵鸿燕, 饶欢, 张璋. 基于高分辨率影像城市建筑物研究[J]. 测绘与空间地理信息, 2008, 31(6): 27-30.

[26] 刘常富, 张幔芳. 不同建筑密度下城市森林景观逆破碎化趋势[J]. 西北林学院学报, 2012, 27(5): 266-271.

[27] Nazarkulova A, Strobl J, Hofmann P. Green spaces in bishkek – a satellite perspective[J]. Proceedings of the Fourth Central Asia GIS Conference-GISCA'10, 2010, 5: 27-28.

[28] 叶智威. 基于遥感的高层密集街区与热景观关系研究[D]. 北京: 首都师范大学, 硕士, 2009.

[29] 刘培桐. 环境学概论[M]. 北京: 高等教育出版社, 2004, 20-50.

[30] Schöpfer E, Lang S, Blaschke T. A green index incorporating remote sensing and citizen's perception of green space[J]. International Archives of Photogramm., Remote Sensing and Spatial Information Sciences, 2005, 37(5): 1-6.

[31] Gupta K, Kumar P, Pathan S K. Urban neighborhood green index-a measure of green spaces in urban areas[J]. Landscape & Urban Planning, 2012, 105(3): 325-335.

[32] 吴俊. 基于移动窗口的城市绿度环境遥感评价研究[D]. 北京: 中国科学院大学, 2016.

[33] 孟庆岩, 陈旭, 孙云晓, 吴俊. 一种基于 LiDAR 与多光谱数据的城市建筑物绿地环境指数[J]. 生态学杂志, 2019, 38(10): 3221-3227.

后　　记

——奋斗的时光　拼搏的团队

在本书即将付梓之际，心中百感交集，感谢团队的付出和努力。本书是集体智慧的结晶，是团队共同书写的一份答卷！

2010 年，我的研究生李小江开始选题做城市绿度空间遥感方向。10 年中，我经常走在路上、坐在车上望着周边的绿树，思考着城市绿度空间遥感向何处去？如何实用化？衷心感谢团队的不懈努力，后来孙云晓、张佳晖、吴俊、刘玉琴、陈旭、梁燕、汪雪淼等多位同志陆续加入研究团队，大家从不同角度和维度去探索、完善城市绿度空间遥感研究。

2014 年初，我开始组建学科团队，从最初的 2、3 人到现在近 30 人，期间虽历经风雨，但体会更多的是奋斗的充实、科研的喜悦、研究生的成长和团队的拼搏向上！衷心感谢来自各领域专家的关心和帮助。正因如此，团队和学科才能有所发展。十分有幸自 2005 年参加了国家重大科技专项“高分辨率对地观测系统”应用系统的论证与建设，难忘为之努力的日日夜夜。感谢各位领导、老师的支持；感谢来自行业的专家，能有机会同这些国内一流专家学习请教，实在值得珍惜；感谢父母、爱人和孩子，让我能安心科研，对他们更多的是愧疚和感谢！

城市绿度空间遥感是一个新兴方向，盼望将遥感与多学科交叉，真正达到解决问题、实用的目的。由于我们学科背景和知识领域的局限，远没有达到预期目标。此次将研究成果集结成书，也曾多次自问是否操之过急、不够严谨，但考虑将其呈现给大家，进而不断充实、完善，对学科发展非常有益。因此，鼓足勇气出版此书，恳请大家批评指正。

做“既顶天，更立地”的科研是作者追求的目标，“所学、所研、终有所用，乃价值所在”是团队发展的宗旨。盼望在未来的日子里，有更多专家学者、行业区域用户和城市植被的研究者、爱好者关注这一研究方向。城市绿度空间遥感研究方向在大家的指导和支持下，一定会不断前行。

万千感慨，几多经历，都融于书中！无论如何，毕竟曾为之而思索，而努力。难忘奋斗的时光，感谢拼搏的团队！

孟庆岩

于中国科学院奥运科学园

2019 年 4 月 26 日

彩　　图

图 3.5　研究区植被二维信息提取结果

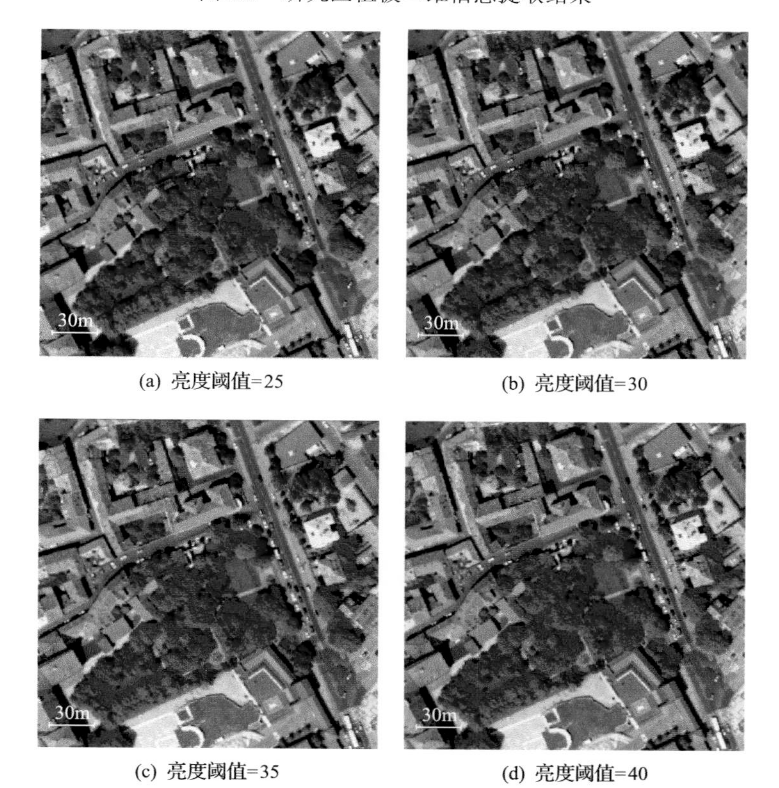

(a) 亮度阈值=25　　(b) 亮度阈值=30

(c) 亮度阈值=35　　(d) 亮度阈值=40

图 3.6　阴影区植被信息提取最佳亮度阈值选择

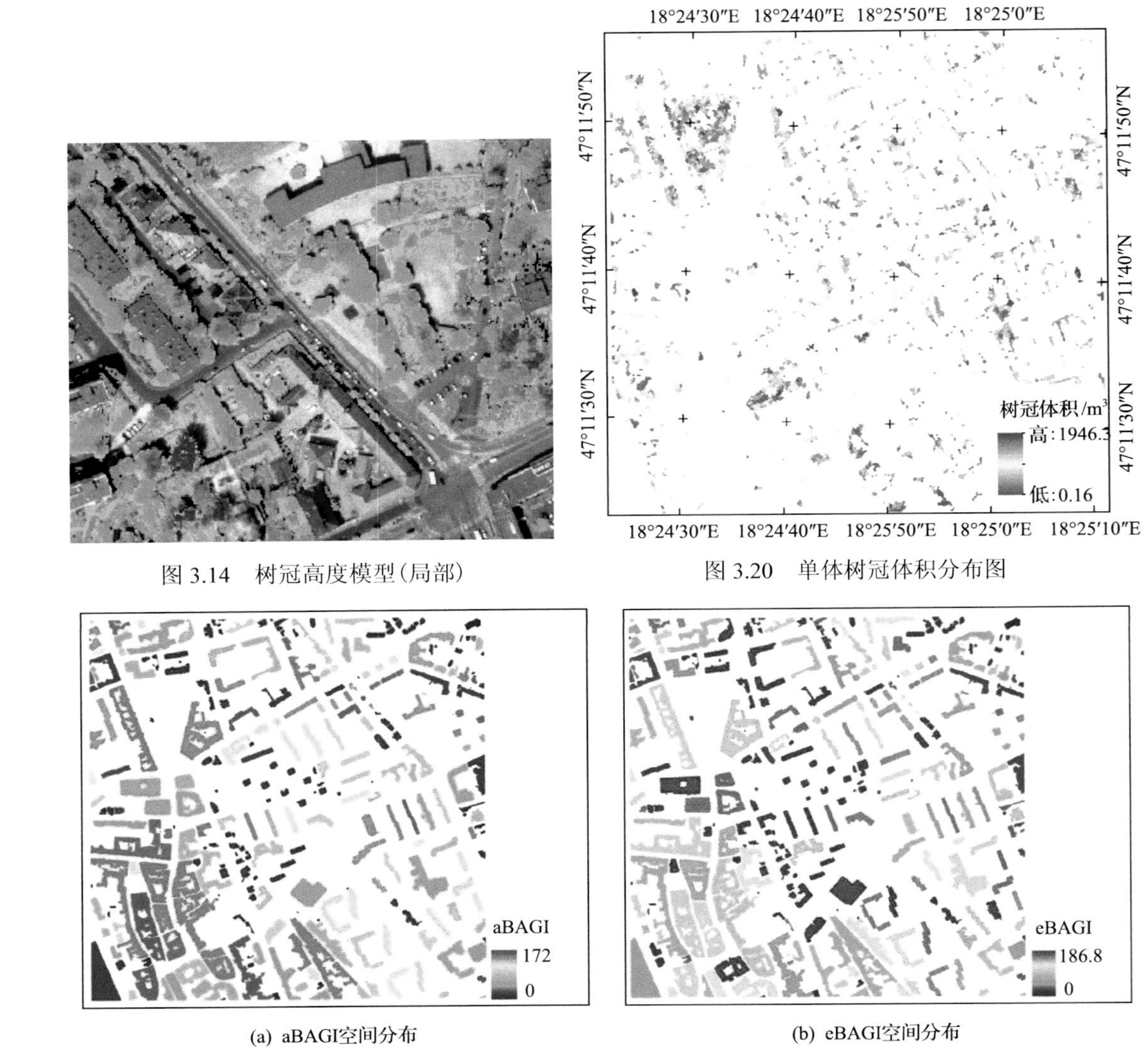

图 3.14　树冠高度模型(局部)

图 3.20　单体树冠体积分布图

(a) aBAGI空间分布

(b) eBAGI空间分布

图 4.8　建筑物尺度绿度空间指数空间分布图

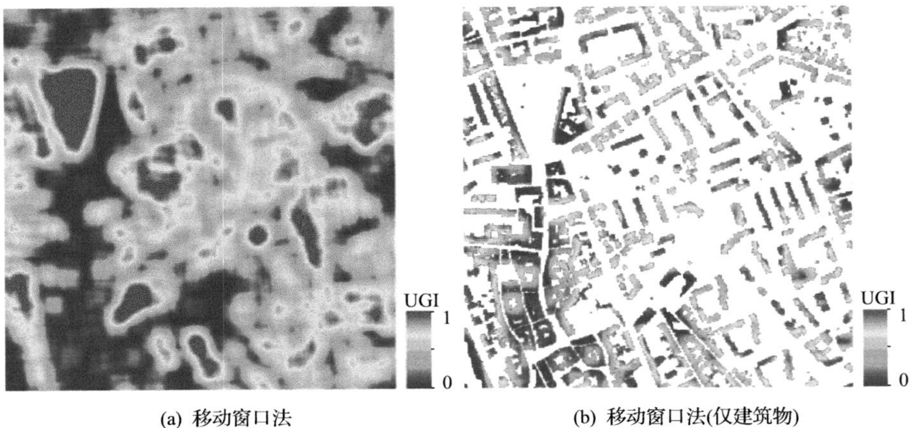

(a) 移动窗口法

(b) 移动窗口法(仅建筑物)

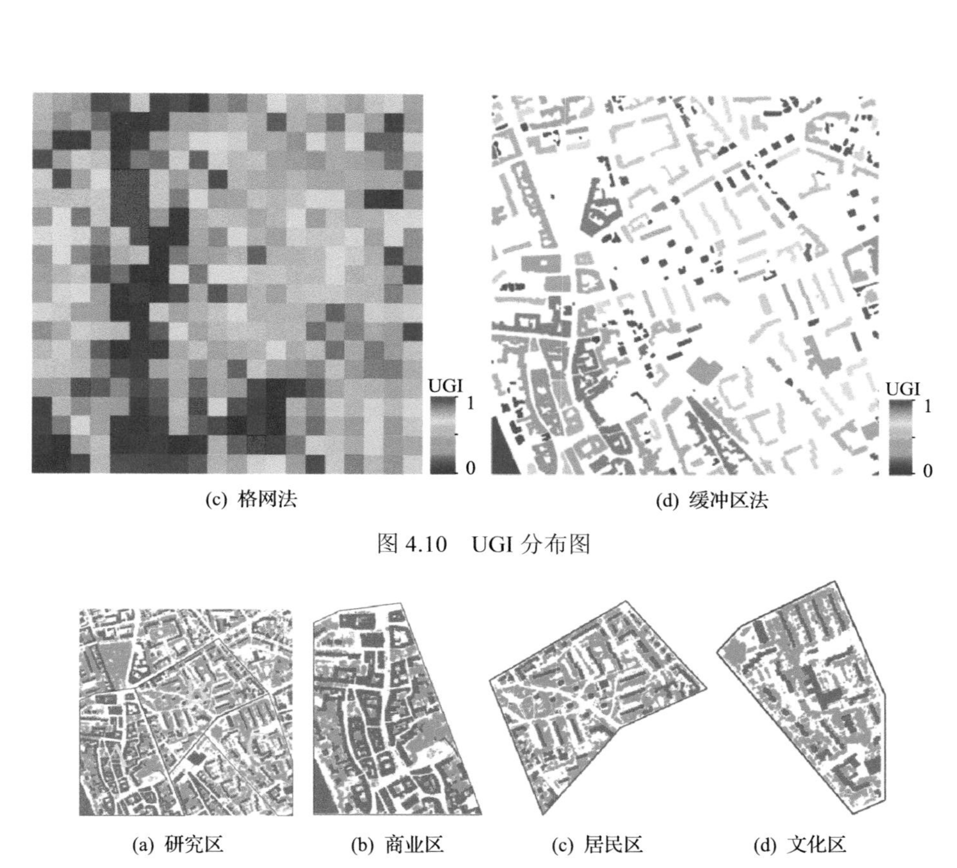

(c) 格网法　　(d) 缓冲区法

图 4.10　UGI 分布图

(a) 研究区　　(b) 商业区　　(c) 居民区　　(d) 文化区

图 4.11　功能区分布图

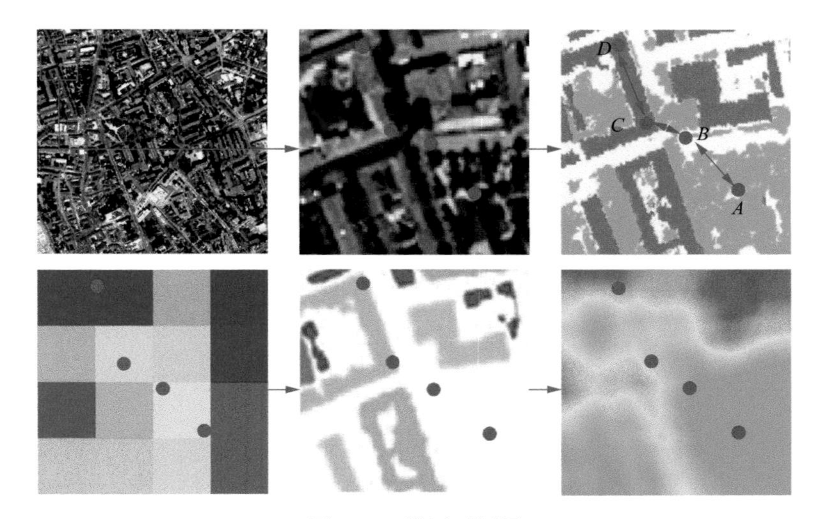

图 4.12　样区示例图

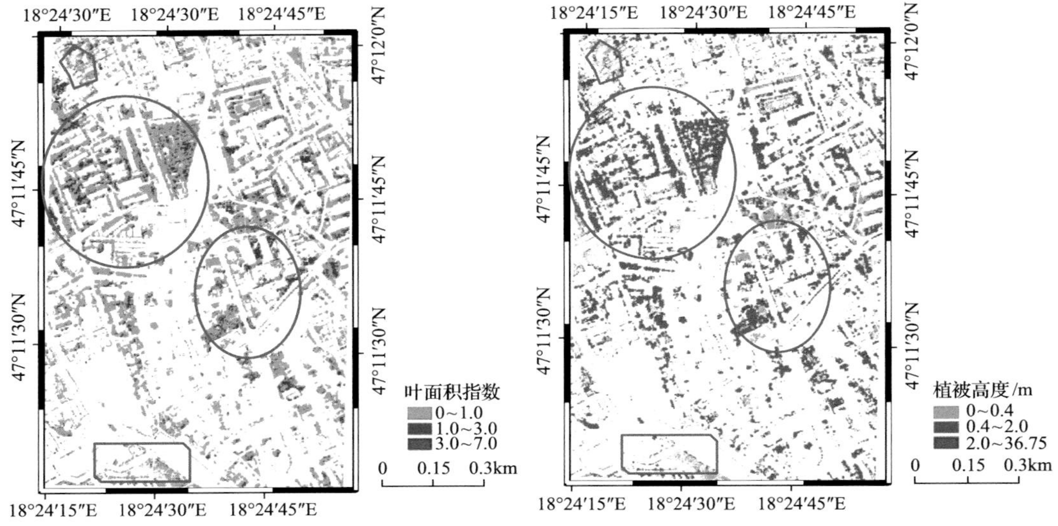

图 5.19　叶面积指数分布与植被粗分类结果对比图

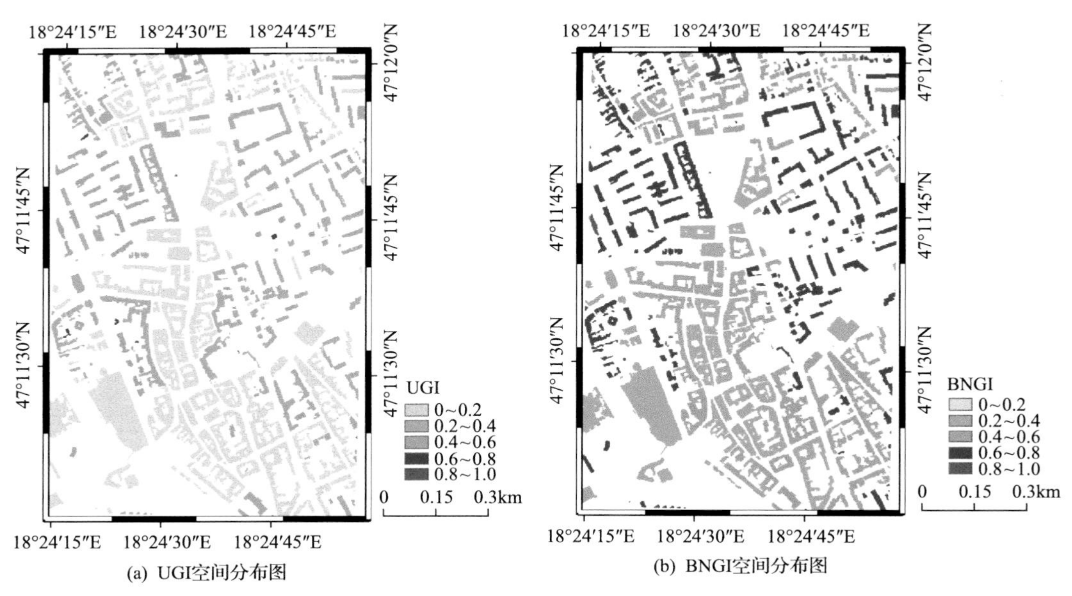

(a) UGI空间分布图　　(b) BNGI空间分布图

图 5.26　研究区的城市绿度空间指数分布图

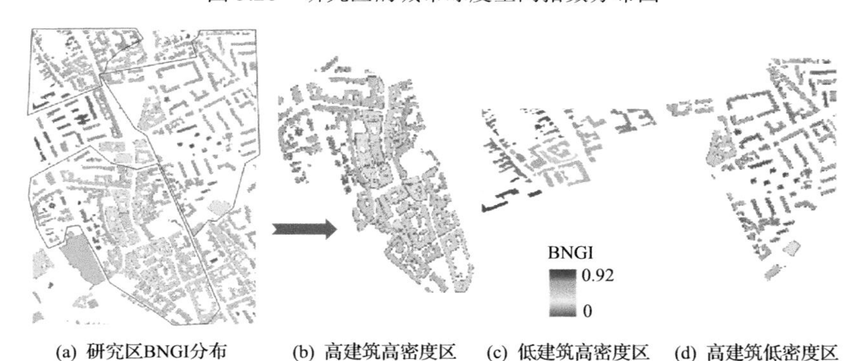

(a) 研究区BNGI分布　(b) 高建筑高密度区　(c) 低建筑高密度区　(d) 高建筑低密度区

图 5.29　不同建筑物分布特征区的 BNGI 分布图

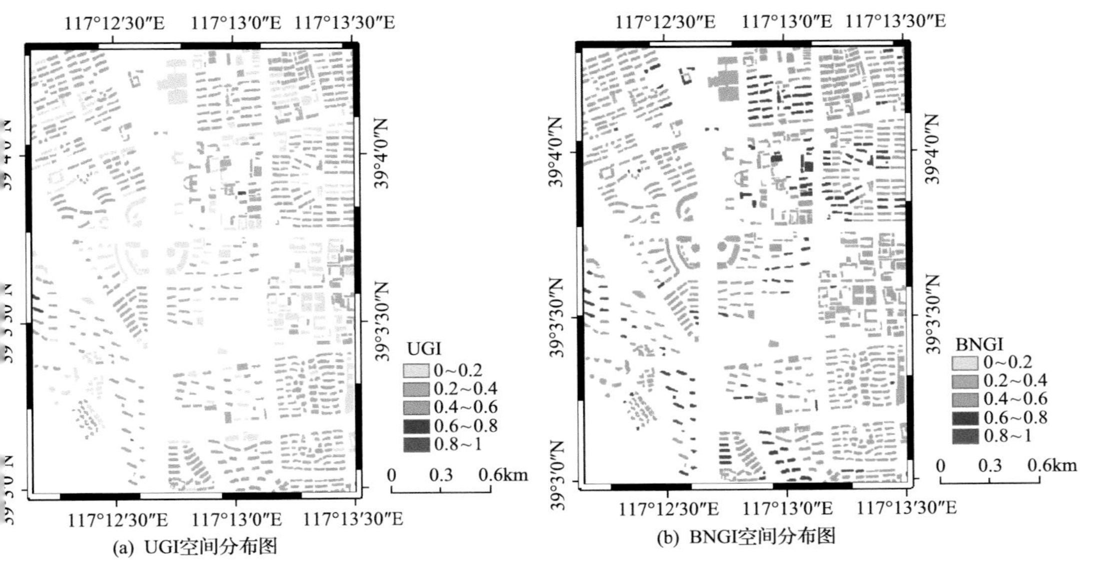

(a) UGI空间分布图　　(b) BNGI空间分布图

图 5.39　研究区城市绿度空间指数分布图

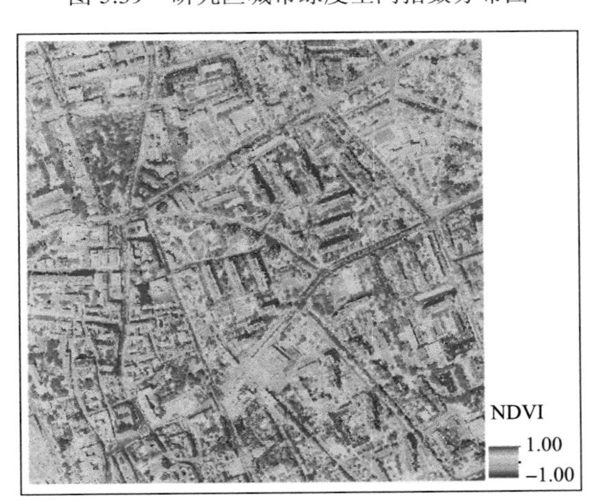

图 6.5　研究区域 NDVI 图像

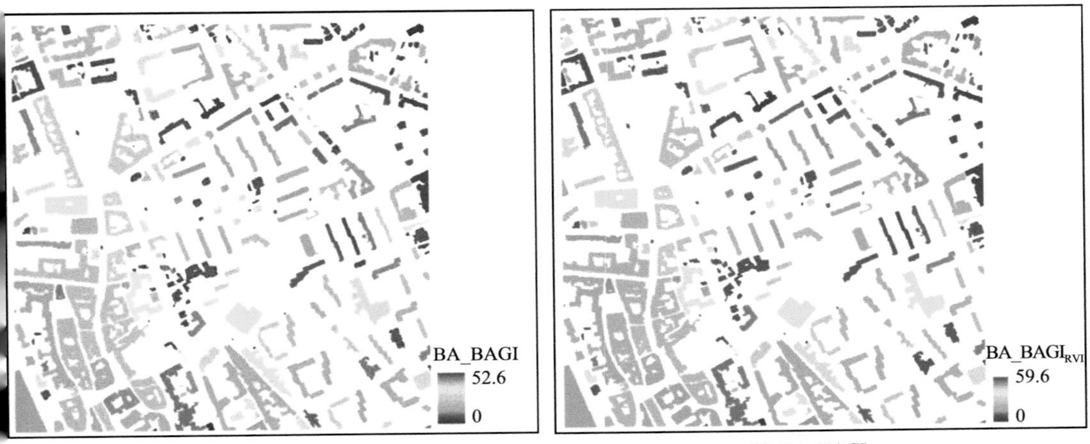

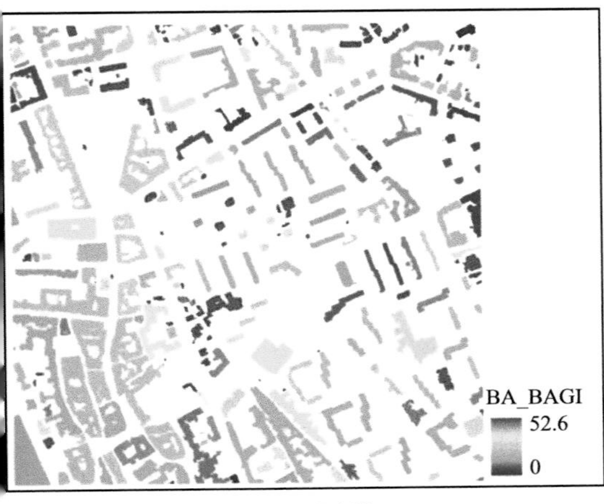

(a) BA_BAGI

BA_BAGI$_{RVI}$

59.6

0

(b) BA_BAGI$_{RVI}$

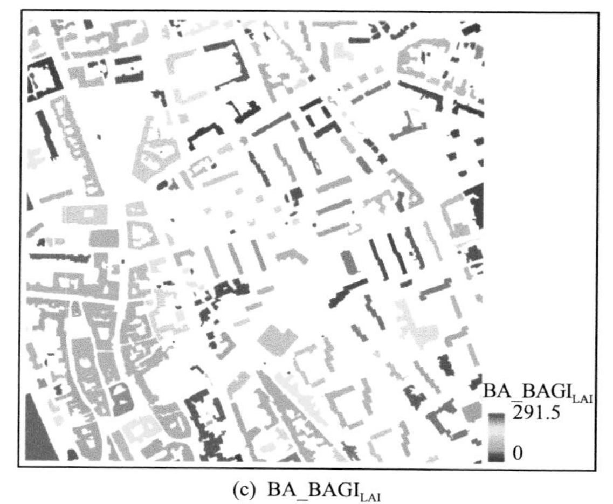

(c) BA_BAGI_{LAI}

图 6.12 基于侧面积度量的 BAGI 分布图

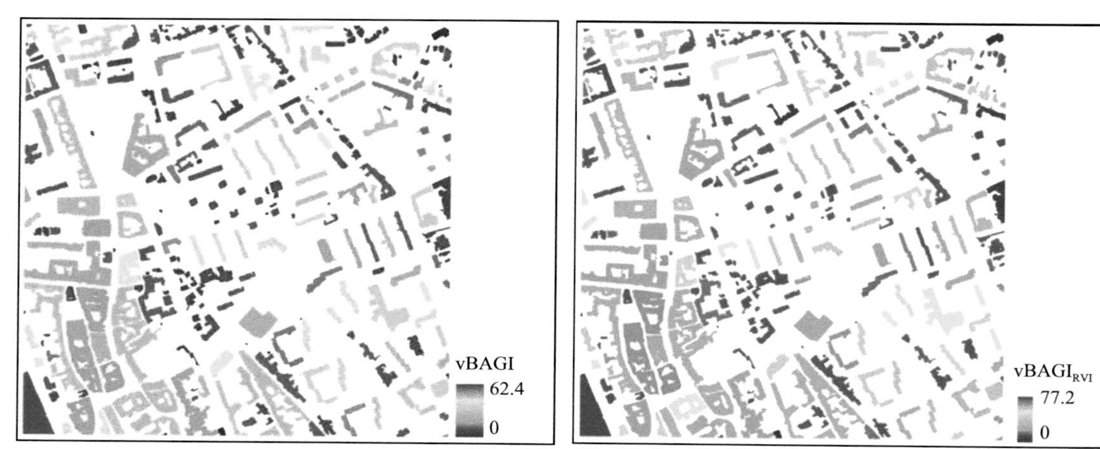

(a) vBAGI (b) $vBAGI_{RVI}$

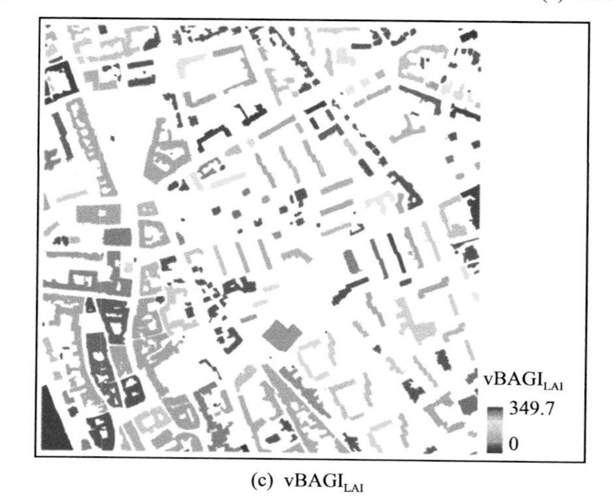

(c) $vBAGI_{LAI}$

图 6.13 基于体积度量的 BAGI 分布图

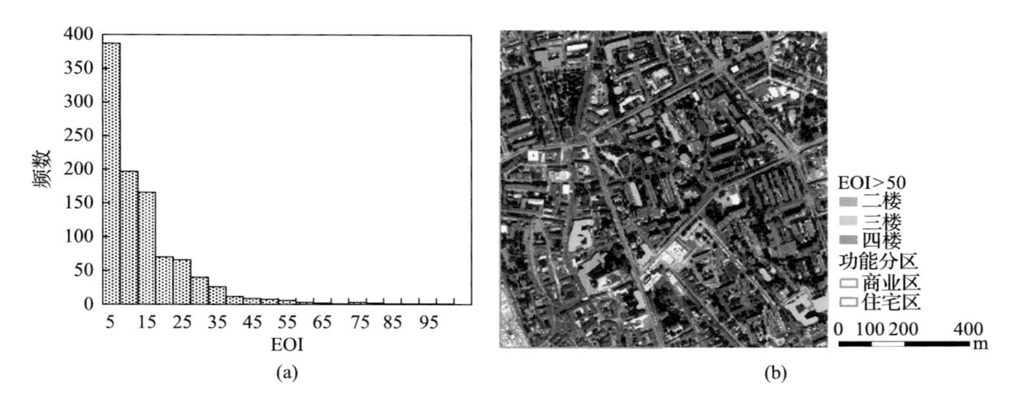

(a)　　　　(b)

图 6.15　EOI 频率分布直方图及其空间分布

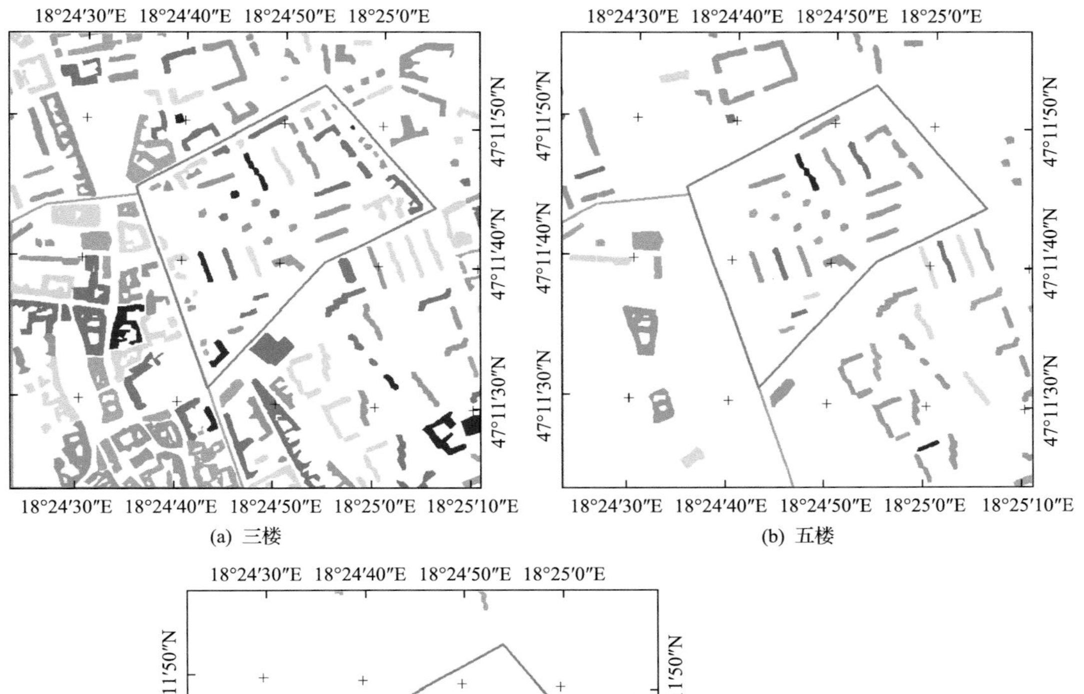

(a) 三楼　　　　(b) 五楼

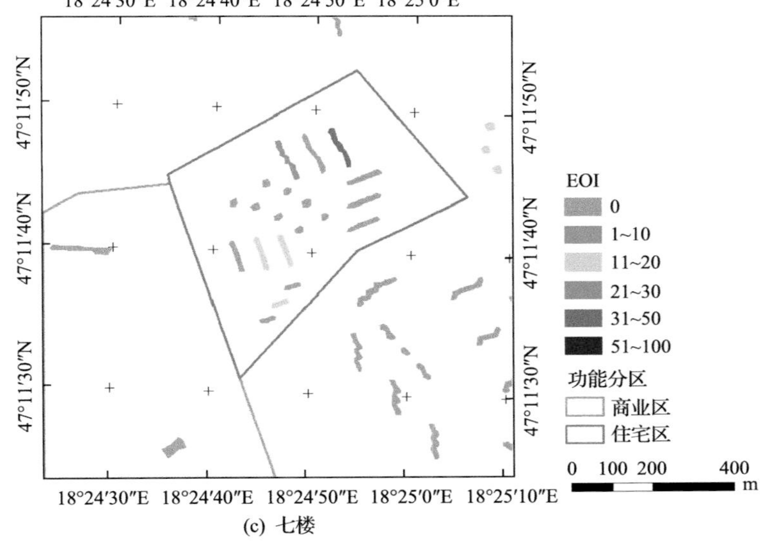

(c) 七楼

图 6.16　不同楼层的 EOI 计算结果

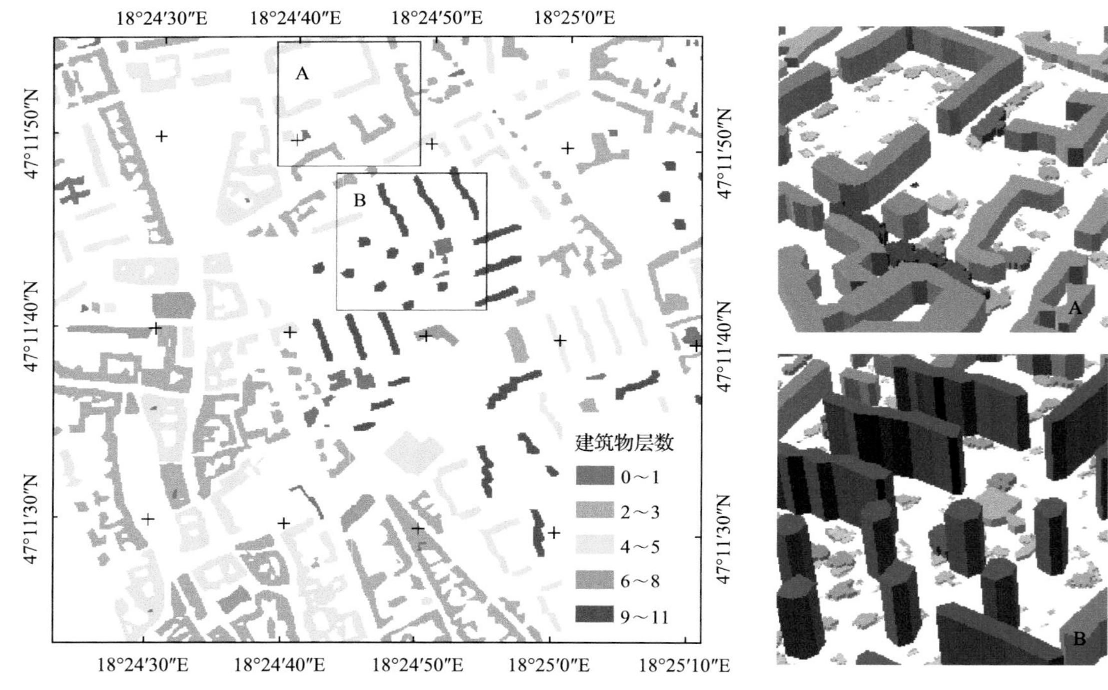

图 6.23　城市建筑物高度分布图与三维建模结果

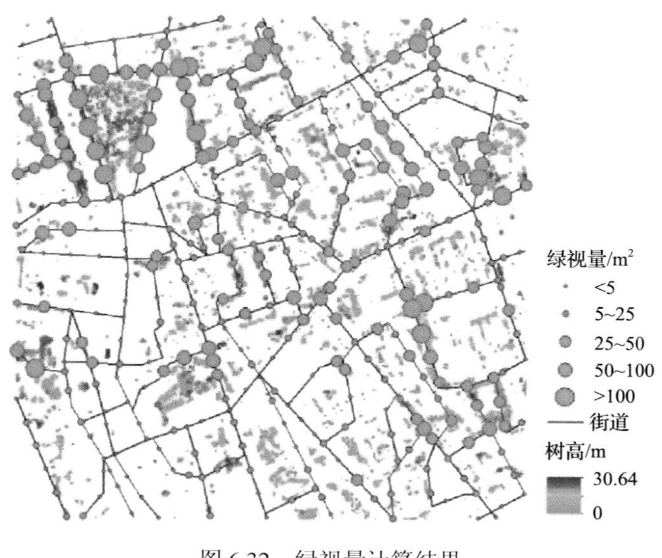

图 6.32　绿视量计算结果

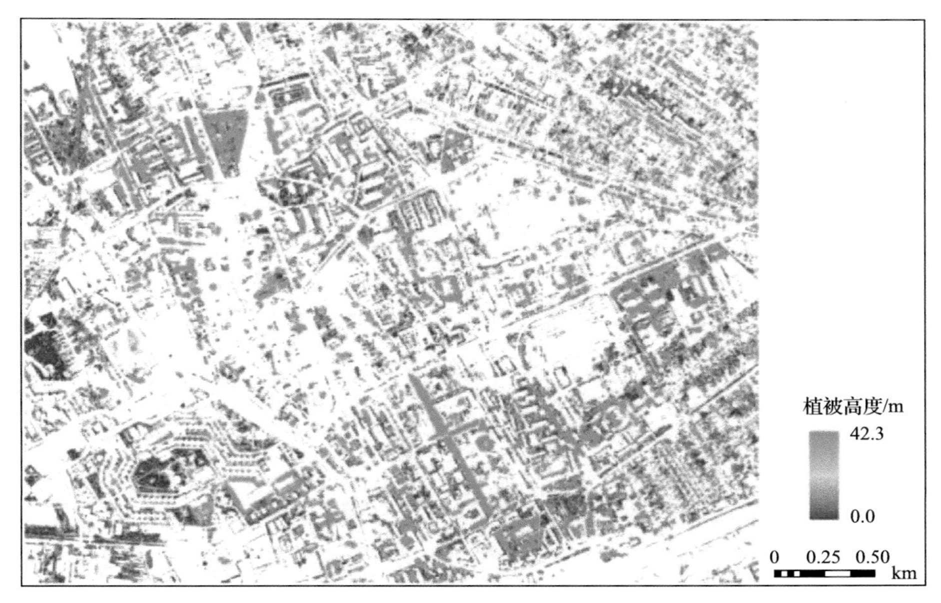

图 7.14 城市植被高度分布图

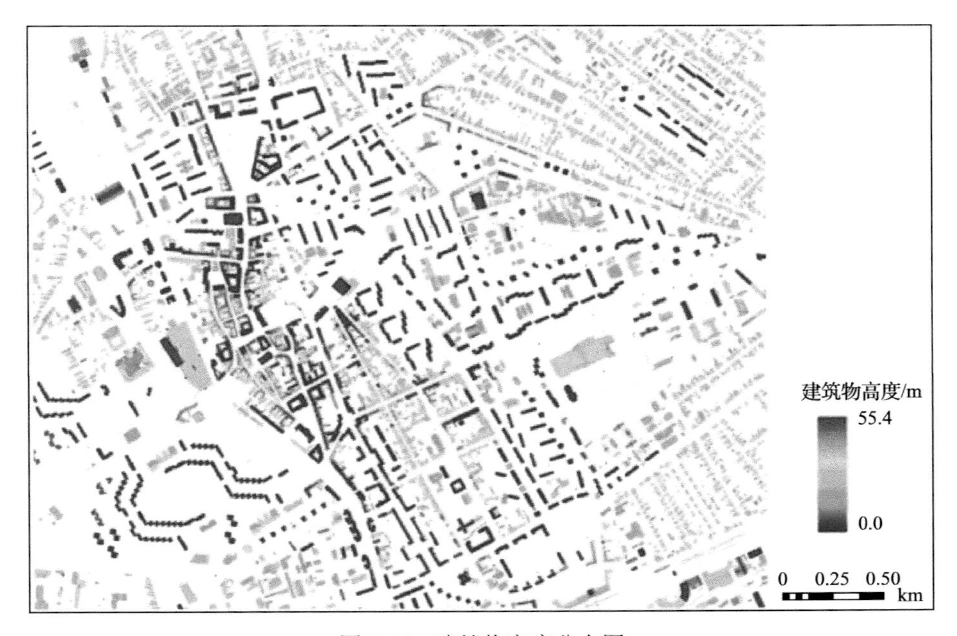

图 7.16 建筑物高度分布图

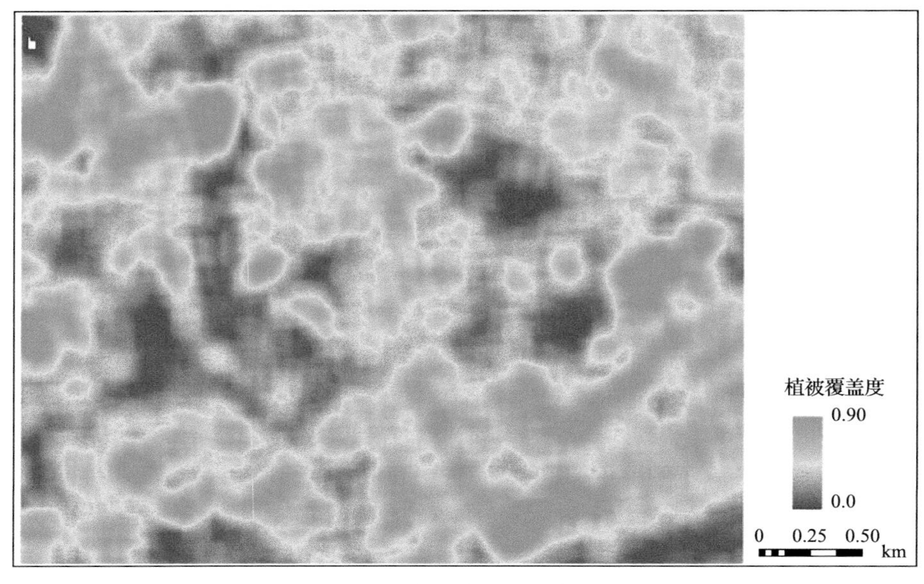

图 7.18　研究区植被覆盖度分布图

图 7.20　基于建筑物的三维绿度分布图

图 7.22 建筑物二维平面聚集度分布图

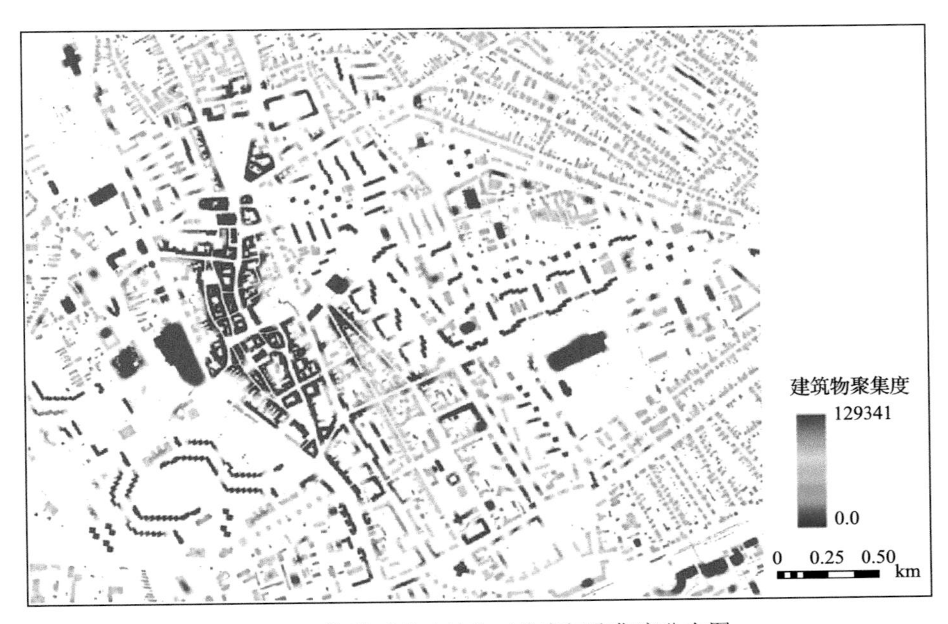

图 7.24 掩膜后的建筑物三维空间聚集度分布图

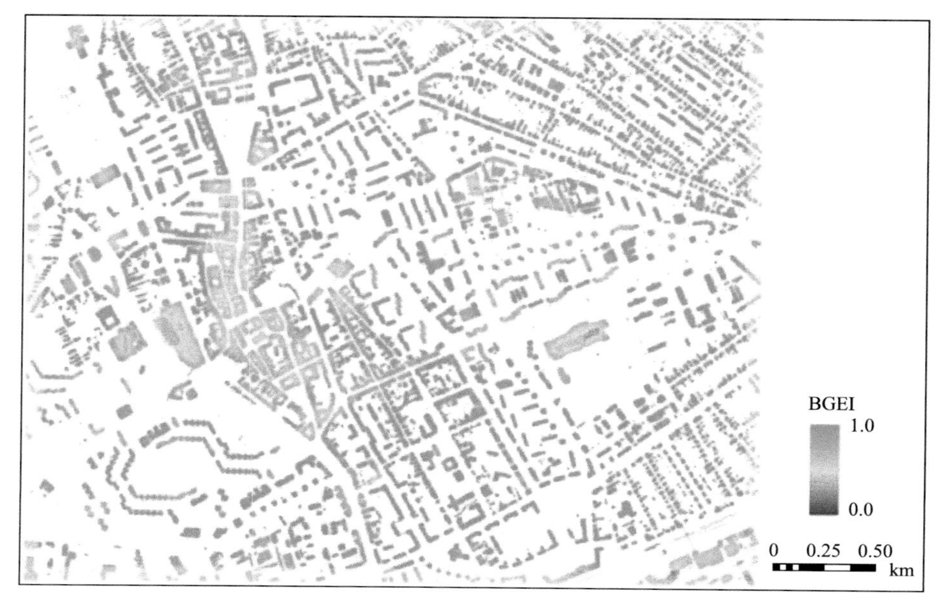

图 7.29 BGEI 分布图

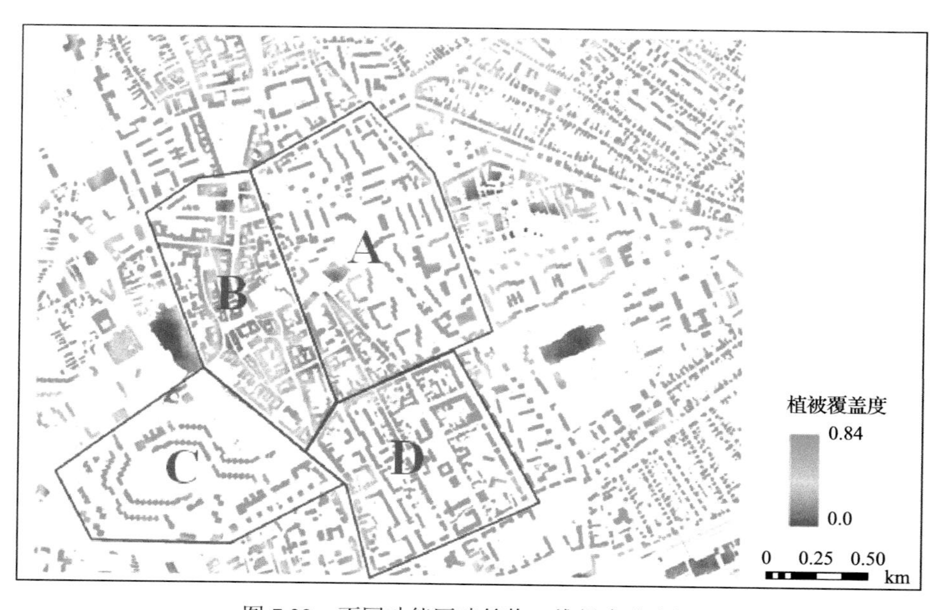

图 7.32 不同功能区建筑物二维绿度分布图